Материалы II международной научно-практической конференции

Фундаментальная наука и технологии - перспективные разработки

28-29 ноября 2013 г.

Москва

УДК 4+37+51+53+54+55+57+91+61+159.9+316+62+101+330

ББК 72

ISBN: 978-1494382124

В сборнике представлены материалы докладов II международной научно-практической конференции " Фундаментальная наука и технологии - перспективные разработки "

Все статьи представлены в авторской редакции.

© Авторы научных статей

Содержание
Архитектура

Колясников В.А., Мацкова М.В.
ПРИНЦИПЫ ФОРМИРОВАНИЯ ИННОВАЦИОННЫХ ПОСЕЛЕНИЙ 1

Биологические науки

Снегирева С.Н., Дектярёва С.И.
ДЕЯТЕЛЬНОСТЬ КАМБИЯ СОСНЫ ПОСЛЕ ПОЖАРА В СУХИХ БОРАХ ЛЕСОСТЕПНОЙ ЗОНЫ 5

Макаров А.Л.
НОВЫЕ МЕСТОНАХОЖДЕНИЯ ОХРАНЯЕМЫХ ВИДОВ СЕМЕЙСТВА ORCHIDACEAE JUSS. НА ТЕРРИТОРИИ ВОЛГОГРАДСКОЙ ОБЛАСТИ 8

Географические науки

Бочарова А.А., Крымская О.В.
ОЦЕНКА СОВРЕМЕННЫХ АГРОКЛИМАТИЧЕСКИХ УСЛОВИЙ НА ЗАПАДЕ БЕЛГОРОДСКОЙ ОБЛАСТИ 12

Ананьева Е.Е.
ПЕРСПЕКТИВЫ ДАЛЬНЕЙШЕГО ОСВОЕНИЯ ПРИХАНКАЙСКОЙ РАВНИНЫ В УСЛОВИЯХ НОВЫХ ЭКОНОМИЧЕСКИХ РЕФОРМ 20

Геолого-минералогические науки

Склярова Г.Ф.
НАУЧНО-ПРАКТИЧЕСКИЕ РАЗРАБОТКИ ТЕХНОЛОГИЙ УНИКАЛЬНОГО АЛУНИТОВОГО СЫРЬЯ ДАЛЬНЕВОСТОЧНОГО РЕГИОНА РОССИИ 23

Искусствоведение

Грязева И.В.
РЕГИОНАЛЬНЫЙ ДИЗАЙН: НОВЫЕ ИДЕИ РАБОТЫ С ПЕРВОИСТОЧНИКОМ 26

Медицинские науки

Герасимов А.А.
КОСТНО-БОЛЕВОЙ СИНДРОМ ПРИ БОЛЯХ В ПОЗВОНОЧНИКЕ И СУСТАВАХ, ЭФФЕКТИВНОЕ ПАТОГЕНЕТИЧЕСКОЕ ЛЕЧЕНИЕ 29

Тохсырова М.М., Салбиева Б.Т.
СРАВНИТЕЛЬНЫЙ АНАЛИЗ СОМАТОМЕТРИЧЕСКИХ ПОКАЗАТЕЛЕЙ ЛИЦ ЮНОШЕСКОГО И ПЕРВОГО ЗРЕЛОГО ВОЗРАСТА 32

Содержание

Чудимов В.Ф., Кравцова Т.Н., Путинцева А.Б.
РАСПРОСТРАНЕННОСТЬ НЕДИФФЕРЕНЦИРОВАННОЙ ДИСПЛАЗИИ СОЕДИНИТЕЛЬНОЙ ТКАНИ В КОНТИНГЕНТЕ ДЕТЕЙ НЕВРОЛОГИЧЕСКОГО ПРОФИЛЯ (КЛИНИЧЕСКОЕ ИССЛЕДОВАНИЕ).......... 35

Леванин П.П.
НОВЕЙШИЕ ТЕХНОЛОГИИ В ЭНДОВАСКУЛЯРНОМ ЛЕЧЕНИИ АТЕРОСКЛЕРОТИЧЕСКОГО ПОРАЖЕНИЯ КОРОНАРНЫХ АРТЕРИЙ 42

Науки о земле

Маркова В.Д., Зубковская О.Е., Костырина Л.О., Щелкунова Н.В.
ОСОБЕННОСТИ ПОСТАНОВКИ НА ГОСУДАРСТВЕННЫЙ КАДАСТРОВЫЙ УЧЕТ ВОДООХРАННЫХ ЗОН И ЗАЩИТНЫХ ПРИБРЕЖНЫХ ПОЛОС (НА ПРИМЕРЕ РЕКИ ОМЬ В ГРАНИЦАХ ГОРОДА ОМСКА) 47

Nazarov V.F., Mukhutdinov V.K.
LOCALIZATION A PLACE OF LEAKAGE OF CASING COLUMN IN INJECTION WELLS WITH TEMPERATURE LOG IN THE TUBING 50

Литвинова Н.М., Александрова Т.Н., Богомяков Р.В.
ИНТЕНСИФИКАЦИЯ ПРОЦЕССА ИЗМЕЛЬЧЕНИЯ НА ОСНОВЕ МЕХАНОАКТИВАЦИИ ЗОЛОТОСОДЕРЖАЩИХ РУД 55

Педагогические науки

Кулакова Н.В.
ИСПОЛЬЗОВАНИЕ ОККАЗИОНАЛЬНЫХ СЛОВ ДЛЯ РАЗВИТИЯ ЛИНГВИСТИЧЕСКОЙ КОМПЕТЕНТНОСТИ МЛАДШИХ ШКОЛЬНИКОВ 60

Борко Т.Н., Храпач В.А.
ФОРМИРОВАНИЕ СЕНСОРНОГО ВОСПИТАНИЯ У ДЕТЕЙ ДОШКОЛЬНОГО ВОЗРАСТА СРЕДСТВАМИ ДИДАКТИЧЕСКИХ ИГР 64

Тихонова Т.В., Погромская А.С.
ПОДГОТОВКА БУДУЩЕГО УЧИТЕЛЯ ИНФОРМАТИКИ К ОБУЧЕНИЮ УЧАЩИХСЯ ИНФОРМАТИЧЕСКИМ ТЕХНОЛОГИЯМ В АСПЕКТЕ ТЕХНОЛОГИЧЕКОГО ОБРАЗОВАНИЯ 68

Политические науки

Бронников В.Д.
ИССЛЕДОВАНИЕ ПОЛИТИЧЕСКОЙ МАРГИНАЛЬНОСТИ В СОВРЕМЕННУЮ ЭПОХУ 76

Психологические науки

Данилова С.В.
ПРОБЛЕМА ИЗУЧЕНИЯ ПСИХОЛОГИЧЕСКИХ ОСОБЕННОСТЕЙ ОЦЕНКИ ЧС ГОРНОСПАСАТЕЛЯМИ 79

Содержание

Социологические науки

Черная В.А.
СОЦИАЛЬНЫЕ ПОСЛЕДСТВИЯ ТРУДОВОЙ МИГРАЦИИ МОЛОДЕЖИ ДЛЯ УКРАИНЫ 82

Технические науки

Бильгаева Л.П., Самбялов З.Г.
МОДИФИКАЦИЯ АЛГОРИТМА КЛАСТЕРИЗАЦИИ CLOPE 86

Васильев В.Я., Котова С.А.
РАСЧЁТНО-ТЕОРЕТИЧЕСКОЕ ИССЛЕДОВАНИЕ УСЛОВИЙ РЕАЛИЗАЦИИ ПРОЦЕССА РАЦИОНАЛЬНОЙ ИНТЕНСИФИКАЦИИ КОНВЕКТИВНОГО ТЕПЛООБМЕНА В НЕКРУГЛЫХ КАНАЛАХ ПЛАСТИНЧАТО-РЕБРИСТЫХ ТЕПЛООБМЕННЫХ ПОВЕРХНОСТЕЙ 91

Федоров М.В., Васильева М.И.
ФРАКЦИОННЫЙ СОСТАВ И УДЕЛЬНАЯ ПОВЕРХНОСТЬ МОДИФИКАТОРОВ ТВЕРДОСПЛАВНЫХ МАТЕРИАЛОВ 103

Галкин А.Н., Руцкий Д.В., Зюбан Н.А., Коновалов С.С.
ИССЛЕДОВАНИЕ РАСПРЕДЕЛЕНИЯ И ХИМИЧЕСКОГО СОСТАВА НЕМЕТАЛЛИЧЕСКИХ ВКЛЮЧЕНИЙ В СЛИТКЕ СТАЛИ 38ХН3МФА МАССОЙ 1,53 Т, ПОЛУЧЕННОМ С ИСПОЛЬЗОВАНИЕМ ПРИБЫЛИ-ХОЛОДИЛЬНИКА 106

Кокунова И.В., Титенкова О.С., Стречень М.В.
РАСШИРЕНИЕ ТЕХНОЛОГИЧЕСКИХ ВОЗМОЖНОСТЕЙ МАШИН ДЛЯ ПЛЮЩЕНИЯ ТРАВ 109

Анциферова И.В., Макарова Е.Н.
ИЗУЧЕНИЕ МЕТОДОВ ПРОИЗВОДСТВА НАНОЧАСТИЦ ДЛЯ ПРОГНОЗИРОВАНИЯ РИСКОВ ВОЗДЕЙСТВИЯ НАНОМАТЕРИАЛОВ НА ОКРУЖАЮЩУЮ СРЕДУ И ЗДОРОВЬЕ ЧЕЛОВЕКА 113

Сигачев Н.П., Коновалова Н.А., Панков П.П.
КРИОТРОПНЫЕ ПОЛИМЕРНЫЕ ГЕЛИ – НОВЫЕ МАТЕРИАЛЫ ДЛЯ ПРЕДОТВРАЩЕНИЯ И ЛИКВИДАЦИИ ДЕФЕКТОВ ЗЕМЛЯНОГО ПОЛОТНА ПРИ СТРОИТЕЛЬСТВЕ, РЕКОНСТРУКЦИИ И РЕМОНТЕ ЖЕЛЕЗНЫХ ДОРОГ 118

Сигачев Н.П., Коновалова Н.А., Непомнящих Е.В.
ВОЗМОЖНОСТЬ ИСПОЛЬЗОВАНИЯ ЦЕОЛИТСОДЕРЖАЩИХ ПОРОД ЗАБАЙКАЛЬСКОГО КРАЯ ДЛЯ ПРОИЗВОДСТВА ВСПЕНЕННЫХ СТЕКЛОКЕРАМИЧЕСКИХ ТЕПЛОИЗОЛЯЦИОННЫХ МАТЕРИАЛОВ 121

Исаев И.А., Исаев П.А., Жуков В.И.
ВЛИЯНИЕ ВИДА ГАРНИТУРЫ ЛЬНОЧЕСАЛЬНОЙ МАШИНЫ НА ПРОЦЕСС ЧЕСАНИЯ ТРЕПАНОГО ЛЬНА 124

Фатхуллин А.А., Ткачева В.Э.
ИССЛЕДОВАНИЕ ЭКСПЛУАТАЦИОННЫХ ХАРАКТЕРИСТИК ЭЛЕКТРОИЗОЛИРУЮЩИХ СОЕДИНЕНИЙ В ЛАБОРАТОРНЫХ И ПРОМЫСЛОВЫХ УСЛОВИЯХ 128

Содержание

Степанов А.С., Калина Р.А.
ЭФФЕКТИВНОЕ РЕГУЛИРОВАНИЕ ПОТОКА РЕАКТИВНОЙ МОЩНОСТИ В ЛЭП ДЛЯ СНИЖЕНИЯ ПОТЕРЬ ЭНЕРГИИ 133

Зюбан Н.А., Руцкий Д.В., Коновалов С.С.
ОСОБЕННОСТИ ФОРМИРОВАНИЯ НЕМЕТАЛЛИЧЕСКИХ ВКЛЮЧЕНИЙ В ЗОНЕ ВНЕОСЕВОЙ ЛИКВАЦИИ КРУПНОГО СТАЛЬНОГО СЛИТКА 136

Ковалева А.А., Саитов Р.И.
ПОВЫШЕНИЕ ТОЧНОСТИ ИЗМЕРЕНИЯ ВЛАЖНОСТИ СЫПУЧИХ МАТЕРИАЛОВ СВЧ - МЕТОДОМ 139

Пустовалов Д.О., Яковлев А.Д., Овчинников А.М.
ВЛИЯНИЕ ВСЕСТОРОННЕГО ГАЗОВОГО ДАВЛЕНИЯ НА ГОРЯЧЕЛОМКОСТИ ОТЛИВОК 143

Филатов Р.И.
АВТОМАТИЗИРОВАННАЯ СИСТЕМА ДИАГНОСТИКИ КРИВОШИПНОГО ПРЕССА НА БАЗЕ АКСЕЛЕРОМЕТРА 146

Андреева Л.М., Квятковская И.Ю.
РАЗРАБОТКА МОДЕЛЕЙ И АЛГОРИТМОВ АВТОМАТИЗИРОВАННОГО ПРОЕКТИРОВАНИЯ СИСТЕМ КОНТРОЛЯ КАЧЕСТВА ОБУЧЕНИЯ В ВЫСШИХ УЧЕБНЫХ ЗАВЕДЕНИЯХ 149

Тагильцев-Галета К.В.
МАТЕМАТИЧЕСКАЯ МОДЕЛЬ ИДЕНТИФИКАЦИИ НАЛИЧИЯ НЕДРОБИМОГО МАТЕРИАЛА В КАМЕРЕ ДРОБЛЕНИЯ ЩЕКОВОЙ ДРОБИЛЬНОЙ МАШИНЫ С ПОСТУПАТЕЛЬНЫМ ДВИЖЕНИЕМ ЩЕКИ 152

Шкарбань Р.А., Макогон Ю.Н., Павлова Е.П., Сидоренко С.И.
ВЛИЯНИЕ СОДЕРЖАНИЯ Sb НА ИЗМЕНЕНИЕ ФАЗОВОГО СОСТАВА ОСАЖДЕННЫХ НА НАГРЕТУЮ ПОДЛОЖКУ НАНОРАЗМЕРНЫХ ПЛЕНОК Co-Sb 155

Косолапов А.В., Зеленская Т.В., Усиленок В.И.
СИСТЕМА УПРАВЛЕНИЯ ДВИГАТЕЛЕМ ПОСТОЯННОГО ТОКА ДЛЯ ГИБРИДНОГО АВТОМОБИЛЯ 161

Тимоховец В. Д., Тестешев А.А.
УПРАВЛЕНИЕ СКОРОСТНЫМИ РЕЖИМАМИ ТРАНСПОРТНЫХ СРЕДСТВ В МЕНЕДЖМЕНТЕ КАЧЕСТВА ЗИМНЕГО СОДЕРЖАНИЯ АВТОМОБИЛЬНЫХ ДОРОГ 166

Яковлева С.П., Махарова С.Н.
ЭКСПЛУАТАЦИОННЫЕ РАЗРУШЕНИЯ ЭЛЕМЕНТОВ СИСТЕМ ТЕПЛОСНАБЖЕНИЯ 169

Фармацевтические науки

Криошина Н.А.
ОПРЕДЕЛЕНИЕ МАРКЕТИНГОВО ПОТЕНЦИАЛА ГОМЕОПАТИЧЕСКИХ ПРЕПАРАТОВ ВОЛГОГРАДСКОГО РЕГИОНА 173

Содержание

Поспелова Е.И., Сыроватский И.П.
СПЕКТРОФОТОМЕТРИЧЕСКОЕ ОПРЕДЕЛЕНИЕ АЦИКЛОВИРА ПО ОПТИЧЕСКОМУ ОБРАЗЦУ СРАВНЕНИЯ 176

Геллер Л.Н., Тыжигирова В.В., Батоцыренова Д.Э.
МАРКЕТИНГОВЫЙ АНАЛИЗ АССОРТИМЕНТА ЛЕКАРСТВЕННЫХ ПРЕПАРАТОВ ГРУППЫ АДАМАНТАНА 179

Физико-математические науки

Сидоренко С.И., Замулко С.А.
МОДИФИЦИРОВАННОЕ ПРЕДСТАВЛЕНИЕ ЗАДАЧ ИНЖЕНЕРНОГО КОНСТРУИРОВАНИЯ МАТЕРИАЛОВ 182

Лавриненко А.Н., Червяков Н.И.
МАТЕМАТИЧЕСКАЯ МОДЕЛЬ ЭЛЛИПТИЧЕСКОЙ КРИПТОСИСТЕМЫ НА ОСНОВЕ СИСТЕМЫ ОСТАТОЧНЫХ КЛАССОВ 188

Anisimova M.A., Knyazeva A.G.
THE INFLUENCE OF MODEL PARAMETERS ON THE OXYGEN CUTTING MODES 197

Филологические науки

Касумова А.Ш.
РУССКОЕ РЕЧЕВОЕ ТВОРЧЕСТВО В ИНТЕРНЕТЕ 200

Алиева Г.Н., Раджабова Г.С.
ЭКСПРЕССИВНО-СТИЛИСТИЧЕСКАЯ ДИФФЕРЕНЦИАЦИЯ ЛЕКСИКИ ДАГЕСТАНСКОГО МОЛОДЕЖНОГО ПРОСТОРЕЧИЯ 204

Алиева Г.Н., Алистанова Ф.Ф.
ОБНОВЛЕННАЯ ЛЕКСИКОЛОГИЧЕСКАЯ КЛАССИФИКАЦИЯ ЭРГОНИМОВ-НЕОЛОГИЗМОВ 208

Курбангалеева Г.М.
РУССКИЕ ГОВОРЫ БАШКОРТОСТАНА: СОЦИОЛИНГВИСТИЧЕСКИЙ АСПЕКТ 212

Химические науки

Пан Л.С., Рожина Д.А, Макавеев А.С.
ОЧИСТКА ВОДНЫХ РАСТВОРОВ ОТ ИОНОВ ЦЕЗИЯ С ПОМОЩЬЮ КОМПОЗИЦИОННЫХ СОРБЕНТОВ НА ОСНОВЕ ГЕКСАЦИАНОФЕРРАТОВ ПЕРЕХОДНЫХ МЕТАЛЛОВ И МОРСКИХ ВОДОРОСЛЕЙ 215

Экономические науки

Петенева Е.Н.
ОСОБЕННОСТИ РАЗВИТИЯ ОСОБЫХ ЭКОНОМИЧЕСКИХ ЗОН НА ТЕРРИТОРИИ РОССИИ 219

Содержание

Лаптева Е.А.
ПРИНЦИПЫ ОЦЕНКИ ИННОВАЦИОННОГО ПОТЕНЦИАЛА ПРОМЫШЛЕННОГО ПРЕДПРИЯТИЯ 228

Вишняков А.Г.
ПРОБЛЕМЫ И НАПРАВЛЕНИЯ РАЗВИТИЯ САНАТОРНО-КУРОРТНОГО КОМПЛЕКСА РОССИИ 231

Винникова И.И., Гребнев Г.Н.
РОЛЬ МАРКЕТИНГА В РАЗВИТИИ ФАРМАЦЕВТИЧЕСКОГО РЫНКА 234

Юридические науки

Ковалёв В.В.
О НЕКОТОРЫХ АСПЕКТАХ РАЗВИТИЯ ЮРИДИЧЕСКОЙ НАУКИ В СССР В 70-80-е гг. XX в. 242

Архитектура

Колясников В.А.
доктор архитектуры, профессор Уральской государственной архитектурно-художественной академии
Мацкова М.В.
аспирант Уральской государственной архитектурно-художественной академии
эл. почта: mgroup-1@yandex.ru

ПРИНЦИПЫ ФОРМИРОВАНИЯ ИННОВАЦИОННЫХ ПОСЕЛЕНИЙ

Стратегия развития России на период до 2020 года предусматривает переход **к новой модели пространственной организации экономики страны**. Разработка и реализация такой модели связаны с развитием **инновационного градостроительства** как системы деятельности по пространственной организации расселения и населенных мест на основе активного внедрения в практику научных и творческих новаций в целях устойчивого повышения качества среды и жизнедеятельности населения, обеспечения национальной безопасности и эффективности экономики, формирования инновационной привлекательности и повышения конкурентоспособности отечественных территорий.

Ключевыми компонентами новой модели пространственной организации экономики страны являются **градостроительные инновации** - реализованные в натуре новые градостроительные концепции, методы и технологии проектирования, конкретные модели и проекты, а также нормативно-правовые, управленческие, информационные и маркетинговые механизмы данной реализации.

Инновационное градостроительное развитие систем расселения и населенных мест - это цепь целенаправленно и последовательно внедренных новшеств. С позиции стратегического планирования такое развитие можно представить в виде формулы: "градостроительная миссия - градостроительные ресурсы - согласованные интересы - приоритетные направления, программы, проекты - механизмы реализации - измеряемая результативность".

В инновационном развитии сегодня особенно нуждаются старопромышленные города индустриальных регионов страны. Они играли в прошлом и играют в настоящее время ведущую роль в развитии экономики и обеспечении безопасности страны. Однако в условиях перехода к рыночным отношениям оказались в кризисной социально-экономической, демографической и экологической ситуации. Характерным представителем этих регионов является Урал - "опорный край державы", "индустриальная цивилизация", особая "социо-культурная матрица" [1;136], способная производить и реализовать новации, занять

Архитектура

лидирующую позицию **в новой индустриализации** страны (по Е.Г. Анимице и Н.Ю. Власовой, 2012 г.).

В градостроительной стратегии Урала следует выделить три направления: 1) формирование **инновационной системы расселения** на основе создания сети новоиндустриальных и постиндустриальных кластеров, новых территорий и центров ускоренного социально-экономического развития; 2) комплексная **модернизация архитектурно-пространственной среды** поселений с учетом баланса градоформирующих и градообслуживающих (сервисных) секторов экономики в зависимости от положения в системе расселения; 3) **инновационное развитие механизмов реализации** прогрессивных градостроительных решений.

Основными элементами обновленной системы расселения следует рассматривать "**иннополисы**", формируемые на основе восьми принципов [2;32]: инновационное целеполагание, инновационная встроенность, динамичность, структуризация, оптимизация, композиция; единство традиций и инноваций; инновационная реализация.

1. "**Инновационное целеполагание**" - целеобразование и структурирование целей разработки и реализации проектов поселения с учетом стратегии инновационного развития страны, федерального округа, субъекта РФ; национальной доктрины градостроительства России; долгосрочных перспектив устойчивого и безопасного развития; комплексной организации архитектурно-пространственной среды и иерархии градостроительных объектов как систем; баланса государственных и рыночных, федеральных, региональных и местных интересов.

2. "**Инновационная встроенность**" - включение поселения в инновационные системы расселения, создаваемые на основе кластеров, особых экономических зон, интеллектуальных и научно-технологических долин, сетей технопарков, индустриальных парков и агропарков, исследовательских районов, коридоров, агломераций, а также регионов науки, новых технологий и новой индустриализации, технологических ареалов и др.; определение стратегических направлений градостроительного развития поселения в соответствии с программами (стратегиями) социально-экономического развития страны, федеральных округов, субъектов РФ, муниципальных районов и образований.

3. "**Инновационная динамичность**" - соответствие новых градостроительных решений фазам развития поселения ("интенсивная-экстенсивная", Г.В. Мазаев; "рост-структурная реорганизация", А.Э. Гутнов), распространению инноваций от "полюса роста" к периферии по принципу "вулкана" (Х. Гирш), циклично-волновой закономерности ансамблевого построения среды. С этим принципом связано выделение устойчивых и изменяемых элементов инновационных структур;

планирование структуры поселения с учетом возможности и вариантности ее развития в изменившихся условиях.

4. "**Инновационная инфраструктура**" - формирование инновационных объектов и связей социальной, производственной, инженерно-транспортной и экологической инфраструктур. В настоящее время к инновационным объектам данных инфраструктур относятся технопарки, внутренние кластеры, логистические комплексы, научно-образовательные центры, интеллектуальные и научно-технологические долины, индустриальные и агроландшафтные парки, специализированные рекриационно-туристические зоны, центры воспроизводства природы и др.

5. "**Инновационная оптимизация**" - разработка и реализация варианта архитектурно-планировочной организации инновационных инфраструктур, сбалансированных между собой, обладающих экономическим, экологическим и социальным эффектом, а также соответствующих интересам страны, федерального округа, субъекта РФ, муниципального образования, бизнеса и населения, генеральному плану поселения и конкретизирующих его решения; выполнение нормативных требований при проектировании инновационных инфраструктур; определение путей и параметров устойчивого повышения качества среды и жизни населения в градостроительной стратегии, разработанной в рамках генерального плана или программы социально-экономического развития поселения.

6. "**Инновационная композиция**" - гармонизация инновационных инфраструктур на основе принципов и средств архитектурно-градостроительной композиции; создание оригинальной и выразительной композиции всего поселения, формирующей его имидж как инновационного объекта, инвестиционную привлекательность территории, высокий эстетический и художественный уровень среды на базе единого архитектурно-художественного замысла, соответствующего этому замыслу функционально-планировочного, стилистического и знаково-информационного решения планировки и застройки. Особое значение в реализации данного принципа для уральских городов имеет синтез архитектуры и природы: органическая взаимосвязь архитектурно-планировочной инфраструктуры с компонентами природного ландшафта, которые в каждом конкретном месте всегда уникальны и определяют нестандартные решения; преобразование нарушенных территорий в уникальные, экономически эффективные и эстетически выразительные компоненты архитектурно-пространственной среды поселения.

7. "**Единство традиций и инноваций**" - использование инновационного потенциала историко-культурного наследия и ценных градостроительных традиций страны, региона, поселения в формировании инфраструктур, плановой и объемно-пространственной композиции;

преемственное развитие творческих идей в конкретном средовом контексте.

8. "Инновационная реализация" - использование новых программ управления территориальным развитием, строительством градостроительных объектов; актуализация стратегии и нормативно-правовой базы градостроительства; внедрение новых стратегий и моделей градостроительного маркетинга; разработка вариантов инвестиционного зонирования территории и выбор инвесторов; мониторинг и контроль строительства и эксплуатации объектов, корректировка инновационного градостроительного процесса.

Приоритетной задачей инновационного развития механизмов реализации прогрессивных градостроительных решений является актуализация градостроительной доктрины России, Генеральной схемы расселения и Градостроительного кодекса РФ, а также градостроительных стратегий территорий.

Список литературы:

1. Анимица Е. Г., Власова Н. Ю. Уральская городская культурная матрица: тенденции становления, основные опасности и угрозы // Развитие городов в условиях глобализации. Екатеринбург, 2012.

2. Колясников В.А., Попова М.В. Концепция градостроительной стратегии старопромышленных городов Урала // Академический вестник УралНИИпроект РААСН. 2013. №1.

3. Стратегический план развития Екатеринбурга. Екатеринбург, 2010.

Снегирева С.Н.
доцент кафедры древесиноведения, кандидат биологических наук, ФГБОУ ВПО «Воронежская государственная лесотехническая академия», г. Воронеж. E-mail: svetka-sneg@yandex.ru

Дектярёва С.И.
доцент кафедры ботаники и физиологии растений, кандидат биологических наук, ФГБОУ ВПО «Воронежская государственная лесотехническая академия», г. Воронеж. E-mail: vgltawood@yandex.ru

ДЕЯТЕЛЬНОСТЬ КАМБИЯ СОСНЫ ПОСЛЕ ПОЖАРА В СУХИХ БОРАХ ЛЕСОСТЕПНОЙ ЗОНЫ

Лесные пожары в России и других странах мира – явление довольно распространенное. Возникновение их связано в основном с деятельностью человека и усугубляется опасным сочетанием метеорологических условий, неблагополучным санитарным состоянием насаждений, недостатками системы противопожарной профилактики.

Изучение влияния пожаров на лес необходимо для рационального использования горельников и освоения гарей, для разработки методов борьбы с лесными пожарами, их отрицательными последствиями и для использования положительной роли огня в лесном хозяйстве.

При оценке вида пожара была использована терминология, предложенная в Марийском государственном техническом университете (МарГТУ) [1].

Беглый верховой пожар – верховой пожар, распространяющийся по пологу леса со скоростью, значительно опережающей горение нижних ярусов лесной растительности.

Верховой пожар – лесной пожар, охватывающий полог леса.

Сильный низовой – низовой пожар с высотой пламени на фронтальной кромке более 1,5 м. Скорость распространения свыше 3 м/мин.

Низовой пожар средней силы – низовой пожар с высотой пламени на фронтальной кромке от 0,5 м до 1,5 м. Скорость распространения от 1 до 3 м/мин.

Слабый низовой пожар – низовой пожар с высотой пламени на фронтальной кромке до 0,5 м. Скорость распространения не превышает 1 м/мин.

Пожарам, которые прошли в конце июля начале августа 2010 г., сопутствовали очень высокие рекордные для региона температуры воздуха. Так, например, средняя температура 28 июля составила +31,2 °С, что является абсолютным рекордом за последние несколько лет. В этот же день дневная температура достигла +39 С, а 2 августа +40,5 С, что является новым рекордом г. Воронежа.

Общая площадь лесных насаждений Воронежского Учебно-опытного лесхоза составляет 5036 га. В 2010 году пожаром было повреждено 3100 га насаждений сосны, в том числе 1200 га подверглись верховому пожару и 1900 га – низовому различной степени. Около 900 га является неликвидной древесиной. В настоящее время на площади 600 га степень повреждения древостоев окончательно не установлена, в связи, с чем проводится постоянный мониторинг их состояния.

Детальное исследование активности камбия сосны проведено в сентябре 2010 года, через месяц после пожара и в 2011 году. Для исследования был выбран квартал № 49 Левобережного лесничества г. Воронежа, на участке древостоя смешанного состава 9С1Б+Д, тип условий местопроизрастания B_1, возраст сосны 80 лет, средняя высота 22 м, средний диаметр 26 см, подвергшемуся низовому пожару.

Из выпилов коры с древесиной, взятых у основания ствола в месте подгоревшей корки, на санном микротоме были изготовлены микросрезы, а затем и временные, заключенные в глицерин, микропрепараты. При их изучении под микроскопом нами были отмечены наиболее существенные повреждения древесины сосны (рис. 1).

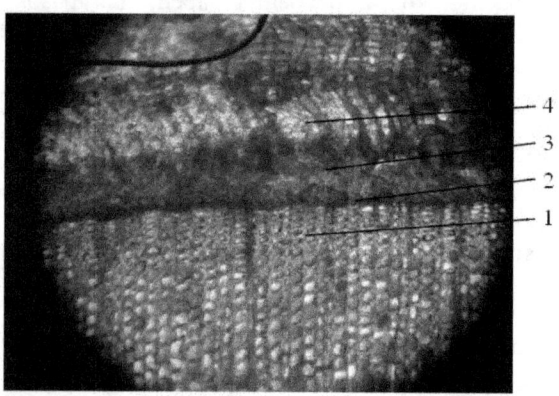

1 – часть годичного слоя древесины 2010 г.; 2 – мертвые клетки камбия; 3 – мертвые элементы проводящей флоэмы; 4 – непроводящая флоэма

Рис. 1 Мертвый камбий и проводящая флоэма сосны (поперечный срез, 10^x)

К началу пожара камбий древесины сосны отложил 4 ряда ранних и 3 ряда поздних трахеид. При пожаре активность камбия была приостановлена. После пожара она возобновилась и было образовано 4 ряда ранних и 2 ряда поздних трахеид. За весь вегетационный период камбий отложил 9 рядов ситовидных клеток, а в целом по годичному слою древесины образовано 8 рядов ранних и 5 поздних (всего 13) трахеид.

Соотношение между элементами древесины и луба нарушается (1,5:1), при норме 3:1 [3].

На следующий год (2011) после слабого низового пожара у основания ствола под трещинами коры уже 18 мая произошло отмирание камбия. По фенофазе развития деревьев это соответствовало началу лета пыльцы. Бурую окраску приобрели все клетки лучевых, большей части веретиновидных инициалей камбия. Морфологически на поперечном срезе образуется зона мертвых темно-бурых клеток шириной 4-5 мм, включающая камбий и проводящую флоэму. При слабом низовом пожаре гибель камбия и клеток проводящей флоэмы не распространяется по высоте более, чем 0,5 м от основания ствола.

В сентябре 2010 г. крона у всех деревьев сосны при слабом низовом пожаре сохраняла жизнеспособность, без видимых изменений формы и цвета. На следующий год после пожара (2011 г.) отбор образцов продолжили, и он был приурочен к фенофазам развития однолетних побегов: 18.05.2011 – начало лета пыльцы из мужских колосков; 8.07.2011 – окончание роста однолетних побегов; 15.09.2011 – окончание вегетации.

В первый срок вегетации (в мае) крона у абсолютного большинства деревьев сосны оставалась жизнеспособной. В июле она пожелтела у 50 % деревьев. В сентябре гибель кроны отмечалась уже у 75 % деревьев, при этом 20 % деревьев были полностью мертвыми, кора у них полностью осыпалась, а на поверхности сухих стволов присутствовали многочисленные летные отверстия короедов и усачей

Таким образом, после пожара, в мае, произошла гибель камбия под трещинами. В июле незначительная жизнедеятельность камбия отмечалась только на высоте более 1 м у части деревьев. В нижних участках ствола в этот период отмечена фактически полная гибель камбия и проводящей флоэмы.

По данным исследования И. С. Мелехова [2], в условиях северных влажных боров и при слабых низовых пожарах камбий между обгоревшими участками коры сохранял свою активность даже спустя несколько десятков лет, что приводило к зарастанию защитной мертвой древесины и восстановлению общего камбиального кольца.

Литература:

1. Демаков Ю. П., Калинин К. К. Лесоводство. Ведение хозяйства в лесах пораженных пожарами. Учебное пособие. Йошкар-Ола 2003. – МарГТУ, ОПП МарГТУ – 135 с.

2. Мелехов С. И. Влияние пожаров на лес. М.-Л. Гос. лесотехн. изд-тво. 1948. – 126 с.

3. Уголев Б. Н. Древесиноведение с основами лесного товароведения. М. – МГУЛ, 2007. – 340 с.

Макаров А.Л.
аспирант, Волгоградский государственный университет
makarov.mac2010@yandex.ru

НОВЫЕ МЕСТОНАХОЖДЕНИЯ ОХРАНЯЕМЫХ ВИДОВ СЕМЕЙСТВА ORCHIDACEAE JUSS. НА ТЕРРИТОРИИ ВОЛГОГРАДСКОЙ ОБЛАСТИ

Сообщается о новых местонахождениях видов семейства *Orchidaceae* в Серафимовичском районе Волгоградской области

Ключевые слова: охраняемые растения, *Magnoliophyta*, *Orchidaceae*, редкие виды региона, Волгоградская область

Семейство *Orchidaceae Juss.* – наиболее крупное среди цветковых растений, является одной из вершин растительного мира, его представители распространены по всему земному шару. Однако, из-за целого ряда особенностей своей биологии, а в результате экологической экспансии человека на окружающую среду, большинство видов орхидей находятся на грани исчезновения. Поэтому, для проведения своевременных природоохранных мероприятий по сохранению редких видов, новые данные о местоположениях орхидных представляют определенный интерес, тем более что приводятся они для степной зоны юго-востока Европы [5, 322-324]. Семейство Орхидных, или Ятрышниковых (Orchidaceae Juss.) включает около 750 родов и от 20 000 до 25 000 видов, а по некоторым данным гораздо больше, до 800 родов и 35 000 видов [10, 332; 8, 248-275].

Семейство Орхидные *(Orchidaceae Juss.)* в условиях северной Евразии не является столь разнообразным, как в субтропических и тропических её частях. В России и странах бывшего СССР встречается только 202 вида [9, 611-628] из более чем 20000-25000 видов мировой флоры. Степная зона особенно бедна представителями этого семейства, по крайней мере, значительно беднее лесной зоны, тем более, горных регионов Сибири, Дальнего Востока и Кавказа [7, 12-15].

Целью написания работы явилось исследование видов сем. *Orchidaceae* на территории Серафимовичского района Волгоградской области в левобережной пойме Дона и Медведицы.

В процессе полевых исследований 2012-2013 гг. в левобережье Дона и пойме Медведицы, в Серафимовичском районе, нами были выявлены новые местонахождения видов семейства *Orchidaceae*. Наши исследования в последние годы позволили дополнить данные о распространении в Волгоградской области некоторых ранее известных редких видов рода *Dactylorhiza* и *Orchis*.

Ятрышник шлемоносный *(Orchis militaris L.)*. В «Красной книге Волгоградской области» известен только из Фроловского р-на, где отмечается на лугах в долине р. Арчеды и в окр. х. Летовского [1, 146].

Многолетнее травянистое растение. По И.Г. Серебрякову (1962, 1964) его следует относить к классу наземных травянистых поликарпических растений с ассимилирующими побегами несуккулентного типа, подклассу клубнеобразующих многолетников. Клубни ятрышника довольно крупные (до 2,5 см длиной и 1,2 шириной), овальные [3, 95]. Стебли до 20-45 см высоты. При основании стебля 2 беловатых перепончатых влагалища, выше 3-5 продолговато-эллиптических или эллиптических тупых листа, суженных к основанию, до 18 см длины и 5 см ширины. Соцветие густое, многоцветковое, вначале пирамидальное, позже цилиндрическое, 4-10 см длины, до 5 см в диаметре. Прицветники фиолетово-розовые, яйцевидные, заостренные, 2-3 мм длины. Цветки с приятным запахом. Наружные листочки околоцветника яйцевидно-ланцетные, заостренные, с 3 жилками, до 1,3 см длины, 3 мм ширины, снаружи беловато-розовые, внутри – с 3 фиолетово-пурпурными жилками. Два внутренних листочка околоцветника линейные, заостренные, с 1 жилкой, значительно уже наружных, розоватые; губа при основании беловатая с пурпурными крапинками и мельчайшими сосочками; лопасти ее фиолетово-розовые, длина губы до 14 мм, при основании она с 2 линейными долями до 8 мм длины, спереди с более крупной средней долей, на конце двухлопастной с шиловидным зубчиком между конечными лопастями. Шпорец беловатый, тупой, слабо согнутый, вдвое короче завязи. Цветет в апреле-мае [2, 213].

Нами данный вид ятрышника обнаружен в Серафимовичском р-не, в окр. хут. Перепольского и Трясиновского, на сыром лугу, а также вдоль опушки черноольшаника среди типичной луговой растительности. Наиболее крупная популяция ятрышника отмечена для х. Перепольский.

Ятрышник болотный *(Orchis palustris Jacq.)*. В «Красной книге Волгоградской области» отмечен в Чернышковском (Цимлянские пески, окр. хуторов Морской, Семенов и Тормосин), Алексеевском (окр. хут. Ларинского), Светлоярском (балка Тингута) р-нах [1, 147]. Встречается на сырых лугах и болотах, на глинистых или торфянистых, обычно водонепроницаемых и плохо аэрируемых почвах, богатых гумусом, бедных азотом, щелочных (pH 5,5 – 8,0), пропитанных водой [2, 193-194]. Растение 40-75 см высоты с эллипсоидальными клубнями. Листья линейные и линейно-ланцетные, желобчатые, вверх торчащие, заостренные, до 15 см длины и до 2,5 см ширины. Колос редкий. Прицветники заостренные, по краю слегка пурпурные. Цветки лилово-пурпурные [2, 194]. Этот вид обнаружен нами в Серафимовичском р-не в окр. х. Себряков, на сыром берегу влажной протоки, а также в окр. х. Теркин, около оз. Камышовое.

Пальчатокоренник мясо-красный *(Dactylorhiza incarnata (L.) Soó)*. В «Красной книге Волгоградской области» известен из местонахождений в Алексеевском (окр. хут. Ларинский), Котовском (окр. с. Перещепное), Серафимовичском (окр. лиманов Большой и Малый Орловский близ хут. Клетскопочтовский), Фроловском (по долине р. Арчеды, окр. хут. Летовский), Ольховском (окр. п. Ольховки), Светлоярском (балка Тингута), а также в Старополтавском р-нах [1, 141]. В регионе впервые был собран Сагалаевым В. А. в 1983 г. в окрестностях хут. Ларинского Алексеевского р-на [6, 99-106]. Как и другие болотно-луговые орхидные, это растение характеризуется очень узким оптимумом экологических условий произрастания и потому встречается крайне неравномерно и непредсказуемо.

Растет во влажных, сырых и заболоченных лугах, обычно в пределах надпойменных речных террас или в песчаных массивах. Размножается семенами, одна особь способна дать до 50 тыс. семян. Проросток 2 – 3-го года ведет подземный образ жизни и зацветает на 10 – 15-й год после прорастания [2, 151]. Цветет в мае-июне. Способен выдерживать слабый выпас и сенокошение во второй половине лета. Растение микотрофное.

Нами данный вид был обнаружен в Серафимовичском р-не, на старых огородах вблизи хут. Перепольский.

Таким образом, во флоре Волгоградской области нами были зафиксированы новые местонахождения трех видов орхидей в Серафимовичском р-не Волгоградской области. Сборы орхидей хранятся на кафедре биологии Волгоградского государственного университета.

Список литературы

1. Красная книга Волгоградской области / Комитет охраны природы Администрации Волгоградской области. — Волгоград: Волгоград, 2006. — Т. 2. Растения и грибы. — 236 с.
2. Вахрамеева М.Г., Денисова Л.В., Никитина С.В., Самсонов С.К. Орхидеи нашей страны. М.: Наука, 1991, 224 с.
3. Вахрамеева М.Г., Загульский М.Н., Быченко Т.Н. Ятрышник шлемоносный // Биол. флора Моск. обл.- М., 1995. – Вып. 10. – С. 64-83.
4. Зозулин Г. М. Сем. Orchidaceae Juss. – Орхидные, Ятрышниковые // Флора Нижнего Дона (определитель). Ростов-на-Дону: Изд-во РГУ, 1985. Ч. 2. С. 158.
5. Киреев Е. А., Горин В. И. Виды орхидных Арчединско-Донских песков Волгоградской области // Охрана, обогащение, воспроизводство и использование растительных ресурсов / Тез. докл. Ставрополь, 1990. С. 322-324.

6. Сагалаев В. А. О некоторых новых, редких и малоизвестных видах флоры Волгоградской области // Бюл. Моск. об-ва исп. прир. Отд. биол. 1988. Т. 93, вып. 4. С. 99-106.
7. Сагалаев В.А. Орхидеи низовьев Хопра / Сагалаев В.А., Фирсов Г.А., Бялт В.В. // Цветоводство. № 2, 2008. — С. 12-15.
8. Тахтаджян А. Л. Жизнь растений: Т. 6. Цветковые растения / А. Л. Тахтаджян. - М.: Просвещение, 1982. - С. 248-275.
9. Черепанов С. К. Сосудистые растения России и сопредельных государств (в пределах бывшего СССР). С.-Петербург: «Мир и семья-95», 1995. С. 611-628.
10. Dressler R. L. The Orchids: natural history and classification. / R. L. Dressler. - Cambrige: Harvard Univ. Press, 1990. - 332 p.

Бочарова А.А.
студентка НИУ БелГУ, e-mail: bocharova-ann@mail.ru
Крымская О.В.
кандидат географических наук, доцент кафедры географии и геоэкологии НИУ БелГУ, 85 e-mail: krymskaya@bsu.edu.ru

ОЦЕНКА СОВРЕМЕННЫХ АГРОКЛИМАТИЧЕСКИХ УСЛОВИЙ НА ЗАПАДЕ БЕЛГОРОДСКОЙ ОБЛАСТИ

Проведена агроклиматическая оценка биологической продуктивности территории запада Белгородской области. Проанализированы данные об изменении температурного режима и осадков на метеостанции Готня, расположенной на западе Белгородской области в связи с изменениями атмосферной циркуляции, наблюдаемыми в последние десятилетия. Проанализированы данные об опасных гидрометеорологических явлениях, влияющих на продуктивность сельскохозяйственных культур.

Ключевые слова: вегетационный период, температурный режим, осадки, биоклиматический потенциал, биологическая продуктивность, опасные гидрометеорологические явления, циркуляционные процессы.

Значительное влияние на климат оказывает характер циркуляции атмосферы, изменение которого в существенной мере определяет формирование погодных условий, которые, в свою очередь, определяют успешность возделывания сельскохозяйственных культур.

Комплекс климатических факторов, которые определяют возможную биологическую продуктивность земли на данной территории, является её биоклиматическим потенциалом. Важнейшим фактором увеличения эффективности сельскохозяйственного производства является точное определение биоклиматического потенциала исследуемой территории. Сдерживающим фактором увеличения продуктивности сельскохозяйственных культур, является воздействие экстремальных значений метеорологических характеристик. В связи с этим были проанализированы изменения тепло- и влагообеспеченности сельскохозяйственных культур и характера атмосферной циркуляции в последние десятилетия, проведена оценка причин возникновения гидрометеорологических явлений с интенсивностью соответствующей критериям опасного явления на территории Белгородской области.

Для определения величины биоклиматического потенциала использовались метеорологические данные ст. Готня ежесуточной размерности за период 1971-2012 гг. Метеостанция Готня расположена на западе Белгородской области, наблюдения на ней ведутся с 1928 года.

Выбор этой станции определялся тем, что в условиях недостаточного увлажнения, характерного для Белгородской области здесь отмечается наибольшее годовое количество осадков, а, следовательно, полученные значения биоклиматического потенциала будут характеризовать максимальные значения указанной характеристики в регионе при естественном увлажнении.

Материалами для исследования послужили календарь последовательной смены элементарных циркуляционных механизмов по классификации Б.Л. Дзердзеевского и данные суточного разрешения Белгородского центра по гидрометеорологии и мониторингу окружающей среды на станциях региона за период с 1998 по 2012 гг.

По данным Белгородского центра по гидрометеорологии и мониторингу окружающей среды за последние 30 лет среднегодовые значения температуры воздуха выросли (в среднем на 0,4°С/10 лет) [2]. Наиболее теплыми за исследуемый период были: 1999, 2007 и 2010 годы, а наиболее холодным оказался 1987 год.

Следствием роста температурного режима за последние десятилетия на исследуемой территории явилось увеличение вегетационного периода (табл.1). Наиболее продолжительный вегетационный период с температурой выше 5°С, наблюдался в 2000, 2008 и 2010 годах, а наименее продолжительные отмечались в 2002 и 2003 годах.

Таблица 1

Средние значения суммы активных температур (^0C) и продолжительности вегетационного периода за различные периоды осреднения

Период	$\sum t>10°$	$\sum t>5°$	Продолжительность вегетационного периода с t>10°, дни	Продолжительность вегетационного периода с t>5°, дни
1971-2000 гг.	2525	2950	158	196
1998-2010 гг.	2817	3108	167	205

По исходным временным рядам были рассчитаны характеристики описательной статистики, выполнен трендовый анализ. Статистические характеристики временных рядов температуры воздуха приведены в табл.2.

Таблица 2

Статистические характеристики временных рядов температуры воздуха ст. Готня за период 1971-2010гг.

Временной период	Стандартное отклонение (°C)	Коэффициент тренда (°C/10 лет)	Вклад тренда в дисперсию (%)
Январь	3,7	1,2	78,3
Февраль	3,7	1,1	56,0
Март	3,0	0,8	69,4
Апрель	2,3	0,5	65,5
Май	2,1	-0,05	1,6
Июнь	2,1	0,1	16,7
Июль	1,9	1,0	89,0
Август	1,9	0,7	84,7
Сентябрь	1,7	0,2	28,9
Октябрь	1,7	0,5	85,6
Ноябрь	2,8	0,3	6,7
Декабрь	3,2	-0,5	22,1
Год	1,2	0,50	86,9

Одной из причин наблюдаемых изменений температурного режима являются изменения характера атмосферной циркуляции. Согласно исследованиям, проведенным в институте географии РАН в 1981-1997 гг. отмечался быстрый рост продолжительности выходов южных циклонов, который сменился с 1998 года её уменьшением. В это же время начинается рост продолжительности блокирующих процессов, чья суммарная продолжительность превышает 250 дней в году (в основном зимой и летом) [1, 103].

В конце XX века в связи с ростом суммарной продолжительности блокирующих процессов наметилась тенденция увеличения годовой амплитуды температуры воздуха – в основном за счет повышения температур июля.

Анализ данных об осадках показал, что за последние 13 лет наблюдается незначительное сокращение количества осадков, что при росте среднегодовых значений температуры приводит к увеличению испарения. За исследуемый период наиболее увлажненным был 2004 г.(840 мм), а 2011 г. ознаменовался, как самый засушливый, поскольку годовое количество осадков в этом году было в два раза меньше [3, 63].

Таким образом, изменения, наблюдаемые в последних десятилетиях сводятся к следующему: увеличение суммы активных температур за июнь – август определяет рост испарения, который не компенсируется выпадающими осадками; особенной засушливостью отличаются июль и август.

Сдерживающим фактором для оптимального развития большого числа сельскохозяйственных культур в исследуемом районе являются ресурсы увлажнения, о чем свидетельствуют значения гидротермического коэффициента (ГТК) за период активной вегетации, приведенные в табл. 3.

Таблица 3

Средние значения ГТК на ст. Готня за период активной вегетации (1998-2010гг.).

месяц	май	июнь	июль	август	июнь-август
ГТК	1,5	1,2	1,2	0,6	1

Величина ГТК за период с июня по август равна 1 и характеризует условия увлажнения как недостаточные. Это следствие расположения исследуемого района в лесостепной зоне и преобладания антициклональной погоды. За весь исследуемый период лишь в мае ГТК близок к оптимальному и равен 1,5.

От анализа отдельных показателей перейдём к комплексной оценке агроклиматических условий, складывающихся в исследуемом регионе в последнем десятилетии. Биоклиматический потенциал – важнейший показатель оценки природных условий территорий, синтезирующий в себе влияние на биологическую продуктивность основных факторов – тепла и влаги. Оценка биологической продуктивности территории запада Белгородской области выполнена на основе модели расчета БКП Д.И. Шашко [4, 338]. Значения БКП рассчитаны по приходу и соотношению тепла и влаги. Результаты сведены в табл.4.

Таблица 4

Агроклиматическая оценка БКП при естественном увлажнении

Годы	P	$\sum d$	Коэффициент увлажнения		$\sum t_{ак}$	БКП	Б$_к$, баллы
			КУ=P/$\sum d$	К$_{P(КУ)}$			
1998	634	1540	0,4	0,9	2862,2	1,4	74
1999	496	1825	0,3	0,8	3096,5	1,3	68
2000	578	1304	0,4	0,9	2370,8	1,1	58
2001	683	1485	0,5	1,0	2999,5	1,5	79
2002	637	1710	0,4	0,9	2874,4	1,4	74
2003	565	1423	0,4	0,9	2699,7	1,3	68
2004	842	1149	0,7	1,1	2565,2	1,5	79
2005	651	1567	0,4	0,9	2809,7	1,3	68
2006	605	1361	0,4	0,9	2750	1,3	68
2007	589	1798	0,3	0,8	2889,8	1,2	63
2008	467	1642	0,3	0,8	2671,6	1,1	58
2009	621	1674	0,4	0,9	2754,3	1,3	68
2010	552	2295	0,2	0,6	3281,5	1	53
2011	439	1589	0,3	0,8	3046,9	1,3	68
2012	657	1728	0,4	0,9	3256	1,5	79

Для расчета биоклиматического потенциала применяется формула следующего вида:

$$БКП = КР(КУ), \qquad (1)$$

где БКП – относительные значения биоклиматического потенциала; КР(КУ) – коэффициент роста по годовому показателю атмосферного увлажнения; ∑tак– сумма средних суточных температур воздуха за период активной вегетации в данном месте; ∑tак(баз) – базисная сумма средних суточных температур воздуха за период активной вегетации. В качестве базисной температуры принята 1900°C – для сравнения со средней по стране продуктивностью, характерной для южно-таёжной зоны.

В применяемой формуле, коэффициент роста КР(КУ) равен отношению урожайности в данных условиях влагообеспеченности к максимальной урожайности в условиях оптимальной влагообеспеченности. Его значение рассчитывается с помощью выражения:

$$КР(КУ) = \lg(20 * КУ), \qquad (2)$$

где КУ – коэффициент годового атмосферного увлажнения, равный отношению количества осадков (Р) к сумме средних суточных значений дефицита влажности воздуха (∑d).

Различные градации величины биоклиматического потенциала соответствуют определённым уровням биологической продуктивности, которая меняется от очень низкой (БКП<0,8) до очень высокой (БКП>3,4).

На территории России средняя продуктивность зерновых культур соответствует БКП ≈ 1,9, который принят в качестве базового (100 баллов).

Средние значение коэффициента увлажнения (КУ) установилось на отметке 0,4, что характеризует западную часть Белгородской области, как полувлажную лесостепную зону.

Относительный показатель продуктивности, за исследуемый период, равен 1,3, что соответствует 68 баллам. За период исследования минимальное значение БКП отмечено в 2010 году, что определяется влиянием блокирующего антициклона, который установившись во второй декаде июня на юге России и Восточной Украине, сначала вызвал там небывалую жару, затем к началу июля распространился и на средние широты России, закачивая раскалённый воздух из пустынь Туркмении. Необычно длительный срок существования этого антициклона (более 2 месяцев), привёл к длительному разогреву воздуха до рекордных значений.

Низкий БКП (со значением ниже 1,2) наблюдался в 20% лет, в 80% - БКП был пониженным. На основе данных расчетов, можно сделать вывод, о том, что биологическая продуктивность на западе Белгородской области пониженная, что связано с недостаточным увлажнением. Анализируя ежегодные данные биоклиматического потенциала из табл. 4, мы видим, что 2001, 2004 и 2012 год отличились повышенным уровнем БКП по сравнению с другими годами, и высокая урожайность зерновых культур в эти годы хорошо согласуется с полученными данными. Согласно полученным значениям БКП, на территории Белгородской области регулярно высокие урожаи сельскохозяйственных культур без искусственного орошения получить невозможно.

На процесс производства сельскохозяйственных культур существенно влияют неблагоприятные явления погоды. За последние 15 лет на метеостанциях Белгородской области был отмечен 231 случай опасных явлений. Из них 117 случаев метеорологических, а 114 – агрометеорологических. Наибольшее количество опасных явлений это «Сильная жара» (82 случая), затем идёт «Заморозок на почве» (53 случая) и «Заморозок в воздухе» (17 случаев).

За исследуемый период возросла доля процессов, связанных со стационарными антициклонами: это «Сильная жара» - температура воздуха ≥35ºС, «Сильный мороз» - температура воздуха ≤-35ºС, «Аномально-холодная погода» и «Аномально-жаркая погода». Из 82 случаев опасных явлений, 35 приходится на «Сильную жару» (июль-август 2010г.).

С 1998 по 2012 гг. впервые наблюдались такие агрометеорологические опасные явления, как «Почвенная засуха» (если в период вегетации сельскохозяйственных культур за период не менее 3 декад подряд запасы продуктивной влаги в слое почвы 0-20см составляют не более 10мм), «Атмосферная засуха», «Суховей», которые в предыдущие годы почти не наблюдались (рис.1).

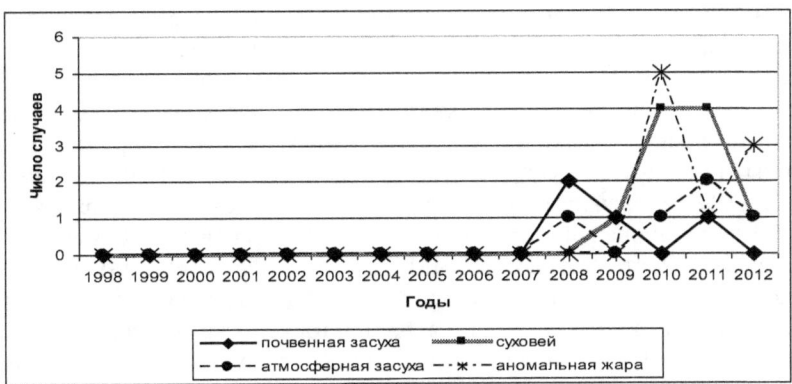

Рис. 1. Повторяемость опасных явлений.

Оценка температурных рисков показала, что для исследуемой территории более характерны риски, связанные с положительными экстремальными температурами [5, 130]. Для изучения циркуляционных условий способствующих формированию тех или иных рисков для каждого случая опасных явлений были проанализированы отмечавшиеся в это время элементарные циркуляционные механизмы (ЭЦМ) по классификации Б.Л. Дзердзеевского, выбранные из календаря последовательной смены ЭЦМ [1].

В начале XX века абсолютные максимумы температуры воздуха в исследуемом регионе были связаны с широтным западным переносом и распространением на ЦЧР гребней Азорского антициклона. Повторяемость Азорских антициклонов увеличивалась до середины столетия и в период с 1931 по 1960 гг. их было в 1,5 раза больше, чем в начале века (1901–1930 гг.) и в конце столетия (1971–2000 гг.).

Вторым по значимости процессом, обусловившим максимальные летние температуры на территории Белгородской области, был меридиональный процесс 10б, так называемые арктические антициклоны, которые способствовали выносу сухих воздушных масс в южные районы. Подобные процессы приводили к формированию экстремально-высоких летних температур в регионе и были наиболее частыми в период 1931–1960 гг., когда отмечались самые продолжительные засушливые явления и наиболее длительные периоды (до 10 дней) с максимальными температурами воздуха $\geq 30°C$.

В период повышения продолжительности блокирующих процессов наблюдались существенные положительные аномалии температуры летом и отрицательные аномалии зимой, что приводило к росту годовой амплитуды температуры воздуха. Минимум аномалии годовой амплитуды температуры воздуха был отмечен в 1990 (-6,5°), максимальная аномалия (9,5°) в 2010 г.

В начале XXI века растет повторяемости экстремальных летних температур, засух и природных пожаров. За последние 15 лет такое опасное явление как «атмосферная засуха» была отмечена в 2008, 2010–2012 гг. Учащение засушливых явлений произошло в период уменьшения продолжительности выходов южных циклонов и роста меридиональных северных (блокирующих) процессов и группы стационарного положения.

С 1998 г. начался рост меридиональной северной циркуляции и падение меридиональной южной циркуляции. Отмечается уменьшение продолжительности отдельных ЭЦМ (от 4–5 дней в первой эпохе до 2 дней в третьей эпохе), что свидетельствует о росте неустойчивости атмосферы в течение XX века, что отражается на повторяемости метеорологических экстремумов. Нами была просчитана суммарная повторяемость стационарных антициклонов над ЕТР (с непрерывной длительностью не менее 6 дней) в летний и зимний периоды с 1900 по 2011 гг. Полученные данные отчетливо свидетельствуют об увеличении повторяемости стационарных антициклональных процессов (рис. 2).

Географические науки

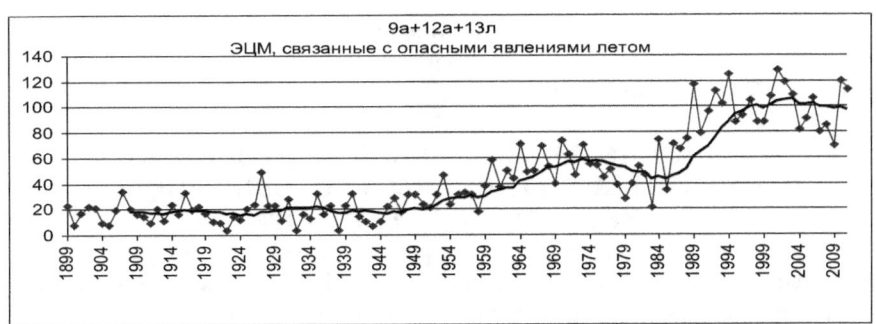

Рис. 2. Суммарная продолжительность ЭЦМ, определяющих положительные аномалии температуры летом в Белгородской области.

Данная схема развития циркуляционных процессов позволяет предположить, что в последующие 10 – 20 лет повторяемость опасных явлений будет только возрастать. Сельское хозяйство будет одним из наиболее уязвимых отраслей народного хозяйства.

Литература

1. Кононова Н.К. Классификация циркуляционных механизмов Северного полушария по Б.Л. Дзердзеевскому / отв. Ред. А.Б. Шмакин; Российская акад. наук. Ин-т географии. – М.: Воентехиниздат, 2009. – 372 с.
2. Фондовые материалы Белгородского центра по гидрометеорологии и мониторингу окружающей среды.
3. Решетникова Л.К. Оценка величины испарения с водной поверхности на юге Центрально-Черноземного региона / Л.К. Решетникова, М.Г.Лебедева, М.А.Петина, Г.А.Стаценко // Проблемы региональный экологи № 5. - 2010 г. -С. 60-64
4. Биоклиматический потенциал России: теория и практика Лосев / А.В. Гордеев, А.Д. Клещенко, Б.А. Черняков [и др.]. – М.: Т-во научных изданий КМК, 2006.- 512 с.
5. О. В. Крымская, С. Ю. Куралесина, М. Г. Лебедева. Роль блокирующих антициклонов в формировании опасных гидрометеорологических явлений на юге ЦЧР в начале XXI века// Проблемы региональный экологи №4. - 2013 г. – С.128-131

Географические науки

Ананьева Е.Е.
аспирант
Тихоокеанский институт географии ДВО РАН, Владивосток
kaktus719@mail.ru

ПЕРСПЕКТИВЫ ДАЛЬНЕЙШЕГО ОСВОЕНИЯ ПРИХАНКАЙСКОЙ РАВНИНЫ В УСЛОВИЯХ НОВЫХ ЭКОНОМИЧЕСКИХ РЕФОРМ

Социально-экономические реформы рубежа XX-XXI веков коренным образом изменили характер хозяйствования в России. Как следствие, в научной и общественной среде обозначилась необходимость в ином подходе к природным ресурсам, их использованию и, собственно, к самой географической среде.

Уникальным и самым ёмким термином в отношении подразделений географической оболочки является «геосистема». Выделяют особый тип геосистем, отличающихся своеобразием протекания природных, экономических и социальных процессов – трансграничные бассейновые геосистемы.

К такому типу геосистем относится бассейн озера Ханка, лежащий своей северной частью в Китае (провинция Хэйлунцзян, уезд Мишаньши), а южной – в России (Ханкайский, Хорольский, Черниговский и Спасский районы). Разность экономического потенциала китайской и российской сторон настолько велика, что порождает неравномерность геодинамических процессов в данной геосистеме, происходит диссонанс природных процессов. Благодаря наличию в геосистемах прямых и обратных связей, это отрицательно сказывается на природно-ресурсном потенциале обеих сторон. Данное явление определяет заинтересованность обоих государств в совместном урегулировании существующих проблем, принятии общих решений, проведении совместных международных проектов, включающих комплексные исследования, функциональное зонирование и планирование территории, охрану и мониторинг природной среды.

По Приханкайской равнине уже проводился ряд подобных проектов в конце 1990-х – начале 2000-х годов. В данное время планируется создание международного резервата на озере Ханка и ввод в эксплуатацию около 20 % неиспользуемых в настоящее время с/х земель равнины, организация на озере рыборазводных заводов, увеличение площади под посевы риса.

Организация устойчивого рационального природопользования в такой геосистеме не осуществима без комплексной экодиагностики территории и прогноза экологических состояний системы. Ландшафтно-бассейновые территории как функционально-целостные природно-хозяйственные системы – наиболее удобные для экологического исследования территориальные единицы [4].

Программа устойчивого землепользования и рационального распределения земель в бассейне реки Уссури и сопредельных территориях (Северо-Восточный Китай и Российский Дальний Восток) – совместный проект 1996 г. при участии КНР, США, РФ, выделяет в качестве рекомендации на территории Приханкайской равнины следующие типы земель (по назначению): пастбища, пахотные земли, пастбища и пахотные земли регламентированного (ограниченного) использования, города и сельские населенные пункты, курорты и рекреационные территории интенсивного использования, районы размещения промышленных объектов, водоохранно-защитные земли и леса ограниченного использования, леса интенсивного хозяйственного использования, строго природные заповедники, заказники, памятники природы, земли историко-культурного значения.

В региональном докладе ЮНЕП «Современная социально-экономическая характеристика бассейна озера Ханка» 2000 г. [2] на территории всей Приханкайской равнины выделяется 14 территориально-функциональных зон, в том числе: горно-лесная зона интенсивного лесопользования северных отрогов хребта Лаоюань, Цзиси-Мишаньская промышленно-сельскохозяйственная зона срединного участка долины Мулинхе, горно-лесная зона интенсивного лесопользования нижних отрогов хребта Лаоюаня и западных склонов хребта Мулинвоцзилиня, природоохранная зона Приханкайско-Сунгачинской низменности с элементами сельскохозяйственного производства, зона высоких равнин Западного Приханковья, зона низких равнин Приханковья, зона высоких равнин Восточного Приханковья (или Спасско-Сибирцевская зона). Важнейшей целью на следующем этапе работ в докладе обозначена разработка крупномасштабной согласованной программы перехода природопользования в данном бассейне на концепцию устойчивого природопользования.

В 2009 г. была издана карта ландшафтов Приморского края В.Т. Старожилова [3], на которой в пределах российской части Приханкайской равнины он выделяет 112 индивидуальных ландшафтов, из них: индивидуальные ландшафты видов платобазальтового рода (1), индивидуальные ландшафты видов мелкосопочного рода (47), индивидуальные ландшафты видов равнинного и горного эрозионно-аккумулятивного рода (64). П.С. Белянин в работе «Ландшафты Приханкайской равнины и ее горного обрамления» [1] дает классификацию ландшафтов равнины в современной ландшафтной структуре по данным о свойствах ландшафтных компонентов. В результате его исследований площадь значительно антропогенно-трансформированных урочищ оказалась не столь велика, чтобы сформировалась размерная единица ранга ландшафт, поэтому выделенные им антропогенные урочища были отнесены в состав природных местностей. В итоге данным автором было выделено 3 ландшафта (равнинно-луговой, горно-лесной, долинно-приречной), включающих 9 местностей, а также 45 урочищ на ключевом участке.

Автором в 2012 г. была предложена карта-схема ландшафтов южной части Приханкайской равнины на уровне урочищ, где выделяется 14 природно-территориальных комплексов (ПТК), и следующий вариант функционального зонирования (рис 1): 11 функциональных зон (рисосеяния, сенокосно-пастбищных угодий и пашни, садоводства и разведения виноградников, селитебная, ООПТ (заповедники, национальные парки, заказники), рыбохозяйственная, транспортная, охотничьих угодий, промышленная (в т.ч. горнопромышленная), рекреационная, земли лесного фонда).

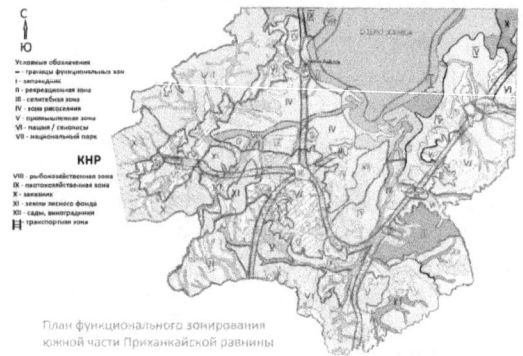

Рис 1 – план функционального зонирования южной части Приханкайской равнины

Для каждой выделенной зоны разработаны рекомендации предпочтительного и ограничительного природопользования. Но, в связи с последними планирующимися властями Приморского края мероприятиями, необходимо внести поправки и изменения.

Литература

1. Белянин П.С. Ландшафты Приханкайской равнины и ее горного обрамления: факторы развития и современная трансформация. – Владивосток: ТИГ ДВО РАН, 2011. – 171 с.

2. Региональный доклад ЮНЕП «Современная социально-экономическая характеристика бассейна озера Ханка» ТИГ ДВО РАН, 2000.

3. Старожилов В.Т. Карта ландшафтов Приморского края. // Под ред. Ю.Б. Зонова, А.Н. Качур. ИОС ДВГУ, ТИГ ДВО РАН. – Владивосток: ИПК Дальпресс, 2009. М-б 1:1000000.

4. Тарасов В.И., Качур А.Н., Сидоренко А.В. Комплексная экодиагностика трансграничной территории (на примере бассейна реки Раздольной). – Владивосток: Дальнаука. 2008 – 212 с.

Склярова Г.Ф.
доцент, кандидат геолого-минералогических наук,
Федеральное государственное бюджетное учреждение науки Институт горного дела Дальневосточного отделения Российской академии наук
sklyarova@ igd. khv.ru

НАУЧНО-ПРАКТИЧЕСКИЕ РАЗРАБОТКИ ТЕХНОЛОГИЙ УНИКАЛЬНОГО АЛУНИТОВОГО СЫРЬЯ ДАЛЬНЕВОСТОЧНОГО РЕГИОНА РОССИИ

Алуниты – это гидротермально-метасоматические образования, содержащие в своем составе минерал алунит – $K_3NaAl_3[(SO_4)_2(OH)_6]$, теоретический состав которого в (%): AL_2O_3 - 36,93; SO_3 – 38,66; K_2O – 11,37; H_2O – 13,04. Наличие в химическом составе алунита в значительных количествах окисей алюминия, калия и серы определяют этот вид сырья как комплексный с возможностью организации безотходного производства глинозема (алюминия), серной кислоты, сернокислого алюминия (коагулянта), сернокислого калия (удобрение) и других около 40 видов промпродуктов практического назначения.

Дальний Восток - единственный в России район уникального развития алунитового оруденения. Наиболее развита алунитоносность в Хабаровском крае в пределах вулканических зон Нижне-и Средне-Амурской части Сихотэ-Алинского вулканического пояса, в Охотском районе в пределах Ульинской металлогенической зоны. К промышленным рудам относятся породы, содержащие алунит в количествах порядка 30 и более %. В регионе выявлено более 100 алунитсодержащих месторождений и проявлений. Запасы разведанных месторождений алунитовых руд с промышленными содержаниями относятся к разряду крупных (более 60 млн.т, в Охотском районе месторождение Наледное. - до 5 млрд. т).

Получение глинозема. Предварительное высокой степени измельчение алунитовых руд, применение термической дегидратации - дорогостоящее, энергоемкое производство.

Среди существующих способов обогащение алунитовых руд наиболее эффективным и универсальным является флотационный метод, основанный на различии в поверхностных свойствах минералов алунита и его попутных постоянных спутников в руде – кварца, опала, каолинита, диккита и др. Используя ряд флотореагентов удается концентрировать алунит в пенном продукте, оставляя остальные минералы в шламе. Содержание алунита при этом может увеличиваться в три и более раз. В Дальневосточном институте минерального сырья проведены испытания по замене дорогостоящей олеиновой кислоты дешевым гудронным флотореагентом, в результате которых был получен концентрат, содержащий 72-74% алунита с извлечением 93-94 %.

В промышленности на единственном в мире алунитоперерабатывающем глиноземном предприятии на Гянджинском глиноземном комбинате

(Азербайджан) переработка алунитовой руды производится с применением восстановительно-гидрохимического щелочного способа с получением глинозема, сульфата калия, серной кислоты. В лабораторных и полупромышленных условиях в ведущих лабораториях разработаны, кроме щелочных, другие методы получения глинозема: сернокислотный, преимуществом которого является возможность извлечения глинозема не только из алунита, но и из сопутствующих каолиновых минералов; гидрохимический совместно с нефелиновым или сынныритовым концентратом (ВАМИ) - без применения термического разложения руды, повышающий извлекаемость глинозема, упрощающий техническое оснащение производства; метод термического восстановления (ВНИИПИсера).

Производство глинозема весьма дорогостоящий, энергоемкий процесс, требующий развитие сложной инфрастуктуры. В перспективе в геолого-сырьевом отношении организация алюминиевого производства целесообразна на базе месторождений алунитов Нижне-Амурского района.

Технологические исследования ведущих институтов страны (ВАМИ, Механобр, Гипроруда, ДВИМС и др.) проводились в разные годы с целью определения способов по обогащению алунитсодержащих пород месторождений Дальнего Востока, получению из них промпродуктов, наиболее востребованными из которых для народного хозяйства являются глинозем, коагулянты для очистки воды и отходов производства, калийные удобрения, квасцы, серная кислота и др.

Получение сульфата алюминия, сульфата калия и квасцов сопровождается переходом глинозема из алунитов в эти промпродукты. В технологическом процессе используется алунитовая руда (с низким-30% и более содержанием алунита) в сыром виде, измельченная до крупности 0,5-1 мм. Двухстадийное выщелачивание вначале раствором калиевой щелочи, а затем раствором серной кислоты позволяют избирательно извлекать в раствор сульфат калия и сульфат алюминия. При вакуумном самоиспарении при снижении температуры раствора до 25^0C и и уменьшении его объема на 15-20% кристаллизуются квасцы. Оставшийся в растворе сульфат алюминия может использоваться непосредственно в виде раствора или выделен в твердом виде при упаривании. Оставшиеся после растворения алунита пористые кварцевые гранулы могут служить легким заполнителем бетона. $K_2O\text{-}3Al_2O_3\text{-}4SO_3 + 4H_2SO_4 = K_2SO_4 + 3Al_2(SO_4)_3 + 6H_2O$.

Сульфат калия является одним из основных микроэлементов для сельскохозяйственных растений, входящим в состав комплексных удобрений. Потребности в калийных удобрениях (более 700 тыс.т) в районах Дальнего Востока за счет привоза из западных районов страны в недостаточной степени удовлетворяются ввиду отдаленности и удорожания транспортных расходов, соизмеримых нередко с их оптовой стоимостью.

Сернокислый алюминий широко применяется в качестве коагулянта для очистки питьевых и сточных вод, в целлюлозно-бумажной, текстильной и других отраслях.

Получение сульфата алюминия и квасцов. Для получения этих продуктов используется алунитовая руда, раздробленная до 5-7 мм и обоженная с целью гидратации в течение часа при температуре 580^0C. Алунит, не растворимый в обычном состоянии, начинает активно взаимодействовать с серной кислотой. Обожженная руда обрабатывается 20% серной кислотой в течение 1 часа при температуре 95^0C, растворяя дегидратированный алунит. При вакуумном самоиспарении при снижении температуры раствора до 25^0C и уменьшении его объема на 15-20% кристаллизуются квасцы. Оставшийся в растворе сульфат алюминия может использоваться непосредственно в виде раствора или выделен в твердом виде при упаривании. Оставшиеся после растворения алунита пористые кварцевые гранулы могут служить легким заполнителем.

Золотоносность алунитов. По результатам опытных исследований технологических проб по обогащению алунитовых руд Шелеховского месторождения в лаборатории Тульского отделения ЦНИГРИ были получены концентраты с содержанием алунита 65-70 % при извлечении 86-91%, пригодные для получения глинозема по щелочной и кислотной схемам. Кроме того, в алунитовых концентратах определено золото в количествах 0,4-0,7 г/т, серебро – 2,8-3,1 г/т, в хвостах соответственно – 0,9-1,1 г/т, 3,8-4,4 г/т. Для извлечения благородных металлов подготовленную для флотации измельченную руду подвергли цианированию. При расходе цианистого калия 0,64 кг/т, извести 3,7 кг/т при времени цианирования 8 часов было извлечено 98% золота и порядка 63—83% серебра. Кучный метод цианирования позволяет в один прием отрабатывать несколько млн.т руды, что позволяет в принципе извлекать из руд и эти металлы.

Комплексным сырьем могут являться не только алунитовые руды, но и вмещающие их породы с выделением следующих зон по преобладанию основных индикаторных минералов, имеющих практическое значение: монокварциты – стекольное, керамическое и декоративно-облицовочное;рутиловые кварциты – титановое, керамическое и декоративно-облицовочное;серные кварциты – серное и керамическое;алунитовые кварциты – глиноземное, сернокислотное, калийное , коагулянтное, керамическое, цементное, кирпичное, а также иногда с попутным извлечением золота, серебрадиаспоровые кварциты – глиноземное и кварцевое сырье;каолиновые кварциты – керамическое ; попутное извлечение золота , серебра; серицитовые кварциты – глиноземное. калийное и кварцевое сырье; пропилиты – возможный источник цветных и благородных металлов.

Геолого-экономические предпосылки хозяйственного освоения месторождений алунитовых руд перспективны для дальнейшего развития экономики Дальнего Востока России.

Искусствоведение

Грязева И.В.
ктн, доцент кафедры «Дизайн костюма»
Московский государственный университет дизайна и технологии
i.griazeva@mail.ru

РЕГИОНАЛЬНЫЙ ДИЗАЙН: НОВЫЕ ИДЕИ РАБОТЫ С ПЕРВОИСТОЧНИКОМ

Стремительное развитие техники и технологий, универсализация вкусов населения и ориентация на «среднемировой» интернациональный дизайн привело к утрате регионального своеобразия объектов предметной среды.

Постепенное изменение приоритетов общества в строну осмысления ценности ремесленных традиций, гармонии с природной средой и «гуманности» вещей, способствовало развитию «нового типа проектной идеологии» [1,15], известного сегодня как региональный дизайн. По мнению специалистов, «региональный дизайн основывается на культурно-экологическом сознании проектировщика, оставаясь при этом открытым к освоению достижений других культур» [1,25].

Известный дизайнер и педагог В. Папанек, работая со студентами из разных стран, видел свою первоочередную задачу в том, чтобы «пробудить самобытное дизайнерское видение мира, не прерывающее связи с их культурными корнями» [2,15]. Выражая свою неудовлетворённость развивающейся тенденцией поверхностного поиска новизны создаваемых вещей уже в шестидесятые годы двадцатого столетия Папанек призывал обратиться к изучению первоисточников предметных форм и вернутся к «ясности простых жизненных приоритетов» [2,18]. Сегодня такой подход к формообразованию вещей стал весьма актуален и особым вниманием «интеллектуального» потребителя пользуются изделия, принадлежащие направлению «архитипы».

Больших успехов на пути создания новых эстетических ценностей в рамках уже существующей культуры достигли шведские дизайнеры, для которых принципиальной позицией разработки предметов быта и жилой среды человека является «поиска функциональных решений с опорой на собственные культурные традиции и предпочтения» [3, 261]. При полной творческой «открытости миру» «чужое» всегда переосмысливается, перерабатывается до «своего», до формы приемлемой для собственной культурной традиции» [3,28]. Простота, аутентичность и технологичность шведского дизайна, культура создаваемых им форм выдвигают его в число самых популярных и узнаваемых проектных практик современного мира.

В условиях возросшей потребности осмысления собственных корней центральными проблемами регионального дизайна становится поиск способов выражения культурной и национальной идентичности населения больших городов, а также воссоздание в предметной среде бытовых и художественных ценностей различных этнических групп. Особенно наглядно эта тенденция прослеживается в работах отечественных дизайнеров, пытающихся найти собственное «лицо» в структуре мирового дизайна. В этой связи особую актуальность приобретает задача сохранения и изучения культурного наследия своей страны и внимательного отношения к творчеству каждого, даже самого маленького народа.

Наиболее «чутким» к настроениям общества и понятным в своих задачах потребителю является такой объект дизайнерской деятельности как костюм. Одно из проявлений этнодизайна - этнический стиль стал неизменным направлением мировой моды и имеет стойкие характеристики и черты.

Огромные территории нашего государства и его уникальная этническая структура создают благоприятные условия для изучения развития традиционных форм и структуры костюма, с учётом всей сложности и многофакторности этого процесса. Заметим, что в отличие от иных творческих источников, народный костюм, кроме идей по цветовой, декоративной и пропорциональной организации вещей, несёт в себе важную информацию конструкторско-технологического характера. Одним из основных способов получения информации об организации и структуре моделей древней одежды и обуви является обращение к музейным образцам и технически точным изображениям вещей. Однако доступ к источникам этого рода достаточно ограничен, а в некоторых случаях и совсем не возможен.

В Московском государственном университете дизайна и технологии, при содействии сотрудников Российского этнографического музея г. С-Петербурга был разработан принцип хранения информации о деталях и элементах костюмов народов России 18 – нач. 20 вв [4]. Разработанная система, получившая условное название «Этносфера», представляет собой оригинальный католизатор, позволяющий осуществлять поиск объекта по ряду заданных признаков и дающий информацию об интересующем образце. Совокупность данных систематизирована с учётом специфики дизайнерской деятельности в области проектирования современного костюма. Объектом первого этапа комплексной работы по хранению специально организованной информации стала традиционная обувь.

Важной особенностью разработанной базы данных является возможность уточнения территориально - этнографической принадлежности образцов. Иными словами, в каталогизаторе «Этносфера» возможен поиск вида или элемента костюма, в нашем случае обуви, встречающегося у конкретного народа или характерного для определённого района страны. Информация подобного рода полезна для выявления локальной специфики проектирования и формирования регионально-ориентированного ассортимента.

Выражаем надежду, что наличие профессионально организованных систем хранения и описания объектов народного художественного творчества будет способствовать развитию регионального дизайна, и помогут понять логику развития традиционных форм.

Литература

1. Кандратьева К.А. Экология культуры и проблемы гуманизации дизайнерского проектирования: автореферат дис. д. иск. М.: 1993;
2. Папанек В. Дизайн для реального мира. - М.: А. Аронов, 2008;
3. Тимофеева М.А. Дизайн в Швеции: история концепции и эволюция форм. - М: РГГУ, 2006;
4. Свид-во о ГР № 2011620390: Детали и элементы костюмов народов России 18-нач 20 веков «Этносфера» / Грязева И. В., Петушкова Г.И., Фукин В.А. (РФ), 2011

Герасимов А.А.
профессор, д.м.н., Уральский государственный медицинский университет
E-mail: nopain2003@mail.ru

КОСТНО-БОЛЕВОЙ СИНДРОМ ПРИ БОЛЯХ В ПОЗВОНОЧНИКЕ И СУСТАВАХ, ЭФФЕКТИВНОЕ ПАТОГЕНЕТИЧЕСКОЕ ЛЕЧЕНИЕ

Болевые синдромы позвоночника и суставов уверенно выходят на первое место в структуре заболеваемости населения. При этом длительность нетрудоспособности не уменьшается, что свидетельствует о том, что качество лечения пока не улучшается. Новые консервативные методы лечения в основном являются аналогами существующих и не создают улучшения качества лечения.

Последние десятилетия физиологами изучены новые важные особенности патогенеза заболеваний. Доказано, что источником боли является сама кость с ее остеорецепторами, которые относятся к симпатической нервной системе [10;13]. Первоначальные изменения при дистрофических заболеваниях позвоночника и суставов происходят вначале в костной ткани в виде локальных небольших очагов остеопороза [7], застойных явлений крови в венозной системе [8;9] и повышения внутрикостного давления [12]. Костная ткань богата остеорецепторами, их раздражение происходит при нарушении кровообращения, они реагируют на уменьшение парциального давления кислорода в костных сосудах [4]. Доказано, что чем хуже кровоснабжение кости, тем больше усиливается интенсивность боли [1]. В последующем изменения охватывают надкостницу, возникает ее отек. Через несколько лет в процесс вторично вовлекаются мышцы, возникает их рефлекторное защитное напряжение. Болевые проявления локализуются в костях, затем болевая импульсация увеличиваясь, вовлекает соответствующие позвонкам нервы, возникает рефлекторный болевой синдром с распространением боли на периферию по склеротомной части нервов.

Нарушение кровообращения в костях является первичным звеном и в отношении дистрофии и межпозвонковых дисков. Известно, что питание гиалинового хряща происходит за счет диффузии из прилежащих костей. Нарушение этого питания является основой для возникновения биохимических нарушений, а затем дистрофии в дисках и суставах [6].

Следовательно, в возникновении болевого синдрома основным патогенетическим звеном является нарушение в кровообращении костной ткани. Новая трактовка патогенеза предусматривает новое лечение, поэтому **целью нашей работы** явилась разработка эффективного патогенетического лечения.

Методы лечения. Известная медикаментозная сосудистая терапия малоэффективна, так как костные сосуды не реагируют на спазмолитические препараты. Физиотерапевтическое лечение тоже неэффективно, так как кожа является барьером для магнитной индукции, электрического тока и уменьшает его в 200-500 раз [3]. Ослабленный ток практически не доходит до кости, так как она покрыта изолятором – замыкающей пластиной [5].

Нами выявлено, что электрический ток является хорошим раздражителем для костных рецепторов. Были разработаны специальные физиологические параметры тока. Для того, чтобы он дошел до кости использовали проводник в виде иглы. Стерильную иглу подводят к остистому отростку пораженного позвонка и подают низкочастотный модулированный электроток. Аппарат и методика утверждены Минздрава России [11].

Результаты. Эффективность метода внутритканевой электростимуляции более подробно изучена у больных с острыми и хроническими явлениями в поясничном отделе позвоночника. Проведена сравнительная оценка результатов двух методов лечения: традиционного комплекса консервативных мероприятий (медикаментозного, физиотерапевтического, вытяжения и др.) (64 чел.) и метода внутритканевой электростимуляции как единственного (4-7 процедур) – 110 чел. Выбор осуществлялся слепым методом конвертов. Всем больным проведены клинические, лучевые и функциональные методы исследования.

При электростимуляции эффект проявлялся уже на первых процедурах. Курс лечения включал 5-9 процедур, приводя к устранению боли. Полное устранение боли достигнуто у 92%, в контрольной группе – у 38%. Вместе с болевыми ощущениями исчезла неврологическая симптоматика, в контрольной она частично осталась. Сроки лечения при электростимуляции сокращены в 2,5-3 раза. Длительность ремиссии в среднем в 3 раза длиннее, чем при традиционном лечении. Осложнений не было.

Местное действие электростимуляции заключается в воздействии тока на костную ткань и раздражении остеорецепторов. Методом игольчатой реографии и полярографии костной ткани доказано, что это воздействие приводит к локальному восстановлению кровообращения и значительному увеличению микроциркуляции в пораженном позвонке. Лечебный эффект электростимуляции хорошо заметен при мышечно-тоническом синдроме. При правильном воздействии на кость в местах прикрепления мышц происходит быстрое их расслабление без дополнительного лечения. Полное расслабление мышц достигается после двух-трех процедур.

При протрузии грыжи диска в результате лечения электротоком выявлено образование соединительнотканной капсулы вокруг грыжи, что препятствовало ее увеличению в будущем. Обследование через год показало, что у всех больных в зоне лечения протрузия грыжи не увеличилась и даже частично уменьшилась в размерах.

Физиологический ток возбуждает структуру нервной клетки и восстанавливает нарушенную функцию, как нервных стволов, так и синаптических связей. Кроме того, нами доказано, что специальный электрический ток при внутритканевом подведении к позвоночнику является раздражителем для спинальных нейронов. Экспериментально доказано, что под действием электротока происходит ускорение прорастания нерва на периферию при его повреждении.

Таким образом, внутритканевая электростимуляция является высокоэффективным патогенетическим методом при лечении больных с острой и хронической болью в позвоночнике и суставов.

Список литературы

1. Герасимов А.А. Костно-болевой синдром в патогенезе остеохондроза позвоночника и его лечение //Курортное дело - 2009.-Т.3.-№2.-С.5-10.

2. Джонсон С.С., Гай. Воздействие неионизирующего электромагнитного излучения на биологические среды //журнал ТИИЭР.-1972.-Т.60.-№6.-С.49-82.

3. Калюжный Л.В. Физиологические механизмы регуляции болевой чувствительности. -М.Медицина, 1984.-260с.

4. Кнеппо П., Титомир Л.И., Биомагнитные измерения.- М.:Энергоиздат, 1989.-285с.

5. Козлов В.А. Влияние нарушений сегментарного кровообращения на возникновение дистрофических заболеваний позвоночника: Автореф. на соиск. учен. степ. канд.мед.наук. – М., 1970.-23 с.

6. Котенко В.В. Посттравматическая дистрофия руки/ В.В.Котенко, В.А.Ланшаков//М.Медицина, 1987.-125с.

7. Макушин В.Д., Чегуров О.К., Казанцев В.И.//Гений ортопедии.-2000.-№2.- С.52-55.

8. Михайлов В.П. Боль в спине и связанные с ней проблемы/ В.П.Михайлов //Хирургия позвоночника. -2004,-№1,-С.110-112.

9. Отелин А.А. Иннервация скелета человека. -М.Медицина, 1965.-270с.

10. Патент № 1103855, РФ, МКИА 61 в 17/00. Способ лечения заболеваний позвоночника /А.А.Герасимов (СССР).А.С.1103855, 1993//Открытия. Изобретения.-1984.-№27.-С.9.

11. Соков Л.П. Клиническая нейротравматология и нейроортопедия. /А.П.Соков, Е.Л.Соков// М.:Камерон, 2004.-526с.

12. Янковский Г.А. Остеорецепци/Г.А.Янковский// -Рига: «Зинатне», 1982. - 310с.

Тохсырова М.М., Салбиева Б.Т.
ассистенты кафедры анатомии человека и топографической анатомией и оперативной хирургией ГОУ ВПО СОГМА МЗ РФ

СРАВНИТЕЛЬНЫЙ АНАЛИЗ СОМАТОМЕТРИЧЕСКИХ ПОКАЗАТЕЛЕЙ ЛИЦ ЮНОШЕСКОГО И ПЕРВОГО ЗРЕЛОГО ВОЗРАСТА

Одной из основных задач медицины XXI века является оценка функционального состояния различных систем организма здоровых людей[3,4; 2,190; 6,140]. Общее представление невозможно без учета конституциональных особенностей индивида, поскольку соматическое и висцеральное морфо - функциональное развитие лиц, относящихся к различным типам конституции, в постнатальном онтогенезе происходит неодинаково [5,99; 7,120]. Наиболее актуальным возрастными периодами для изучения морфологических критериев диагностики нормы являются юношеский и первый период зрелого возраста (согласно возрастной периодизации, рекомендованной всесоюзным симпозиумом АПН СССР Москва, 1965, и съездом антропологов, 1975), когда заканчивается формирование функциональных систем организма. [4,64].

Целью данного исследования является проведение антропометрических измерений с последующей соматометрической диагностикой 145 здоровых людей в возрасте 17 – 22 лет, проживающих в РСО – Алания и выявление особенностей индивидуальной изменчивости и половых различий антропометрических параметров молодых людей.

Исследование проведено согласно принципам биоэтики, получено добровольное информированное согласие у участников на проведение исследования. Участниками были 145 здоровых молодых людей (61 парень и 84 девушки), студенты 1 – 3 курсов ГОУ ВПО СОГМА Росздрава. Средний возраст юношей 18,9, девушек 21,6 лет. Антропометрические измерения проведены по методике Р.Н. Дорохова, В.Г.Петрухина (1989) [1,4], в утренние часы с применением набора стандартных антропометрических инструментов. Исследование включало измерение 29 параметров: определяли массу тела, рост, линейные (продольные, поперечные, переднезадние) и обхватные размеры, толщину кожно-жировых складок. Парные размеры измерили на правой половине тела. Полученные данные вносили в специально составленные карты, содержащие паспортные данные, данные о состоянии здоровья (выписки из амбулаторных карт) и данные антропометрических измерений. Полученный материал обработан на персональном компьютере IBM Pentium-IV статистическим методом с использованием программы «Microsoft Excel».

Исследование показало, что средняя масса тела юношей в изученной группе превышает массу тела девушек на 18,4 % и составляет 79,70±1,18 кг, средний вес девушек 67,5±0,55. Средний рост юношей 183,8 см и девушек 172,4 см, юноши имели более высокие показатели большинства основных линейных антропометрических параметров.

Относительная масса жирового компонента у юношей равнялась 19,80±0,83 % от массы тела, относительная масса мышечного компонента 36,30±0,65, костного компонента 18,12±0,62%. В группе девушек относительная масса мышечного компонента была равна 30,20±0,95%; относительная масса жирового компонента 35,96±0,85%; костного компонента 16,64±0,61 %. При этом факт, что у девушек более чем в два раза чаще встречается дефицит массы тела (16, 29 %), а у юношей более чем в шесть раз чаще, чем у девушек – избыток массы (34,82 %) встречается в наших исследованиях впервые. Среди молодых людей в возрасте 17–22 лет средние масса и площадь тела юношей достоверно превышают таковые у девушек (на 14,1–21,4 %), как и величина продольных (на 5,4–15,0 %), обхватных и поперечных (на 0,5–5,0 %) антропометрических параметров.

Таким образом, полученные нами новые данные отражают наличие разницы показателей в соматических группах обследуемых сопряженных с полом и возрастом, согласуются с данными литературы и подтверждают актуальность проведенной работы.

Список использованной литературы:

1. Дорохов Р.Н. Методика соматотипирования детей и подростков / Р.Н. Дорохов, В.Г. Петрухин // Медико-педагогические аспекты подготовки юных спортсменов. Смоленск, 1989. - С.4 - 14.

2. Корнетов Н.А. Учение о конституции человека в медицине: от исторической ретроспективы до наших дней / Н.А. Корнетов // Материалы IV Междунар. Конгр. по интегративной анропологии / Под ред. Л.А. Алексиной. СПб., 2002.-С. 190-192.

3. Никитюк Б.А. Генетические маркеры и проблемы конституции / Б.А. Никитюк // Генетические маркеры в антропогенетике и медицине. — Хмельницкий: Подшля, 1988. С.4 - 19.

4. Никитюк Д.Б. Конституциональный и антропометрический подходы к изучению детского организма / Д.Б. Никитюк, К.В. Выборная // Морфология. 2006. - Т. 130, Вып.5. - С.64-65.

5. Солодков А.С. Физическое и функциональное развитие и состояние здоровья учащейся молодежи / А.С. Солодков // Медико-биологические

проблемы физической культуры и спорта: материалы Всеросс. науч.-практ. конф. СПб., 2002. - С.99-101.

6. Шарайкина Е.П. О классификации типов телосложения у женщин // Е.П. Шарайкина // Морфология. 2004. - Т. 126, Вып.4. - С. 140.

7. Ямпольская Ю.А. Грацилизация и внутригрупповое распределение типов конституции московских подростков во второй половине XX века / Ю.А. Ямпольская // Педиатрия. Журнал им. Г.Н. Сперанского 2007 — №2- С. 120-123.

Чудимов В.Ф., Кравцова Т.Н., Путинцева А.Б.

Чудимов В.Ф. – заслуженный врач России, доцент кафедры ЛФК и спортивной медицины Алтайского государственного медицинского университета г.Барнаула; Кравцова Т.Н. – ассистент кафедры ЛФК и спортивной медицины Алтайского государственного медицинского университета г.Барнаула; Путинцева А.Б. – ординатор кафедры ЛФК и спортивной медицины Алтайского государственного медицинского университета г.Барнаула.

РАСПРОСТРАНЕННОСТЬ НЕДИФФЕРЕНЦИРОВАННОЙ ДИСПЛАЗИИ СОЕДИНИТЕЛЬНОЙ ТКАНИ В КОНТИНГЕНТЕ ДЕТЕЙ НЕВРОЛОГИЧЕСКОГО ПРОФИЛЯ (КЛИНИЧЕСКОЕ ИССЛЕДОВАНИЕ)

Особое внимание в практике педиатра занимает недифференцированная дисплазия соединительной ткани (НДСТ) из-за разнообразности своих проявлений и вызываемых патологических состояний. Благодаря широкому распространению соединительной ткани (СТ) в организме человека, нет такой системы, которую бы не затронули проявления недифференцированной соединительнотканной дисплазии. Распространенность дисплазии соединительной ткани (ДСТ) определяется с частотой от 26 до 80 % [1, 33], в зависимости от количества признаков, учитываемых в статистике. В современной медицине, НДСТ не относят к заболеванию или синдрому, однако ей отводят место так называемого «патологического состояния». Однако на сегодняшний момент известно, что это генетически обусловленное нарушение развития СТ в эмбриональном и постнатальном периодах, приводящие к нарушению функции и морфологии органов, являющиеся неблагоприятным фоном для многих заболеваний и может влиять на их течение и прогноз, что в последствии сказывается на качестве жизни. [2, 131; 3, 22]. При всей важности данной проблемы общепринятых диагностических критериев НДСТ нет (биохимия, клиника), также как и стандартного алгоритма диагностики. Данная ситуация сложилась ввиду того, что дисплазия соединительной ткани (ДСТ) не внесена в МКБ-10, а это значит, что к единому мнению алгоритма диагностики данной проблемы прийти будет достаточно трудно. Поэтому при постановке диагноза приходится сопоставлять наружные и внутренние проявления НДСТ в единую «картину». Исходя из данных проблем, вытекает и основная причина слабого внимания врачей и родителей к данной проблеме – это отсутствие специалиста по данной патологии и адекватной терапии, а также отсутствие преемственности между врачами различных специальностей, между поликлиникой и стационаром в ходе процесса лечения и реабилитации последствий НДСТ.

Цель работы.

Исходя из вышесказанного целью нашего исследования было определить значимость проблемы НДСТ у детей, находящихся в неврологическом стационаре и её роль в формировании основных неврологических заболеваний.

Задачи работы.
1. выявить наиболее встречаемые признаки НДСТ пациентов неврологического профиля (на примере неврологического отделения детской городской больницы №5, г. Барнаул);
2. выявить их связь с неврологическими нарушениями;
3. предложить пути решения проблем.

Материалы и методы исследования.

С информированного согласия родителей проводилось сплошное скрининговое обследование (осмотр) в отделении стационара на 60 коек детской неврологической больницы № 5 города Барнаула, где проходили лечение дети от трех месяцев до 18 лет. Распределение детей по полу и возрасту приводится в табл. 1. Все пациенты наблюдались и обследовались однократно.

Таблица 1. Распределение детей по полу и возрасту

Пациенты	Дошкольного возраста (4-6 лет)	Младшие школьники (7-10 лет)	Средние школьники (11-14 лет)	Старшие школьники (15-18 лет)	Всего
Мальчики	4	13	16	1	34
Девочки	2	10	14		26
Всего	6	23	30	1	60

Диагноз НДСТ устанавливался на основании комплекса фенотипических критериев и оценки системной вовлеченности соединительной ткани согласно классификации Нечаевой Г.И. и соавт. [3, 22], а также с учетом значимости клинических маркеров в оценке степени тяжести ДСТ Кадуриной Т.И. и Горбуновой В.Н. [1, 51]. Обследование включало диагностическое интервью с родственником ребенка и самим ребенком, в ходе которого оценивались особенности двигательного развития ребенка, проводился неврологический, ортопедический осмотр по стандартным схемам и определение силовой выносливости мышц. Беседа дополнялась данными из амбулаторной карты, карты развития и истории болезни.

Результаты.

Нами были получены результаты, представленные в табл. 2 в порядке убывания. Мы выделили 5 основных клинических признака НДСТ, которые наиболее часто встретились у детей неврологического отделения.

Таблица 2. Перечень наиболее часто встретившихся признаков НДСТ в порядке убывания

Наиболее частые признаки	Частота
1. Патология стопы (сандалевидная щель, вальгусные стопы, плоскостопие, косолапость, второй палец на стопе больше первого, нахождение пальцев стопы друг на друга)	98%
2. Деформация ушных раковин (низко расположенные уши, приросшие уши, оттопыренные уши, большие уши)	61,6%
3. Гипермобильность суставов (переразгибание локтевых и коленных суставов)	56,6%
4. Нарушение осанки	56,6%
5. Склонность к аллергическим реакциям и простудным заболеваниям	56,6%
Остальные признаки	
6. Аномалии прикуса	45 %
7. Дисплазия тазобедренных суставов	45%
8. Выраженная венозная сеть	38,3%
9. Пигментные пятна	36,6%
10. Мышечная гипотония	35%
11. Патология зрения	31,6 %
12. Деформация нижних конечностей (Х-образная, О-образная)	31,6%
13. Кривошея	30%
14. Ямка на грудине	30%
15. Носовые кровотечения в анамнезе	28,3 %
16. Второй палец кисти больше четвёртого, арахнодактилия	26,6%
17. Нестабильность ШОП	23,3%
18. Деформация грудной клетки	13,3 %
19. Астеническое телосложение	10%
20. Широкое переносье	10%
21. Низкий рост волос на лице	10%
22. Искривление мизинцев кисти	8,3%
23. Грыжи	6,6 %
24. Спланхноптоз	6,6%
25. Неправильная форма черепа	5%

Примечание. Суммарные показатели превышают 100%, так как у ряда пациентов наблюдалось по 2 и более признака.

Таким образом, можно сделать вывод, что среди пациентов неврологического профиля наиболее значимыми признаками НДСТ являются нарушения костно-суставного аппарата (патология стопы, гипермобильность суставов, нарушение осанки), а также иммунологические нарушения и косметические дефекты (деформации ушных раковин).

Встречаемость неврологических заболеваний у осмотренных детей с выявленной НДСТ, имеющих не менее пяти признаков НДСТ представлены в табл. 3.

Таблица 3. Неврологические заболевания у пациентов с НДСТ неврологического отделения в порядке убывания

Наиболее часто встречающиеся	Частота
Вегетососудистая дистония (ВСД) пубертантного периода	36 %
Синдром дефицита внимания и гиперактивности (СДВГ)	33,3 %
Начальные проявления недостаточности мозгового кровообращения (НПНМК)	20 %
Эмоционально-тревожное расстройство детского возраста	8,3 %
Синкопальные состояния	6,6%
Остальные заболевания	
Ранний юношеский остеохондроз позвоночника	5%
Вертеброгенные цервиалгии (дислокация C1)	3,3 %
Эпизодические головные боли напряжения	1,6%
Хронические вертеброгенные торакалгии	1,6 %
Внутричерепная гипертензия (ВЧГ)	1,6%

Таким образом, у пациентов с НДСТ в неврологическом аспекте наблюдаются расстройства психо-вегетативной нервной системы в виде ВСД, синдрома дефицита внимания и гиперактивности, эмоционально-тревожного расстройства детского возраста и синкопальных явлений.

Тестирование силовой выносливости для определения состояния мышечного корсета позвоночника проводится следующим образом: пациентам предлагалось выполнить три упражнения под контролем врача ЛФК.

«Рыбка» - упражнение для оценки силовой выносливости мышц спины (экстензоров туловища): исходное положение – лежа на животе, руки вытянуты вперед. Приподнять над полом руки, ноги и голову. Руки в локтях не сгибать, голова между рук, носки ног тянуть. Удерживать это положение до усталости (в секундах). Методические рекомендации: руки параллельно полу, лицом вниз, правильное положение головы оценивается по следующему ориентиру – уши должны быть точно между рук, дыхание не задерживать.

«Уголок» - оценка силовой выносливости мышц живота (флексоров поясничного отдела туловища): исходное положение лежа на спине, руки под головой, локти прижаты к поверхности кушетки (пола). Согнуть ноги в коленях, затем прижать согнутые ноги бедрами к животу и выпрямить верх под углом 45° и удерживать до усталости (в секундах). Методические рекомендации: колени не сгибать, носки тянуть от себя, поясница должна быть прижата к поверхности кушетки (пола), дыхание не задерживать.

Оценка силовой выносливости мышц шеи (флексоров шеи) – исходное положение лежа на спине, руки лежать на животе. Вытянуть шейтый отдел позвоночника, не поднимая головы, прижать подбородок и приподнять голову от кушетки (пола) на 4-5 см и удерживать до усталости (в секундах). Методические рекомендации – дыхание не задерживать, подбородок должен все время быть прижат к шее [4, 13].

Результаты представлены в табл.4.

Таблица 4. Результаты силовой выносливости мышечного корсета позвоночника

	До 1 минуты	От 1 минуты до 1 минуты 29 секунд	Больше 1 минуты 30 секунд
Флексоры шеи	71,4 %	11,6%	15%
Флексоры поясничного отдела туловища	85,7 %	13,3%	1,6%
Экстензоры туловища	60 %	15%	18,3%

До 1 минуты – крайне низкая силовая выносливость мышц; от 1 минуты до 1 минуты 30 секунд – низкая силовая выносливость мышц; больше 1 минуты 30 секунд – достаточная выносливость мышц.

Обсуждения и заключения.

В обследованной нами группе лиц неврологического стационара с недифференцированной ДСТ, как и в более ранних исследованиях была подтверждена связь заболеваний нервной системы и патологии соединительной ткани. Связь ВСД и НСТД, а также синкопальных состояний у данного контингента пациентов была и ранее выявлена Кадуриной Т.И. и Горбуновой В.Н. [1, 50] и подтверждена нами.

Особенностью неврологического статуса при НДСТ по литературным данным являются миатонический синдром [1, 400]. Снижение силовой выносливости мышц позвоночника обосновывается уменьшением мышечной массы. Это подтверждается гистологическим, гистохимическим и электронно-микроскопическим исследованиями [1, 56]. Слабость мышц или связок, патологическая подвижность в суставах становятся причиной патологии опорно-двигательного аппарата, таких как нарушение осанки, сколиоз, гипермобильность суставов, нестабильность шейного отдела позвоночника, вертебробазилярная недостаточность и кривошея [1, 50; 5, 247]. Это подтверждается и нашими данными: гипермобильность суставов и нарушение осанки входят в пятерку наиболее частых признаков НДСТ у неврологических пациентов, а кривошея встречается в 1/3 случаев у детей с НДСТ.

Патологическое состояние соединительной ткани при НСТД часто приводит к аномалиям сосудов головного мозга в виде нарушения хода сосудов, их разности в диаметре и т.д. Соответственно это приводит к нарушению мозгового кровообращения, которое может протекать скрытно. Срыв компенсации может произойти при воздействии психического или физического фактора, соматического заболевания, особенно в критические возрастные периоды, и проявиться клиникой преходящий нарушений мозгового кровообращения [6, 246]. НПНМК по данным нашего исследования на третьем месте среди наиболее часто встречающихся заболеваний нервной системы у пациентов с НДСТ.

Пациенты с ДСТ относятся к группе повышенного психологического риска, которая характеризуется сниженной субъективной оценкой собственных возможностей, эмоциональной неустойчивостью, повышенным уровнем тревожности, склонностью к депрессии и конформизмом. К данным нарушениям в психологической сфере приводит наличие косметических изменений в сочетании с астенией. В будущем у таких детей есть сниженная социальная адаптация и активность, которые отражаются на качестве жизни. Наше клиническое исследование по оценке психо-вегетативного состояния совпадает с литературными данными [3, 26].

Однако мы не встретили упоминаний о взаимосвязи СДВГ и НДСТ или их отягощающем влиянии друг на друга. Этот факт требует дальнейшего глубокого исследования и проведения анализа.

Выводы.

1. Наиболее часто встречающиеся признаки НДСТ у пациентов неврологического профиля – патология стопы (сандалевидная щель, вальгусные стопы, плоскостопие, косолапость, второй палец на стопе больше первого, нахождение пальцев стопы друг на друга), деформация ушных раковин (низко расположенные уши, приросшие уши,

оттопыренные уши, большие уши), гипермобильность суставов (переразгибание локтевых и коленных суставов), нарушение осанки, склонность к аллергическим реакциям и простудным заболеваниям. Выявленные клинические признаки предлагаем учитывать, как фенотипические маркеры дисплазии соединительной ткани, в лечении неврологической патологии.

2. Основные и часто встречающиеся неврологические нарушения, выявленные нами – ВСД пубертатного периода, СДВГ, НПНМК, эмоционально-тревожное расстройство детского возраста, синкопальные состояния. Учитывая распространенность неврологической патологии у детей с НДСТ в стандарт обследования и лечения необходимо включить консультацию невролога и врача ЛФК. Наличие признаков дисплазии должно служить основанием для более детального клинического и инструментального исследования нервной системы.

3. Целесообразен междисциплинарный подход к курации детей и подростков с дисплазией соединительной ткани, в том числе с привлечением детского психолога и обоснованно внедрение клинической специальности врача-дипластолога.

Список литературы:

1. Кадурина Т.И., Горбунова В.Н. Дисплазия соединительной ткани. СПб., 2009. С. 33, 50, 51
2. Нестеренко З. В. Классификационные концепции дисплазии соединительной ткани // Здоровье ребенка. – 2010. – № 5 (26). – С. 131
3. Нечаева Г. И., Яковлев В. М, Конев В. П. и др. Дисплазия соединительной ткани: основные клинические синдромы, формулировка диагноза, лечение// Лечащий врач. – 2008. – № 2. – С. 22, 26
4. Чудимов В.Ф., Ульянова Л.Г. и др. Азбука ортопедии. – Барнаул, 2005. – С.13
5. Чудимов В.Ф., Куропятник Н.И. и др. Вертеброгенная кривошея, как частая причина церебральных вертебрологических нарушений. С.247
6. Чудимов В.Ф., Котовщикова Е.Ф. и др. Недифференцированная дисплазия соединительной ткани как источник хронизации соматической патологии. Современные технологии профилактики, диагностики и лечения основных заболеваний человека. С. 246

Леванин П.П.
«Уральский институт кардиологии», врач эндоваскулярный хирург.
«ФГБУ НПЦ Трансплантологии и искусственных органов», аспирант.

НОВЕЙШИЕ ТЕХНОЛОГИИ В ЭНДОВАСКУЛЯРНОМ ЛЕЧЕНИИ АТЕРОСКЛЕРОТИЧЕСКОГО ПОРАЖЕНИЯ КОРОНАРНЫХ АРТЕРИЙ

Морфологической основой ишемической болезни сердца (ИБС) более чем в 95–97% случаев является атеросклероз коронарных артерий.

Атеросклероз - хроническое заболевание, характеризующееся возникновением в стенках артерий очагов липидной инфильтрации, разрастанием соединительной ткани с образованием фиброзных бляшек, суживающих просвет сосуда и нарушающих физиологические функции поражённых артерий, что приводит к нарушению адекватного кровообращения (рис.1). Атеросклероз и связанные с ним ИБС, инфаркт миокарда, нестабильная стенокардия вышли на первое место среди причин заболеваемости, потери трудоспособности, инвалидности и смертности населения в экономически развитых странах. Атеросклероз обусловливает половину всех смертных случаев, около 30% летальных исходов у людей в возрасте 35-65 лет. Атеросклеротические бляшки, суживающие просвет венечных сосудов, локализуются главным образом в эпикардиальных коронарных артериях. [1,3]

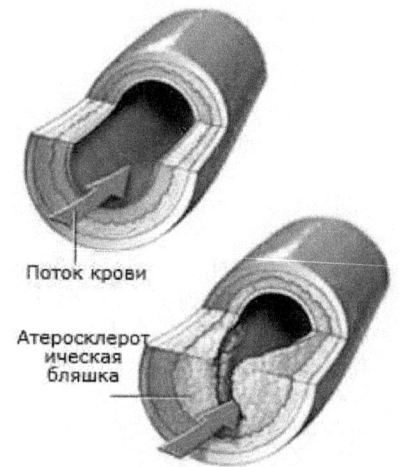

Рис. 1. Вид атеросклеротической бляшки.

Концепцию расширения пораженных участков сосуда с помощью некоего каркаса ещё 40 лет назад предложил Charles Dotter. Разработка метода заняла длительное время, первая операция по этой технологии была произведена только в 1986-м году. И лишь в 1993-м году была доказана эффективность метода стентирования для восстановления проходимости коронарной артерии и удержания её в новом состоянии в дальнейшем.

Стент — это тонкая металлическая трубка, состоящая из проволочных ячеек, раздуваемая специальным баллоном. Он вводится в пораженный сосуд и, расширяясь, вжимается в стенки сосуда, увеличивая его просвет (рис.2). Так налаживается кровоснабжение сердца. [2]

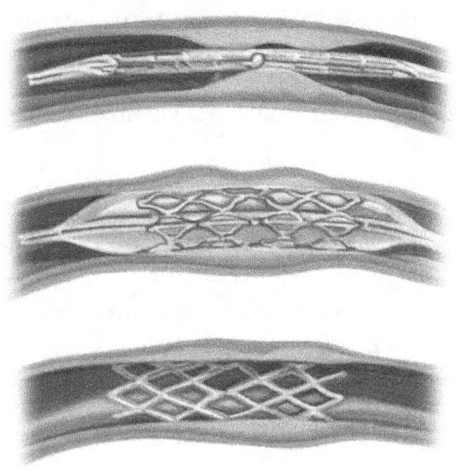

Рис.2. Имплантация стента в артерию

На стадии диагностики выполняется коронарная ангиография, позволяющая определить локализацию и степень сужения коронарных сосудов. По специальному катетеру через бедренную артерию вводится контрастное вещество, с током крови оно заполняет коронарные артерии, что позволяет их визуализировать. Рентгеновские снимки делаются под несколькими углами, результат выводится на монитор.

В специально оборудованной операционной под рентген-контролем производят операцию, постоянно регистрируя кардиограмму пациента. Операция выполняется под местной анестезией. Пациент может говорить в процессе и сообщать о своем самочувствии.

Через бедренный или лучевой (локтевой/плечевой) доступ в устье пораженной коронарной артерии вводится специальный катетер, через который проводится тонкий металлический проводник под наблюдением на мониторе. После чего вводится специальный баллонный катетер, размер которого подбирается в соответствии с особенностями суженного участка.

На баллоне смонтирован в сжатом состоянии стент, который обязательно совместим с органами и тканями человека, гибкий и упругий, подстраивающийся под состояние сосуда. Введенный баллон на проводнике раздувается, стент расширяется и вдавливается во внутреннюю стенку. Затем баллон сдувается и удаляется из артерии вместе с проводником и катетером. Стент остается и сохраняет просвет сосуда. В зависимости от размера пораженного сосуда могут использоваться один или несколько стентов [3,6-8; 3,12-15]. Однако, иммобилизация сосуда стентом нужна только на первые три месяца, пока «разрушенная» баллоном атеросклеротическая бляшка застывает в новом расширенном состоянии сосуда. Стент 3-6 месяцев выделяет цитостатик, который не дает избыточно разрастаться интиме – внутреннему слою стенки сосуда.

Предлагая стентирование, мы ждем улучшения. Но стент не идеален. Почему?

Есть механические проблемы. Металл в артерии:

- Нарушает вазомоторную функцию (сосуд не сжимается и не расширяется)
- Выпрямляет сосуд в естественных изгибах
- Может неплотно прилегать в сосуде
- Остается сеткой в боковых ветвях.

Биологические реакции организма:

- Некоторые примеси в сплаве (никель) вызывают разрастание тканей
- Цитостатик (у материалов с лекарственным покрытием) нарушает покрытие стента эндотелием
- Полимеры прикрепляющие лекарство к металлу в некоторых стентах остаются навсегда и вызывают позднюю реакцию по типу отторжения
- Остается афизиологичное строение стенки сосуда

Все вышеизложенное может приводить к тромбированию или образованию новой бляшки. Это случается далеко не всегда и зависит от многих факторов, но это случается.

В 2000 году Hideo Tamai, предложил и установил материал, который делает свое дело и растворяется. «Рассасывающиеся стенты» ни в коем случае не называют стентами – это скаффолды. Скаффолд в переводе с английского означает «строительные леса», временные конструкции, которые устанавливают например для ремонта фасадов зданий, после ремонта леса разбирают, а здание остается. Скаффолды по мнению Ron Waksman (США) - это четвертая революция в рентгенохирургии после баллонной ангиопластики в 1977, стентов в 1990, стентов с лекарственным покрытием в 2000.

В исследовании скаффолда Absorb (когорта А, «первое поколение») через 5 лет у пациентов:
- не было ни одной смерти от сердечной причины
- ни одного крупноочагового инфаркта миокарда
- ни одного повторного стентирования или АКШ в связи с обострением ишемии
- только 1 пациент имел мелкоочаговый инфаркт в первые 6 месяцев.[4, 2-4].

Саморассасывающийся сосудистый каркас (BVS) Absorb является временным каркасом, предназначенным для расширения диаметра просвета коронарных сосудов, который с течением времени рассасывается и потенциально способствует нормализации сосудистой функции у пациентов с ишемической болезнью сердца, обусловленной возникшими denovo поражениями нативных коронарных артерий. Длина пораженного участка не должна превышать номинальную длину каркаса (12 мм, 18 мм, 28 мм) при должном диаметре сосуда ≥2,0 мм и ≤3,8 мм.

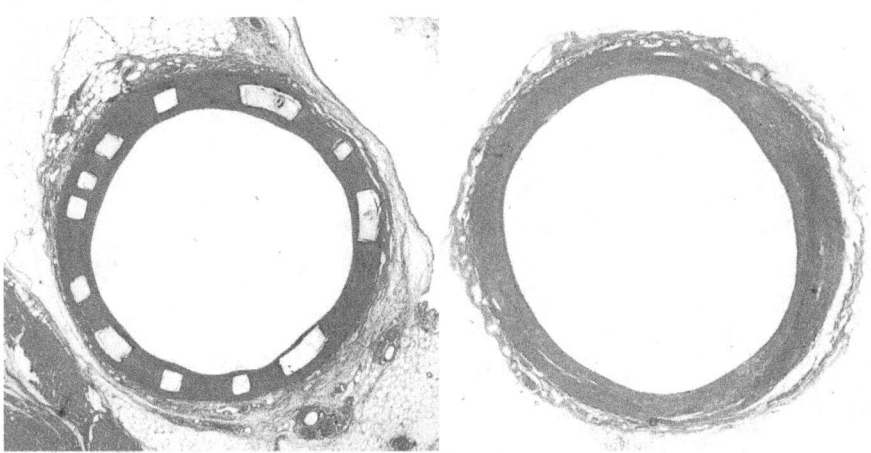

Рис.3.Вид каркаса на микропрепарате после имплантации и спустя 24 месяца.

Преимущественный путь деградации происходит путем гидролиза эфирных связей. Вода в первую очередь пенетрирует аморфные участки полимерного матрикса. Вначале гидролиз приводит к утрате молекулярной массы, но не радиальной жесткости, поскольку за нее отвечает кристаллическая часть каркаса. Как только полимерные цепочки станут достаточно короткими чтобы отделиться от балок или стать растворимыми начинается потеря массы каркаса (рис. 3).

Противопоказания. Использование системы Absorb BVS противопоказано в следующих случаях:

• при наличии противопоказаний к антитромбоцитарной и (или) антикоагулянтной терапии;

• пациентам с известной гиперчувствительностью или противопоказанием к применению аспирина, гепарина и бивалирудина, клопидогрела, тиклопидина, прасугрела, а также тикагрелора, эверолимуса, поли-L-лактида, поли-D,L-лактида или платины, а также с известной чувствительностью к контрастному веществу, которым невозможно провести надлежащую премедикацию.

Биодеградируемые сосудистые скаффолды имеют ряд недостатков:
- имеют толстые страты (балки), а поэтому их труднее провести в место сужения, что требует специальных знаний, умений и навыков
- хрупкие
- дорогие

Кому следует их устанавливать? С точки зрения пациента это:
- молодые пациенты
- пациенты с ожидаемым высоким риском повторного сужения (диабетики)
- когда есть сложность провести шунтирование
- в остром периоде инфаркта
- пациентам с почечной недостаточностью
- тем кому нельзя двойную дезагрегантную терапию (долго пить аспирин и плавикс)[5,3; 5,7; 5,12]

Литература:

[1] Н.Н. Крюков Е.Н., Николаевский В.П., Поляков. Ишемическая болезнь сердца (современные аспекты клиники, диагностики, лечения, профилактики, медицинской реабилитации, экспертизы)
[2] Материал взят из Википедии – свободной библиотеки. http://ru.wikipedia.org/wiki/%D1%F2%E5%ED%F2%E8%F0%EE%E2%E0%ED%E8%E5
[3] Осиев А.Г. Стентирование коронарных артерий.
[4] Бузаев И.В. "Рассасывающиеся стенты" – скаффолды.
[5] Abbot Vascular. Absorb. Bioresorbable Vascular Scaffold System. Обзор методики.

Маркова В.Д., Зубковская О.Е., Костырина Л.О., Щелкунова Н.В.
ФГБОУ ВПО «Омский государственный аграрный университет им. П.А.Столыпина»

ОСОБЕННОСТИ ПОСТАНОВКИ НА ГОСУДАРСТВЕННЫЙ КАДАСТРОВЫЙ УЧЕТ ВОДООХРАННЫХ ЗОН И ЗАЩИТНЫХ ПРИБРЕЖНЫХ ПОЛОС
(НА ПРИМЕРЕ РЕКИ ОМЬ В ГРАНИЦАХ ГОРОДА ОМСКА)

Водные ресурсы занимают одно из важнейших мест среди природных богатств России. Рост городов, бурное развитие промышленности, интенсификация сельского хозяйства, значительное расширение площадей орошаемых земель, улучшение культурно-бытовых условий и ряд других факторов все больше усложняют проблемы загрязнения водных ресурсов. С целью обеспечения процессов самоочищения водных объектов, сохранения и улучшения условий формирования поверхностного и подземного стока на водосборах правительство нашей страны ввело ограничения в использовании территорий, прилегающих к водным объектам.

Омская область является одним из многих регионов страны, где продолжает оставаться нерешенной проблема загрязнения водных ресурсов водоохранных зон и водосборных бассейнов. Современный город Омск - это крупный административный центр, расположенный на пересечении рек Оми и Иртыша. Сейчас город начинает испытывать серьезные трудности при размещении жилья в связи с отсутствием свободных территорий, отвечающих требованиям санитарных правил и норм. Это создает напряженную экологическую ситуацию при неконтролируемом использовании прибрежных территорий и влияет на состояние водных ресурсов [1,41].

Объектом нашего исследования является процесс использования прибрежных территорий реки Омь в границах города. В последние годы застройка на берегах водоемов осуществлялась частными лицами. При этом застройщиками не соблюдались требования водного, природоохранного и земельного законодательства, так как земельные участки в границах водоохранных зон не были отнесены к землям водного фонда, либо к землям особо охраняемых территорий, как того требовал Водный кодекс Российской Федерации.

Новый Водный кодекс РФ уточнил, что водоохранными зонами признаются территории, которые примыкают к береговой линии водоемов, и на которых устанавливается специальный режим осуществления хозяйственной и иной деятельности в целях предотвращения загрязнения, засорения, заиления указанных водных объектов и истощения их вод, а также сохранения среды обитания водных биологических ресурсов и других объектов животного и растительного мира [2,90].

Одновременно в Земельный кодекс РФ были внесены поправки, согласно которым водоохранные зоны могут располагаться в любой категории земель, что автоматически снимает запрет на приватизацию земельных участков в водоохранных зонах, расположенных на землях сельскохозяйственного назначения, землях населенных пунктов, землях промышленности, энергетики и транспорта, землях запаса. Взамен появился запрет на приватизацию земельных участков в пределах береговой полосы, предназначенной для общего пользования [4,74]. Установление столь либерального режима водоохранных зон водных объектов, разрешение строительства практически любых объектов на данных территориях не будет способствовать сохранению водных объектов в состоянии, отвечающем экологическим требованиям, и может привести к еще большему ухудшению экологической обстановки. С целью обеспечения гарантии дальнейшего существования и развития водных ресурсов необходимо регулировать сделки с землей посредством законодательных и иных нормативных правовых актов. Поэтому формирование и кадастровый учет водоохранных зон является немаловажным мероприятием, требующим особого внимания.

Для описания процесса государственного кадастрового учета водоохранных зон необходимо дать их определение с точки зрения государственного кадастра недвижимости. Градостроительный кодекс РФ в статье 1.4 относит водоохранные зоны к зонам с особыми условиями использования территорий [3,3]. Следовательно, рассматривать их как земельные участки (объекты недвижимости) недопустимо [5,1]. Орган кадастрового учета лишь регистрирует уже сформированные сведения, предоставленные органом, курирующим водоохранные зоны. В городе Омске данную функцию выполняет ФГБУ «Омский центр по гидрометеорологии и мониторингу окружающей среды» (далее ЦГМС-Р). Это вызывает необходимость проведения работ по подготовке сведений о границах водоохранных зон и границах прибрежных защитных полос реки Омь для внесения их в государственный водный реестр. Сформированные сведения согласовываются, а затем в течение 10 дней ЦГМС-Р формирует кадастровое дело зоны с особыми условиями использования территорий.

Ширина водоохраной зоны за пределами поселений устанавливается от соответствующей береговой линии, в городах – от парапета набережной, исходя из утвержденной градостроительной документации. В границах водоохранных зон допускается размещение, строительство, реконструкция, эксплуатация хозяйственных и иных объектов при условии оборудования таких объектов сооружениями, обеспечивающими охрану водных объектов от загрязнения и засорении [6,22]. Граница прибрежной полосы устанавливается относительно береговой линии, которая отрисована по точкам, имеющим отметку равную среднему многолетнему уровню вод реки Омь в соответствии со ст. 45 Водного кодекса РФ. Ширина прибрежной защитной полосы реки Омь равна 50 метров.

В итоге в органы ведения государственного кадастрового учета объектов недвижимости, то есть в ФГБУ «Федеральная кадастровая палата» по Омской области передается кадастровое дело зоны с особыми условиями использования территорий, содержащее акт согласования для осуществления кадастрового учета водоохранных зон. Прежде, чем внести сведения в государственный кадастр недвижимости, кадастровое дело должно быть согласовано с Департаментом архитектуры и градостроительства Администрации города Омска. Также сведения регистрируются в Едином государственном реестре водных объектов.

В результате после прохождения всех вышеперечисленных процедур, установленных нормативно-правовыми актами Российской Федерации, субъектов Российской Федерации, муниципальных образований, город Омск получит официально зарегистрированные в государственном кадастре недвижимости и государственном кадастре водных объектов водоохранные зоны и прибрежные защитные полосы с установленными границами и вынесенными на местность специальными информационными знаками. Благодаря проведенной работе у города появится возможность оценить существующую экологическую ситуацию, выявить нарушения в режиме использования прибрежных территорий и разработать пути к улучшению и стабилизации благоприятных условий.

БИБЛИОГРАФИЧЕСКИЙ СПИСОК

1. Бакунина Т.С. Экологическое право : учебник. / Т.С. Бакунина – М.: «Издательство Проспект», 2008. – 656 с.
2. Водный кодекс Российской Федерации. – Новосибирск : Сибирское университетское издательство, 2010. – 112 с.
3. Градостроительный кодекс Российской Федерации. – М.: «КноРус»,2012.- 160 с.
4. Земельный кодекс Российской Федерации. – Новосибирск : Сибирское университетское издательство, 2011. – 144 с.
5. О государственном кадастре недвижимости: федер. Закон Рос. Федерации от 24 июля 2007 г. № 221-ФЗ // Новосибирск: Сибирское университетское издательство, 2011. – 54 с.
6. Правила землепользования и застройки: решение Омского городского Совета № 201 от 10 декабря 2008 года. [Электронный ресурс]: Официальный портал администрации города Омска- режим доступа к порталу.: http://www.admomsk.ru/web/guest/city/urban-planning/rules

Nazarov V.F.
Ph. d, Bashkir State University
Mukhutdinov V.K.
Bashkir State University
vf-gf@mail.ru, mvk-gf@mail.ru

LOCALIZATION A PLACE OF LEAKAGE OF CASING COLUMN IN INJECTION WELLS WITH TEMPERATURE LOG IN THE TUBING

The development of many oil fields is realizing maintaining reservoir pressure by pumping water into the oil reservoir through injection wells. To reduce the impact on the production tubing and prolong its serviceable condition of water injection is carried out in tubing that omits a few tens of meters above the target formation.

However, the tightness of the casing - it leaks production casing and cement ring is broken, and the injected water is absorbed through the site of leakage in undeveloped formations. This leads to disruption of the technological development of the field production, unnecessary energy and water consumption, as well as the disruption of the ecological state of the rocks. Therefore, early detection and elimination of leakage place casing in injection wells is an important task in the development of oil fields.

Currently, the main of geophysical methods for the solution of the problem used a thermometer. When measured by remote devices on the cable is the primary mode of wells spout water through the tubing in the laminar flow regime. Leaks of the production casing in the interval overlapped tubing is marked an abrupt change in the temperature gradient in the tubing and in the annulus. Similar in shape and temperature anomalies observed strata with impaired natural temperature. Therefore, to enhance the uniqueness of interpretation of temperature logs to determine the place of leakage of the column necessary to exclude the influence of temperature rocks. This is achieved by selecting a special research techniques - temporal filtering temperature signals.

The proposed method is based on well testing area radius depending on the time of thermal studies. Establishment of well temperature at a constant temperature of rocks (To) describes the known dependence [1,323]:

$$\frac{T(r,t)}{T_o} = 1 - 2\sum_{n=1}^{\infty} e^{-\beta_n \cdot F_0} \frac{I_o(\beta_n r/r_o)}{\beta_m I_1(\beta_n)}, \qquad (1)$$

where $T(r,t)$ – the temperature in the well at a distance r from its axis, ro – well radius, $F_o = \frac{a^2 t}{r_o^2}$ - dimensionless time (Fourier criterion), a2 – thermal diffusivity of water which fills the well, t – time, βn – parameter determined from the equation $I1(\beta n)=0$; $Io(x)$, $I1(x)$ — Bessel functions of zero and first order.

Calculations performed on the dependence (1), are shown in Figure 1.

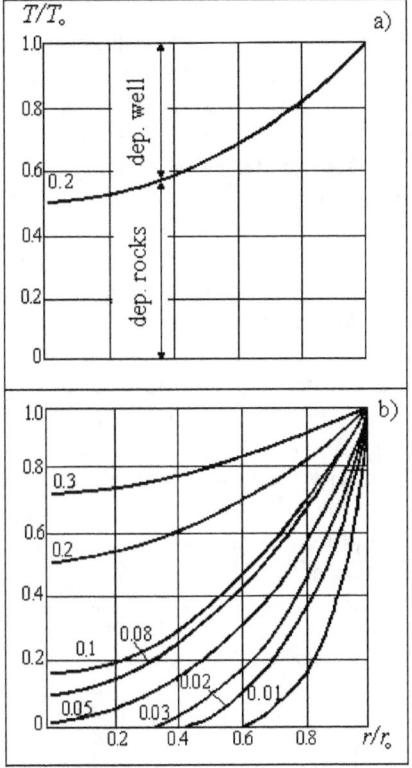

Fig.1 Establishment of well temperature
Identifier curves - dimensionless time F_0.

As can be seen from the figure, at short decisive influence on the temperature field of the registrant has well and at large times increases the contribution of the surrounding rocks. It allows dividing the temperature signals from the well and surrounding rocks with a special research methodology [2].

Figure 2 shows an example of determining the place of casing leakage and Tubing in injection well on the thermometers at the spout. Measurements were carried out at a temperature rise rate of the device with V = 4000 ÷ 4500 m/hr. Tool diameter is 28 mm. Spout of water carried through the tubing. Debit spout is Q =10÷12 m3/day. Perforation interval and funnel tubing are well below the figure given depth interval.

Curves 1 started to register at a depth of 1,250 m in 25 minutes after the transfer mode injection wells on the spout of water through the tubing in the laminar flow regime. This curve observed temperature anomalies at depths of 494 m and 1003 m to determine the cause of these anomalies - they are connected with the violation of integrity or column tubing or with the movement of liquid in the production string - additional research on temporal filtering technique temperature anomalies (detail). For this purpose, measurements of temperature rise at the device at a speed of V=4000 m/hour immediately (curve 5) and 7 min (curve 4) after transfer mode injection wells to spout water through tubing with a flow rate Q=10 m3/d.

During turbulent pumping effect of the radial component of the thermal conductivity is very small compared to the axial component, so the temperature distribution in the tubing will be almost straight on a small area of detail. After the transfer mode injection wells for water spout in the laminar flow regime begins the process of restoring the system temperature borehole - formation. Since the thermometer sensor is located at some distance from the wall of the tubing, after the transfer mode injection wells on the spout in the first moments of time affects the tubing annulus, then, and then - cement and rocks. In this case, the curve 5 affects only the tubing, and curve 4 - tubing and casing-tubing annulus. Consequently, the lack of temperature anomalies on the curve 5 indicates tubing leaks and temperature anomaly curve 4 indicates a violation of integrity of the casing at a depth of 1003 m.

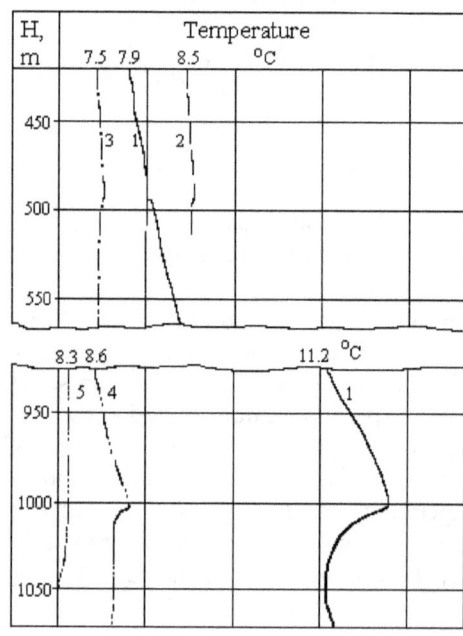

Fig. 2 Determination of the place of leakage casing and tubing in the spout of water from the injection well.

To find out what the temperature anomalies at depth 494 m measured at a temperature rise of the device immediately (curve 2) and through 6 min (curve 3) after transfer mode injection wells to spout water through tubing with a flow rate Q = 10 m3/day. Join temperature anomalies within 0.5 min after the start of the spout (see curve 2) indicates a violation of integrity of tubing at a depth of 494 m.

Thermometer measurements according to the method of temporal filtering temperature anomalies can be carried out not only with a limited spout, but also shut-in well. Examples of the use of such technology in the injection well are shown in ris3. Studies conducted autonomous integrated device GEO -1 wireline scraping on the wire.

As can be seen from the figure, the temperature measurement in the survey conducted during lifting device 25 minutes after cessation of pumping water into the well marked anomalies at depths : above 370 m, 550-450 m, 915- 970m . To determine the cause of these anomalies additional measurements of temperature : curves 2 , 5 and 8 recorded under quasi-stationary mode pumping water into the well through the tubing , curves 3 , 6 and 9 - right , curves 4 and 7 through 9 and 8 minutes after the cessation of pumping . In addition, here are the results of measurements carried out by mechanical meter – curves 2p, 5p, 8 p.

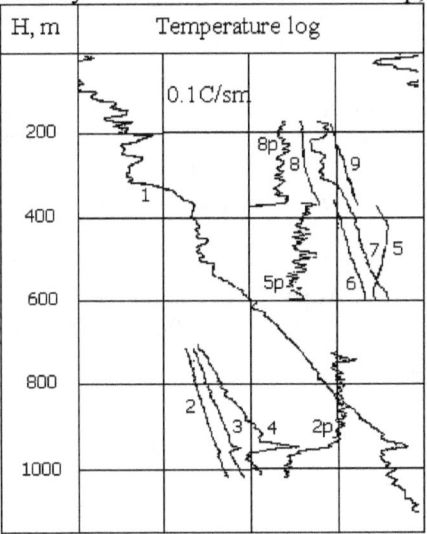

Fig.3 Determination of the place of leakage casing and tubing as measured with a thermometer in the inactive injection well.

Carry out the interpretation of research results. Appearance temperature anomalies near 942 m depth in 1.5 minutes after the cessation of pumping indicate clearly a violation of integrity tubing. This is also indicated measurement meter (see curve 2p).

Lack temperature anomaly in the range 600-370 m for all measurements (curves 5-7) show of the tightness of the casing and the tubing. Consequently, the anomalous temperature change curve 1 in the depth interval 510-550 m and above - up to 450 m are associated with the movement of water along the wellbore for leaky cement production casing.

It should be noted that the curve 7 started to register through 7 minutes after cessation of water injection into the well. Time of registration of the curve in the range of 600-180 m was 4 minutes. This dimension affects only the tubing and the annulus. Consequently, this measurement can be used to determine the tightness of the casing as in the range of 600-370 m, and in the range 370-180 m.

On metering thermometer (see curve 9), held in the range of 380-180 m immediately after the cessation of pumping water into the well, no temperature anomalies. This testifies to the integrity of tubing at these depths. Anomalous temperature change curve 7 indicates a violation of integrity of the casing at a depth of 240 m and 321 m.

These examples show the effectiveness of thermometer measurements to determine the integrity of the casing and tubing in the injection wells.

Reference list

1. AS 1359435 USSR, IPC E 21 B 47/00. Method study of injection wells / V.F.Nazarov, A.M.Baykov, I.L.Dvorkin etc. (USSR) - 3898622/22-03. Reported 05/29/85. Publ. 15/12/87. Bull. Number 21. - 8. - IL. - 2.
2. G. Carslaw, Jaeger D. Thermal conductivity of solids. - Moscow: Nauka. - 1964. - 321.
3. Patent № 2151866 Russia, IPC E 21 B 47/00. Method study of injection wells (2 versions) /Nazarov V.F., Adiev Y.R., Asmolovsky V.S. and others (Russia) - 98121196/03; Reported 11/23/98; Publ. 27.06.2000. Bull. № 18. - 6. - IL. - 1.

Литвинова Н.М.
кандидат технических наук, ФГБУН Институт горного дела Дальневосточного отделения Российской академии наук
Александрова Т.Н.
доктор технических наук, профессор, Национальный минерально-сырьевой университет "Горный"
Богомяков Р.В.
ФГБУН Институт горного дела Дальневосточного отделения Российской академии наук

ИНТЕНСИФИКАЦИЯ ПРОЦЕССА ИЗМЕЛЬЧЕНИЯ НА ОСНОВЕ МЕХАНОАКТИВАЦИИ ЗОЛОТОСОДЕРЖАЩИХ РУД[1]

Характер разрушения руды и минеральных зерен в значительной мере определяется их структурными особенностями. При этом даже при чисто растягивающих, сжимающих или сдвигающих нагрузках напряженное состояние и деформация куска руды и отдельных зерен будут сложными. Большое влияние на характер раскрытия оказывает геометрия границ срастания.

Для прогнозирования вскрытия минералов при измельчении и выбора оптимального способа и режима разрушения руды, необходимо оценивать прочностные характеристики границ срастания минералов, исходя из их структурных и физико-химических свойств.

Для снижения потерь при переработке тонко вкрапленных руд без образования сростков и одновременно без излишнего переизмельчения неселективные традиционные процессы дробления и измельчения в щековых, конусных дробилках и шаровых мельницах должны быть заменены процессом селективной дезинтеграции, при которой разрушение происходит не по случайным направлениям разрушающих усилий, а преимущественно по границам минеральных зерен в результате развития на их границах сдвиговых и растягивающих нагрузок. Эти способы реализуются в мельницах динамического самоизмельчения, конусных инерционных дробилках, газоструйных и пружинных мельницах для сверхтонкого измельчения (ОАО «Механобр»). Достаточно эффективное воздействие на горную массу оказывают механические способы, обеспечивающие разрушение по межфазным границам за счет образования микротрещин при электрохимической, обработке пульпы; создания каналов пробоя при воздействии энергии ускоренных электронов или мощных электромагнитных импульсов.

---

[1] Работа выполнена при финансовой поддержке Российского фонда фундаментальных исследований (проект № 13-05-00422)

Одним из направлений решения задачи интенсификации технологических процессов переработки золотосодержащих материалов, не требующим значительного увеличения капитальных вложений, является целенаправленное изменение прочностных свойств породы под действием ПАВ с одновременным регулированием гранулометрического состава продукта и уменьшением выхода шламовых фракций. Молекулы ПАВ, концентрируясь на межфазных поверхностях, способствуют изменению технологических характеристик материалов.

Цель работы — исследование возможности направленного изменения свойств горных пород на основе физико-химических воздействий с целью повышения эффективности рудоподготовки.

Методической основой решения данных задач является использование при измельчении химических реагентов, в том числе и поверхностно-активных веществ. Но в отличие от эффекта Ребиндера, согласно которому ПАВ отводится роль снижения прочности при адсорбционном взаимодействии с поверхностью минералов, развиваемая нами концепция основывается на эффекте торможения тонкого измельчения при уменьшении шламовых фракций.

Для выявления основных закономерностей процесса измельчения проведены эксперименты по измельчению руд различными способами (сухое, с добавлением воды, с введением в мельницу реагентов) на разных по вещественному составу материалах.

Исследования кинетических характеристик процесса измельчения выполнены на рудах месторождений Многовершинное (Северное рудное тело) и Албазинское (Анфисинское рудное тело), железных руд Будюрского и медно-молибденовых руд Бургуликанского месторождений.

В процессе измельчения рудная масса испытывает комплекс физико-химических воздействий: механическую (сухое измельчение), гидратирующую (мокрое измельчение) и химическую (измельчение с использованием химических реагентов) составляющую энергии разрушения измельчаемого материала. На рисунке 1 а, б показаны первичные кривые измельчения при соответственно механическом и совместном воздействии механической и гидратирующей части разрушающей энергии на измельчаемую массу.

С целью выявления закономерностей измельчения при разных способах воздействия на руду проведен анализ первичных кинетических зависимостей, определены константы процесса измельчения (k), установлен порядок процесса путем последовательной линеаризации первичных кривых измельчения в различных координатах.

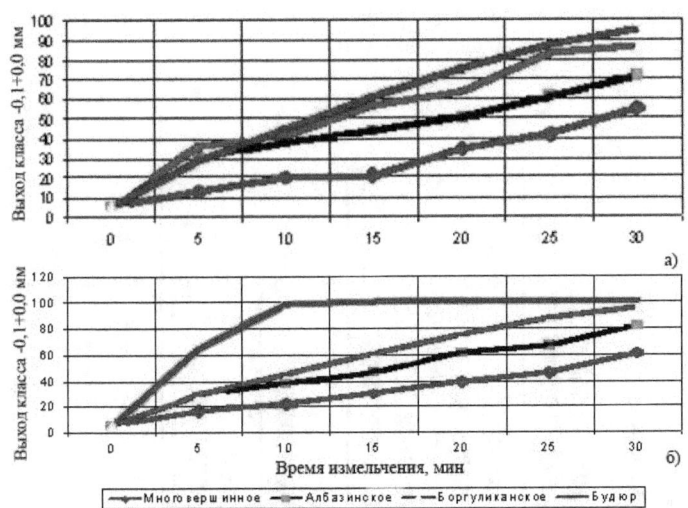

Рис.1. а) кинетика образования готового класса крупности -0,1 +0 мм для руд с различным вещественным составом (сухое измельчение); б) кинетика образования готового класса крупности -0,1 +0 мм для руд с различным вещественным составом (мокрое измельчение)

Выражение характеристики процесса измельчения при совместном механическом, гидратирующим и химическом воздействиях разрушающей энергии на измельчаемый материал закономерность измельчения:

$$\frac{dR}{dt} = kR^2 \cdot C^m,$$

где C – расход реагента, г/т;

m – коэффициент, определяемый методом линеаризации кинетических кривых, изменяющийся в зависимости от применяемых интенсифицирующих добавок при измельчении.

Для труднораскрываемых руд, например склонных к шламообразованию при сложной форме границ срастания и высокой энергии связи атомов на границе механические способы разрушения не обеспечивают эффективного раскрытия минералов. Удельная часовая производительность мельницы по исходному и вновь образованному классу зависит от продолжительности измельчения руды, которая во многом определяется наличием в ней так называемых «трудных зерен» (класс -0,2+0,1мм), которые представляют собой сложные сростки с прочными границами срастания. При проведении исследований установлено, что для руд Иканского, Албазинского и Многовершинного месторождений максимальное разрушение зерен класса крупности -0,2+0,1 мм достигается применением гидроксида натрия; для руд

Будюрского месторождения — применением комплекса ПАВ, гидроксида натрия и ультразвуковое воздействия (рис. 2).

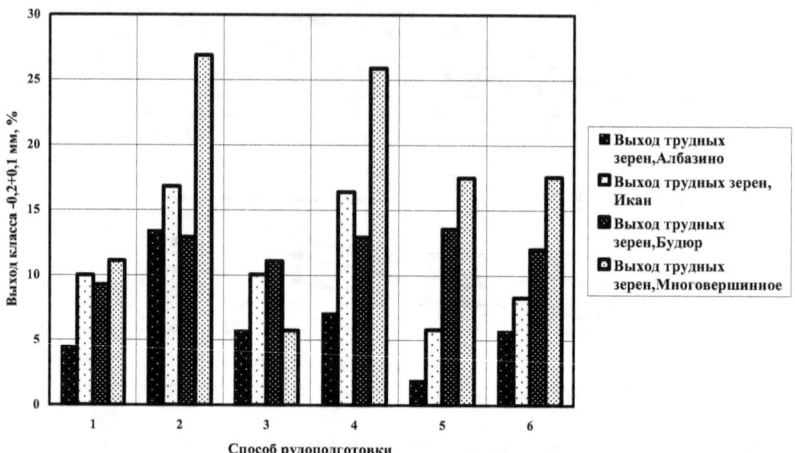

Рис. 2. Зависимость выхода «трудных зерен» от способа рудоподготовки. Способ рудоподготовки: *1* — исходный материал — сухое измельчение, *2* — дистиллированная вода, *3* — гидроксид натрия, *4* — ультразвуковая обработка + дистиллированная вода, *5* — комплекс ПАВ, *6* — йод

Объяснить полученные данные можно исходя из изменения характера разрушающих усилий в гетерогенной среде твердое - жидкое. Механическое активирование приводит к нарушению целостности кристаллической решетки минералов, предопределяет выбор технологических схем или пути их усовершенствования для эффективной дальнейшей переработки (обогащения).

Мокрое измельчение осуществляется в суспензии в соотношении вода / руда равном 30:70 в интенсивно турбулентной вязкой среде, в условиях смягчения сил раздавливания удара силами вязкого сопротивления водной суспензии, насыщенной тонкими вновь образованными частицами, увеличивающими силу сцепления и сопротивления сдвигу и истиранию.

Раскрытие «трудных» зерен в меньшей мере зависит от продолжительности измельчения мокрым способом, чем при сухом. Поэтому сухое измельчение предпочтительно в случае, если требуется только получить максимальное количество готового класса без учета необходимости подготовить материал к последующему технологическому переделу. При совмещении механического воздействия с химической реакцией, ход ее протекания соответствует схеме, приведенной на рисунке 3.

Рис. 3. Схема процесса механо-химикоактивации горной массы

При отсутствии механического активирования реакции не идет или протекает очень медленно (участок 1). После механического воздействия степень реагирования возрастает (участок 2), затем устанавливается стационарное состояние с постоянной (при определенных условиях обработки) степенью реагирования (участок 3). После снятия механического воздействия степень взаимодействия падает (участок 4) [1, 8].

Таким образом, обоснована возможность направленного изменения свойств горных пород на основе физико-химических воздействий с целью повышения эффективности рудоподготовки.

Литература:

Александров А.В., Литвинова Н.М., Александрова Т.Н. Направленное изменение свойств горных пород физико-химическим воздействием в целях эффективной рудоподготовки: Отдельные статьи Горного информационно-аналитического бюллетеня (научно-технический журнал). М.: издательство «Горная книга». – 2012. – № 4. –12 с.

Кулакова Н.В.
к.п.н, КГПУ им.В.П.Астафьева, доцент кафедры РЯМП
kulakova-nv@yandex.ru

ИСПОЛЬЗОВАНИЕ ОККАЗИОНАЛЬНЫХ СЛОВ ДЛЯ РАЗВИТИЯ ЛИНГВИСТИЧЕСКОЙ КОМПЕТЕНТНОСТИ МЛАДШИХ ШКОЛЬНИКОВ

Современный этап развития методологии преподавания русского языка характеризуют новые подходы к определению целей обучения. Входит в обиход и уже получает права гражданства понятие «компетенция». Специальными целями преподавания русского языка в школе является формирование языковой, коммуникативной и лингвистической компетенции учащихся.

Введение этих понятий в лингводидактику не случайно. Оно находится в русле компетентностного подхода, признанного сегодня одним из оснований модернизации российского образования. Предполагается, что в основу обновленного содержания образования будут положены «ключевые компетентности», которые рассматриваются как конкретизированные цели образования.

В свое время Л.В. Щерба видел задачу школы в том, чтобы у учащихся разбудить лингвистический инстинкт и заставить осознать уже имеющиеся категории грамматики, которыми они практически владеют. Под «лингвистическим инстинктом» ученый в первую очередь понимает «грамматический инстинкт» - умение осознанно находить грамматические аналоги для разных элементов речи. Грамматический инстинкт надо развивать у детей как можно раньше - уже в начальных классах, так как он необходим для дальнейших уроков по морфологии и синтаксису как родного, так и иностранных языков.

Язык является обязательным важнейшим средством человеческого общения, формирования и духовного развития личности. Именно такое понимание роли языка в обществе определяет особое место предмета «русский язык» среди других учебных предметов и позволяет сформулировать конечную цель его преподавания в школе, понимаемую как научение свободной речевой деятельности и формирование у учащихся элементарной лингвистической компетенции, их умственное, интеллектуальное развитие, воспитание языковой личности.

Изучение состояния знаний и умений учащихся показывает, что они заучивают лингвистические определения, но не понимают сущности основных морфологических понятий, с трудом дифференцируют слова разных частей речи, не разграничивают лексические и грамматические значения слов, слабо владеют умениями аналитико-синтетической деятельности. Важность обучения русскому языку с учетом полифункциональности самого феномена языка, с одной стороны, и недостаточная разработанность проблемы в методическом аспекте - с другой, определили актуальность рассматриваемого вопроса.

В связи с ростом новообразований (окказиональных слов) как в художественных и публицистических произведениях, так и в живой речи возникает потребность изучения данных слов в школе на уроках русского языка. Нужно, чтобы ученики имели возможность лучше осмыслить значение и функциональную роль этих слов в тексте и в устной речи. Если образование окказиональных слов опирается на имеющиеся в языке словообразовательные модели, дешифровка проходит в процессе словообразовательного разбора, который раскрывает механизмы образования слов. Если слово образовано по аналогии, то осуществляется поиск «прототипа». Следовательно, эта работа будет способствовать как развитию языкового чутья, так и усвоению знаний по словообразованию. Изучение словообразовательных окказионализмов развивает у учащихся умение найти и понять закономерности в системе языка, что, в свою очередь, обеспечивает формирование этимологического, словообразовательного мышления.

В качестве примера приведем следующие задания:

Задание 1: Каким способом образованы авторские слова? Какие из них имеют значение «маленький, малыш»», а какие – «большой, взрослый»? Какая морфема передает эти значения? Выделите суффиксы. На какие группы можно разделить окказиональные слова? (основа для классификации – значение морфем)

Лес гудит, дрожит земля,	Февралята,
Слышен голос Февраля:	Февралишки,
- Гей, родня моя большая!	Фераленки
Всех на праздник приглашаю!	Февральчата,
Нынче танцы у меня,	Феиралихи,
Собирается родня:	Февралищи,
	Февральеры,
	Февралицы…(Сенатович).

Задание 2: Прочитайте, подчеркните имена существительные, обозначающие лекарства, выделите суффикс. Образуйте с суф. – ин - необычные лекарства, которые помогут лентяям, лгунишкам, грязнулям, задирам, плаксам.

Хитрая аптека	В моей аптеке есть «храбрин»
Немало в мире есть аптек,	Для этого больного…
Полезных человеку.	«Трудолюбин» мальчишку спас
Но я хочу открыть для всех	От лени и от барства,
Особую аптеку….	Но дома держит про запас
От дождевого червяка	Волшебное лекарство…
Бежит он без оглядки.	Приходите, хвастунишки,

В углу заметит паука – Дрожит как в лихорадке. Тут не поможет аспирин Бедняге от озноба.	И лентяи, и лгунишки, И грязнули с кляксами, И задиры с плаксами. Я вас мигом выручу, Приходите – вылечу (Л. Зубкова).

Использование окказиональных слов, усиливающих семантический аспект в преподавании морфемики, будет способствовать формированию лингвистической компетентности младших школьников.

Формирование лингвистической компетентности происходит в ходе овладения способами и навыками действий с изучаемым и изученным языковым материалом. В лингводидактике эти действия соотносят с учебно-языковыми умениями: это действия по опознанию языкового материала (опознавательные учебно-языковые умения), действия по группировке (классификационные учебно-языковые умения), действия по выявлению всех изученных признаков (аналитические учебно-языковые умения, или анализ языковых явлений).

Задание 3: Прочитайте предложение. Укажите части речи. Найдите однокоренные слова и выделите корень. Укажите слово, которое обозначает детеныша животного.

Глокая куздра будланула бокра и кудрячит бокренка.

Задание 4: В тексте сказки Льюиса Кэрролла «Алиса в Зазеркалье» есть стихотворение «Бармаглот», первая строфа которого в переводе Дины Орловской звучит так:

    Хливкие шорьки
    Пырялись по наве.
    И хрюкотали зелюки,
    Как мюмзики в мове.

Выпишите имя прил. во мн.ч. Выпишите глаголы. Выполните морфологический разбор (1 им.сущ, 1 им. прил., 1 гл.)

Таким образом, в методике преподавания русского языка лингвистическая компетентность представляет собой осмысление речевого опыта, включает в себя знание основ науки о русском языке, понятийной базы курса, определенного комплекса понятий. Поскольку в формировании лингвистической компетенции большое место занимает и целенаправленное овладение способами действия, обеспечивающими опознание языковых явлений и употребление их в речи, очевидным является то, что умение анализировать окказиональные слова является важным показателем уровня развития лингвистической компетентности учащихся.

Литература

1. Кулакова Н.В. Использование словообразовательных окказионализмов как текстообразующего средства при написании сочинений младшими школьниками: дис. ... канд. п. наук: 13.00.02: защищена 13.01.06: утв. 19.05.06. — М., 2006.
2. Обучение русскому языку в школе: учеб.пособие для студентов педагогических вузов/ Е.А. Быстрова, С.И. Львова, В.И.Капинос и др.; под.ред.Е.А.Быстровой. – М.,: Дрофа, 2004.
3. Щерба, Л.В. Языковая система и речевая деятельность/ Л.В. Щерба. – М.: Просвещение, 2007.

Борко Т.Н. - к. пед. н.,
Храпач В.А. - магистр
Николаевского межрегионального института развития человека высшего учебного заведения «Университет "Украина"»

ФОРМИРОВАНИЕ СЕНСОРНОГО ВОСПИТАНИЯ У ДЕТЕЙ ДОШКОЛЬНОГО ВОЗРАСТА СРЕДСТВАМИ ДИДАКТИЧЕСКИХ ИГР

Реформирование системы дошкольного образования, внедрение Государственного стандарта дошкольного образования побуждает пересмотреть содержание, методы и формы работы с детьми раннего возраста.

Ранний возраст – сенситивный, чрезвычайно важный и ответственный период развития ребенка. В первые три года жизни закладываются наиболее важные и фундаментальные человеческие способности – познавательная активность, любознательность, уверенность в себе и доверие к другим людям, целеустремленность и настойчивость, воображение, творческая позиция.

Для детей дошкольного возраста – при создании необходимых для этого условий – характерен ускоренный темп сенсорного развития.

Сенсорное (лат. *sensohum* – орган чувств) развитие ребенка – развитие его чувств и восприятия, формирование представлений о свойствах предметов (форма, цвет, размер, положение в пространстве и т.д.).

На современном этапе проблема сенсорного воспитания стала предметом исследования как отечественных, так и зарубежных ученых. За долгое время эмпирическим путем были найдены приемы и методы сенсорного воспитания детей, начиная с раннего возраста. Затем эта проблема стала предметом размышлений таких выдающихся зарубежных педагогов, как Я. Коменский, Г. Песталоцци, Ж. Руссо, Ф. Фребель и др. Отечественные педагоги В. Одоевский, К. Ушинский тоже считали проблему ознакомления со свойствами предметов одной из основных в умственном развитии ребенка. М. Монтессори считается создателем одной из самых распространенных систем сенсорного воспитания. В наше время проблемы обогащения сенсорного опыта ребенка стали предметом размышлений психологов Л. Венгера, К. Тарасовой, К. Кравцовой, Т. Комаровой и др. Историко-педагогический анализ литературы второй половины XX в. показал, что проблемами сенсорного воспитания детей дошкольного возраста занимались Ш. Абдулаева, М. Кистяковский, Н. Карпинская, Э. Пилюгина, Е. Радина и др. [1].

В дошкольном возрасте на сенсорной основе базируются все линии развития ребенка. Проблема сенсорного воспитания детей дошкольного возраста зависит от правильного подбора и проведения специальных дидактических игр, а также от разумного руководства взрослого процессами познания окружающего мира.

Большинство исследователей считает нецелесообразным отделения до трех лет продуктивной деятельности детей, дидактических игр и упражнений с сенсорного воспитания. Позже продуктивная деятельность усложняется, обучение ее приобретает планомерность и систематичность. Сенсорное воспитание в этот период отделяется и реализуется при организованных дидактических играх и упражнениях.

Современные программы обучения и воспитания детей в дошкольных учреждениях, кроме программы «Малятко», как правило, не содержат раздела «Сенсорное воспитание». Задача его реализуется в других разделах, в которых речь идет о речевом развитии детей, ознакомление их с окружающим миром, развитие продуктивных видов деятельности.

Систему сенсорного воспитания М. Монтессори высоко оценила С. Русова, которая также считала развитие органов чувств первым шагом к самостоятельному сознанию ребенка, доказывала необходимость «пораньше давать рациональное развитие чутьем». Это следует делать «постоянно, каждый день понемногу, одновременно следя за всеми чувствами, потому что они вместе проявляются и не работают порознь, в одиночку» [5].

Сенсорное воспитание детей – проблема, которая включает в себя несколько дискурсивных педагогических, психологических, культурологических, социальных аспектов. Ее решение зависит от осмысления, прежде всего, достижений педагогической и психологической науки по данному вопросу, осуществление сенсорного воспитания на принципах гуманизма, духовности, бережного отношения ко всему живому, учет возрастных особенностей и личностно ориентированного подхода к воспитанию детей [1].

Огромное значение в жизни человека играет ощущение. Для развития осязательного анализатора С. Русова рекомендует давать детям сначала вещи пуховые, мягкие, затем твердые и гладкие, а затем жесткие, разного веса и размера. Для ознакомления с цветами тоже нужно использовать определенную систему. Полезные игры с мячами и кеглями разных цветов, когда ребенок должен попасть мячом в кеглю соответствующего цвета [5].

Система сенсорного воспитания сегодня впитала лучшие традиции прошлого и направлена на формирование способов чувственного познания и совершенствования ощущений и восприятий.

Во второй половине XX в. Л. Венгером с группой сотрудников были определены основные задачи сенсорного воспитания и соответствующие им уровни перцептивного развития ребенка от рождения до школы. Ученые пришли к выводу, что на протяжении дошкольного детства сенсорная культура состоит во взаимосвязи с развитием речи и мышления. Восприятие является основой, которая питает мышление чувственным материалом. Мышление также способствует развитию восприятия, обогащает его. Ощущение и восприятие имеют не пассивный характер, это особые действия анализаторов, направленные на обследование предмета, его качеств и свойств. Таким образом, сенсорное развитие – это процесс усвоения социального опыта, овладение системой соответствующих эталонов, то есть определенных образцов качеств предметов, созданных человечеством в ходе общественно-исторического развития [2].

Е. Проскура считает, что обеспечение усвоения детьми сенсорных эталонов, означает формирование у них представлений об основных разновидностях свойств предмета (его цвета, формы, величины). А средства сравнения свойств предметов с эталонами (образцами) – это и есть средства обследования свойств предметов [4, 26]. Р. Немов отмечает, что активизация сенсорной сферы: «...может быть побочным итогом любой деятельности ... может происходить стихийно и на подсознательном уровне ... характеризует факт присвоения информации ... достояние человеком новых психологических качеств и свойств. Этимологически это понятие включает все то, чему действительно может научиться индивид в результате обучения, включая и обучение самой жизнью» [3, 387].

Дидактические игры – один из универсальных способов развития, воспитания и обучения детей. Они приносят в жизнь ребенка радость, интерес, уверенность в себе и свои возможности.

Главная особенность дидактических игр заключается в том, что задание детям предлагаются в игровой форме. Дети играют, не подозревая, что получают новые знания, закрепляют навыки действий с различными предметами, учатся общаться со своими сверстниками и с взрослыми. Дидактические игры способствуют формированию у детей психических качеств: внимания, памяти, наблюдательности, сообразительности. Они учат детей применять имеющиеся знания в различных игровых условиях, активизируют разнообразные умственные процессы и приносят эмоциональную радость детям [7].

В дошкольной педагогике дидактические игры делятся соответственно на различные особенности и характерные черты. В различных сборниках указано более 500 дидактических игр, но четкая классификация игр по видам отсутствует. Среди основных характеристик, которые выступают основой разделения дидактических игр, является различение игр по характеру материала, по учебному содержанию, игровыми правилами, организацией и отношениями детей, ролью воспитателя и т.д.

Распространенной является классификация дидактических игр по характеру материала, согласно которой выделяют: игры с предметами (дидактические игрушки, реальные предметы, разнообразный природный материал); настольно-печатные игры (действия не с предметами, а с их изображениями); словесные игры (оперировать представлениями, мыслить о вещах, с которыми в то время они не действуют, использовать полученные знания в новых ситуациях и связях).

Вид деятельности детей, включает в себя игровые правила и действия, организацию и отношения между детьми, также выступает основой разделения дидактических игр. Классификация дидактических игр, предложенная А. Сорокиной [6]:

1) игры-путешествия (отражают реальные факты и события через необычное: простое – через загадочное, сложное – через преодолимое, необходимое – через интересное);

2) игры-поручения (игровые действия в играх-поручениях основываются на предложение что-либо сделать);

3) игры-предположения (игровое задание выражено в названиях: Что было бы...?, Что бы я сделал, если бы...? и др.);

4) игры-загадки развивают способность к анализу, обобщению, формирует умения рассуждать, делать выводы;

5) игры-беседы (общения воспитателя с детьми, детей между собой, которое предстает как игровое обучение и игровая деятельность).

Сенсорное воспитание детей средствами дидактических игр – многогранная чрезвычайно актуальная проблема, к решению которой следует привлекать ученых различных направлений, с тем, чтобы шире использовать в учебно-воспитательном процессе результаты их поисков и рекомендации. В дальнейшем следует исследовать вопрос сенсорного воспитания средствами дидактических игр в различных видах деятельности.

Литература

1. Андрєєва Т.Т. Сенсорне виховання дітей засобами природи у педагогічній системі Софії Русової [Електронний ресурс] / Т.Т. Андрєєва // Наукові записки НДУ ім. М. Гоголя. Психолого-педагогічні науки. – 2011. – № 8. – С. 95-98. – Режим доступу до журн.: http://archive.nbuv.gov.ua/portal/soc_gum/Nzspp/2011_8/rs/rs4.pdf
2. Венгер Л.А., Пилюгина Э.Г., Венгер Н.Б. Воспитание сенсорной культуры ребенка от рождения до шести лет. – М.: Просвещение, 1968. – 144 с.
3. Немов Р.С. Психология. В 3 кн.: Кн. 2. Психология образования. – М.: Просвещение: ВЛАДОС, 1995. – 496 с.
4. Проскура Е.В. Развитие познавательных способностей дошкольника / Под ред. Л.А. Венгера. – К.: Рад. шк., 1985. – 128 с.
5. Русова С.Ф. Дошкільне виховання: вибрані педагогічні твори / С.Ф. Русова. – К.: Освіта, 1996. – 304 с.
6. Сорокина А.И. Дидактические игры в детском саду [Електронний ресурс]. – Режим доступу: http://book.tr200.net/v.php?id=282252
7. Хлипало М.І. Формування сенсорних еталонів у дітей раннього віку засобами дидактичних ігор [Електронний ресурс] : дидакт. посіб. / Марія Іванівна Хлипало. – Умань, 2013. – Режим доступу до посіб. : http://dnz12.itpark.org.ua/index.php/tvorchij-rozvitok/32-pedagogichnij-dosvid/104

Тихонова Т.В.
канд. пед. наук, доц. кафедры прикладной математики и информационных компьютерных технологий, Николаевский национальный университет им. В.А.Сухомлинского
Погромская А.С.
канд. пед. наук, доц. кафедры прикладной математики и информационных компьютерных технологий, Николаевский национальный университет им. В.А.Сухомлинского

ПОДГОТОВКА БУДУЩЕГО УЧИТЕЛЯ ИНФОРМАТИКИ К ОБУЧЕНИЮ УЧАЩИХСЯ ИНФОРМАТИЧЕСКИМ ТЕХНОЛОГИЯМ В АСПЕКТЕ ТЕХНОЛОГИЧЕКОГО ОБРАЗОВАНИЯ

Фундаментальное образование в области «Информатика» основано на знаниевой парадигме и направлено на формирование системы фундаментальных знаний по информатике. В связи с быстрым развитием информационно-коммуникационных технологий важной частью современного образования становится информационно-технологическое образование (ИТ-образование) (как составляющая современного технологического образования), которое выделяется из образовательной области «Информатика» и приобретает все большую автономность. Предметом ИТ-образования являются интеллектуальные технологии создания информационного продукта с помощью компьютерно-коммуникационных аппаратных и программных средств. ИТ-образование основано на компетентностной парадигме, его целью и результатом является сформированность информационно-коммуникационной компетентности учеников.

Анализ содержания школьного курса информатики свидетельствует о том, что этот предмет как адекватный ответ образования на проникновение информационно-коммуникационных технологий практически во все сферы жизнедеятельности человека все более становится технологичным.

Большую часть курса посвящено именно изучению информатических технологий (как синоним термина «информационно-коммуникационные технологии», который, на наш взгляд, более точно соответствует определению технологий работы с информацией с помощью компьютера и компьютерных коммуникаций). Это технологии работы с системным программным обеспечением, графической, текстовой и табличной информацией, базами данных, поиском и представлением информации в глобальной сети Интернет, по созданию компьютерных презентаций.

Преподавание упомянутых выше технологий требует от будущего учителя владения методикой технологического обучения [1], которая существенно отличается от традиционной методики обучения общеобразовательных дисциплин и устоявшейся методики обучения информатики в школе.

Основной целью обучения разделу «Информатические технологии» в школьном курсе информатики, на наш взгляд, должно быть формирование информационно-технологических знаний, умений и навыков создания информационных продуктов с помощью компьютера [3; 5]. Мы предлагаем использовать в процессе обучения следующие методические подходы [4; 6]:

1. *Формально-операционный подход*. Цель обучения – ознакомить с функциональными возможностями программного средства и алгоритмами выполнения простых операций.

2. *Задачно-инструктивный подход*. Цель обучения – формирование информационно-технологических умений во время создания информационного продукта по образцу и описанной технологии. Образец и технология работы описаны в тексте практической работы, которую предоставляет учитель.

3. *Задачно-технологический подход*. Цель обучения – формирование информационно-технологичеких умений создания информационного продукта по заданным требованиям. Технология работы в явном виде не указывается. Предполагается, что учащиеся уже владеют основными технологическими приемами.

4. *Проблемный подход*. Цель обучения – развитие проектировочных и творческих способностей учеников, а также способностей применять информационно-технологические умения в новых условиях. Проблемный подход предполагает, что ученик самостоятельно решает задачу (создает информационный продукт) с неявно заданным условием (структурой), составляет структуру и реализует ее, используя определенную технологию.

На основе вышеизложенного было разработано учебно-методическое пособие «Технологическое обучение информатике» [2], целью которого является предоставление методической помощи учителям, которые преподают курс информатики в современных условиях перехода общеобразовательной школы к профильному обучению. В пособии освещаются проблемы преподавания информационно-коммуникационных технологий по традиционной методике, рассматриваются теоретические основы методики обучения информатических технологий на уроках информатики, даются рекомендации касательно преподавания отдельных информатических технологий на уроках информатики. Издание состоит из двух разделов: «Концептуальные основы технологического обучения учеников на уроках информатики» и «Методика преподавания отдельных информатических технологий на уроках информатики на основе технологического обучения учеников».

Это пособие [2] используется нами при проведении занятий с будущими учителями информатики по курсу «Методика преподавания информатики» (тема «Обучение учащихся информатическим технологиям на уроках информатики»). *Целью* изучения данного материала является формирование у студентов методических знаний и умений преподавания раздела информатических технологий в школьном курсе информатики на основе технологического обучения. Во время изучения данной темы необходимо решить следующие задачи: • ознакомить студентов с методикой технологического обучения на уроках информатики; • оказать будущим учителям информатики помощь в постановке методических целей формирования информационно-технологических умений во время изучения отдельных информатических технологий; • оказать помощь студентам в обобщении содержания тем данного раздела, т. е. выделить информационно-технологические знания, умения и навыки, необходимые для овладения определенной информатической технологией; • ознакомить студентов с методическими подходами технологического обучения тем, которые входят в состав данного раздела; • научить конструировать урок по технологическому обучению информатики (от его написания до проведения); • подсказать пути разнообразия творческой педагогической деятельности будущих учителей на уроках информатики.

Второй раздел учебно-методического пособия содержит методические рекомендации по преподаванию базовых информатических технологий на уроках информатики по структуре: методические задания темы, основные термины темы, методические аспекты преподавания темы (цели, содержание, ориентировочное планирование учебного материала, методические подходы к формированию информационно-технологических умений, систематизация задач, формы обучения, средства обучения т.п.), проблемные вопросы для обсуждения, литература к теме, словарь основных терминов. В приложениях ко второму разделу, помимо дополнительной информации, представлены конспекты уроков к темам, а также схема анализа урока по информатике, дидактические требования к конспекту урока по информатике, пример практического занятия по методике преподавания рассмотренных тем.

Перед подготовкой к практическому занятию студент должен ознакомиться с основными теоретическими сведениями и методикой преподавания темы. Сами же практические занятия предполагается проводить на основе личностно-деятельностного подхода, используя активные методы и формы обучения: дискуссию, моделирование фрагментов уроков на основе одного из вышеизложенных методических подходов, их последующее обсуждение, письменный и устный анализ, мини-конференции и т.п. На практических занятиях студент должен «играть» три роли и соответственно выполнять три вида деятельности: роль *ученика* – для наилучшего понимания учебно-методического материала "изнутри" (с позиции ученика), роль *учителя* – разработка материалов для учеников (инструкций, задач, вопросов входного и итогового контроля), управление с рабочего места преподавателя работой класса ПЭВМ; роль *методиста-предметника* – разработка методических материалов прежде всего для себя как учителя, а фактически и для другого учителя информатики.

Приведем несколько примеров практических занятий из курса «Методика преподавания информатики».

Пример 1. Тема «*Составление структурно-содержательного планирования темы*». Цель занятия – научиться анализировать содержание и выделять структуру урока по заданным аспектам. После изучения фактического наполнения тем раздела «Информационно-коммуникационные технологии» студентам предлагается заполнить таблицу «Структурно-содержательное планирование уроков» (см. Таблица 1).

Таблица 1

Структурно-содержательное планирование уроков

№ урока	Тема урока	Цели урока	Новые термины	Содержание урока	Время	Методические подходы	Формы организации деятельности учеников	Средства обучения

Данное занятие предлагается проводить используя знания и умения, полученные студентами при изучении курса методики преподавания информатики, раздела «Общие вопросы методики преподавания информатики». При заполнении таблицы следует обратить особое внимание на *методические указания для заполнения таблицы*, которые предоставляются *каждому студенту:*

• соответствие темы и целей содержанию каждого учебного занятия;

• структуру урока и приблизительное время, которое отводится на реализацию его основных частей (организационный момент, актуализация опорных знаний, объяснение нового материала, закрепление нового материала, обобщение изученного на уроке, домашнее задание);

• новые понятия и термины, которые формируют научное мировоззрение учеников и новые технологические действия, которые формируют систему информационно-технологических знаний и умений;

• методические подходы для работы на каждом этапе урока (формально-операционный, задачно-инструктивный, задачно-технологический, проблемный);

• формы организации учебно-познавательной деятельности учеников на каждом этапе урока (работа с учебником; работа с компьютерной программой учебного назначения; фронтальные и индивидуальные самостоятельные работы за компьютером; обучение в составе группы (парное взаемообучение, групповая работа на общей темой, ученик вместо учителя, парная работа за компьютером); интерактивные методики: работа в небольших группах, мозговой штурм, ролевые игры (моделирование));

• разнообразие средств обучения, которые могут быть использованы на уроках (учебники, рабочие тетради, наглядные пособия, учебные презентации, технические и программные средства).

При этом применяется задачно-технологический и проблемный подходы. Критерии оценивания структурно-содержательного планирования уроков и темы уроков известны студентам заранее.

Пример 2. Тема «*Составление задания для самостоятельной работы учеников в соответствии с темой урока*». Данной практические занятие имеет своей целью отработать понимание и практическое применение выделенных методических подходов в условиях моделирования и разработки конкретного урока. При этом студентам предоставляются требования к разработке заданий для самостоятельной работы с использованием каждого из методических подходов.

1. Используя задачно-инструктивный подход:

• привести пример информатического продукта (документа определенной сложности, технологией создания которого ученики овладевают на уроке);

• описать технологические требования к продукту (ориентация страницы, поля, шрифт, межстрочный интервал т.п.);

• описать технологию выполнения;

• подсчитать максимальное время выполнения задания, исходя из показателей скорости роботы человека за компьютером.

2. Применяя задачно-технологический подход:

• привести пример информатического продукта (документ определенной сложности, технологией создания которого ученики овладевают на уроке);

• описать технологические требования к продукту (ориентация страницы, поля, шрифт, междустрочный интервал т. п.);

• подсчитать максимальное время выполнения задания, исходя из показателей скорости роботы человека за компьютером.

3. Применяя проблемный подход:

Сформулировать технические, дизайнерские и эстетические требования к продукту.

Пример 3. Тема «*Проведение урока по методике технологического обучения*». Целью данного занятия является закрепление знаний и умений студентов по моделированию и проведению уроков по методике технологического обучения.

Студентам предлагается *ориентировочное содержание конспекта урока*:
1. Тема урока.
2. Цель: обучающая, развивающая, воспитательная.
3. Оборудование.
4. Тип урока.
5. Ключевые понятия.
6. Ожидаемые результаты.

Структура урока
1. Организационная часть (2 мин.).
2. Вступительный инструктаж.
   2.1. Актуализация опорный знаний (5 мин.).
   2.2. Мотивация изучения нового материал (3 мин.).
   2.3. Изучение нового материала (15 мин.).
3. Текущий инструктаж (Закрепление нового материала и формирование навыков) (15 мин.)/
4. Заключительный инструктаж (Итоги урока. Домашнее задание) (5 мин.)/

Перед практическим занятием студентам предоставляются критерии оценивания конспекта урока, а также тематика уроков.

Темы уроков:

Урок № 2. Интерфейс редактора растровой графики. Настройка параметров рисунка и элементарные операции с ним.

Урок № 3. Создание рисунков с помощью инструментов растрового графического редактора.

Урок № 4. Создание рисунков с использованием фрагментов изображений. ***Практическая работа № 11.*** Создание растровых изображений.

Урок № 5. Принципы построения и обработки векторных изображений. Создание рисунков с помощью инструментов векторного графического редактора. Основные действия с графическими объектами.

Урок № 6. Форматирование фигур. Настройка параметров графических объектов. Добавление текста к графическим изображениям.

Урок № 7. Перемещение объектов в плоскости и по слоям. Работа с группами объектов. ***Практическая работа № 12.*** Создание векторных изображений.

Пример 4. Тема «*Разработка технического задания для создания мультимедийных продуктов (компьютерной презентации, видеоролика, публикации)*». Целью данного практического занятия является применение на практике задачно-технологического и проблемного подходов. При этом студенты выступают и в роли учителя (на этапе разработки технических требований к проекту), и в роли ученика (на этапе реализации ранее разработанных требований).

Задание. А) Разработать задание для работы над проектом:
1. Тема проекта.
2. Содержание мультимедийного продукта.
3. Виды продукта (презентация, видео, публикация).
4. Технические требования (количество слайдов (кадров, страниц), цветовая гамма, звук, графика, анимационные эффекты и т.п.).
5. Критерии оценивания продукта.
6. Рекомендации по работе над проектом.

Б) Создать, как пример, один из проектов (видеоролик или публикацию).

Таким образом, предложенный подход к методике обучения информатических технологий:

♦ предоставляет возможность овладения будущими учителями информатики основами технологического образования (цели, содержание, методические подходы, формы технологического обучения);

♦ позволит будущему учителю информатики: рационально и целесообразно подобрать фактический материал к уроку; реализовать индивидуальный подход в обучении; организовать эффективную учебную деятельность учеников в компьютером классе; сформировать у учеников новый стиль информационно-технологического мышления.

Применения выделенных методических подходов (в рамках описанных концептуальных основ технологического обучения учеников на уроках информатики) осуществляется в Николаевском национальном университете имени В.А.Сухомлинского во время занятий будущих учителей информатики по курсу «Методика преподавания информатики» (модуль «Обучение учеников информатическим технологиям»).

Литература

1. Дорошенко Ю.О. Концептуальні засади методики технологічної освіти на уроках інформатики / Ю.О.Дорошенко, Т.В. Тихонова, Г.С. Луньова. // Інформатизація освіти України: стан, проблеми, перспективи: Матер. ІІ Між нар. наук.-практ. конф. (8–9 вересня 2003 р.). – Херсон, 2003. – С. 42-44.

2. Дорошенко Ю.О. Технологічне навчання інформатики: Навчально-методичний посібник / Ю.О.Дорошенко, Т.В. Тихонова, Г.С. Луньова. – Х.: Вид-во «Ранок», 2011. – 304 с.

3. Луньова Г.С. Дидактичні засади формування інформаційно-технологічних умінь старшокласників у процесі навчання /Ганна Сергіївна Луньова: Автореф. дис. канд. пед. наук: 13.00.09 – К.: Інститут педагогіки АПН України, 2008. – 24 с.

4. Луньова Г.С. Професійна підготовка майбутнього вчителя інформатики до методики технологічного навчання // Наукові праці: Науково-методичний журнал. – Миколаїв: Вид-во МДГУ ім. П.Могили, 2004. – Вип. 23 (Педагогічні науки). – Т. 36. – С. 63–67.

5. Тихонова Т.В., Луньова Г.С. Концептуальні засади технологічного навчання інформатики у старшій школі // Наук. Записки Тернопільського нац. пед. ун-ту ім. В. Гнатюка. Серія: Педагогіка. – 2007. – №6. – С.132–136.

6. Тихонова Т.В., Луньова Г.С. Використання методики технологічного навчання у шкільному курсі інформатики // Інформатика та інформаційні технології в навчальних закладах. – 2007. – № 4. – С. 110–118.

Бронников В.Д.
кандидат исторических наук, доцент кафедры политических наук
Черноморского государственного университета,
г. Николаев, Украина

ИССЛЕДОВАНИЕ ПОЛИТИЧЕСКОЙ МАРГИНАЛЬНОСТИ В СОВРЕМЕННУЮ ЭПОХУ

В современную эпоху локальных и глобальных трансформаций всех сфер общественной жизни ученые продолжают заниматься исследованием феномена маргинальности. Человечество тысячелетиями создавало и организовывало свой мир, а теперь он превратился в сверхсложную систему, которая часто выходит из подчинения людей и навязывает им свои законы.

В каждой отрасли знаний тема маргинальности звучит по-разному. Эту тему поднимают экономисты и культурологи, социологи и философы, психологи и историки, занимающиеся изучением «переходного», «периферийного», «противоречивого» в поведении индивидов и групп в различных пространствах – культурном, национальном, религиозном, социальном, политическом. В политических науках проблема маргинальности изучена пока не достаточно.

Разные аспекты маргинальности прямо или косвенно раскрывали такие авторы: А.И.Атоян , А.Н. Горбач, В.И. Дергачев, Б.Г. Капустин, И.М. Клямкин, С.Б. Крымский , А. Мигранян, Д.В. Ольшанский, В.И. Пантин, А.М. Салмин,Е.Б. Шестопал, Т. Шибутани.

Маргинальность в самом широком понимании – это обозначение пограничного характера социальных, культурных, политических позиций индивидов или групп. Социально – политическая маргинальность относится к личностям и группам (подгруппам), которые находятся между двумя социальными или политическими группами, не будучи интегрированными в какую - либо из них. Результатами этих процессов становятся дезориентация, дискриминация, политическая апатия, абсентеизм, паразитирование в разных его формах.

Разнообразие событий в Европе XX века после двух мировых войн , а также последующего противостояния двух антагонистических систем, гонки вооружений, развала СССР стимулировало исследование феномена маргинальности. На первый план вышли проблемы неравномерности социально-экономического развития разных стран и регионов, политического плюрализма и свобод, а также рост безработицы и другие социальные проблем. В таких условиях определился «нижний» и «верхний» уровень маргинеса. Первый – социальное дно общества, куда попадали люди после экономического, политического или социального фиаско. На втором уровне находились революционеры, политикиодиночки, творческие личности, то есть своеобразный «авангард» в каждой отдельной отрасли – политике, науке, культуре. Что касается политических маргиналов, то в их число попадали также те, кто после политических сражений и конфликтов утратили ведущие роли на сцене борьбы за власть и властные полномочия . Общим для маргиналов первого и второго уровня является процесс исключения их на некоторое время из социально – политического бытия .

Специфику политической маргинальности можно определить как такую, что обусловлена утратой общепринятых политических норм и ценностей в условиях обострения социальных противоречий. Признаками процесса политической маргинализации являются: потеря (политических) гражданских прав, лишение права участия в выборах, отстранение от участия в непосредственной политической деятельности, утрата доверия электората к правящей властной элите, а также превращение правящей элиты в банальную правящую верхушку - игрушку для сытых олигархов.

Проявление маргинальных политических процессов наблюдается как в локальном, региональном, так и в глобальном измерении. Маргинализация затрагивает такие структуры общественной жизни, как государственное управление, государственное устройство, политический режим и даже политическая система.

Начало третьего тысячелетия демонстрирует невиданную по масштабу, стремительную и могучую трансформацию мировых социально-экономических, политических и культурных процессов и макроцивилизационных образований.

Очевидно, что глобализация протекает в разных формах, имеет сложную инфраструктуру. В связи с этим невозможно исследовать взаимосвязь процессов глобализации и маргинализации в целом. Целесообразно рассматривать формирование новых субъектов глобальной политики как результат трансформации всех сфер общественной жизни.

Современная глобализация – сложнейшее переплетение явлений и процессов, в которых задействовано все человечество. Но на все подсистемы этой всемирной взаимосвязи повлияла компьютерная революция, произошедшая в конце XX века. Новые информационно-коммуникационные технологии, современные виды транспорта, интернациональное образование, межнациональные социальные движения, массовые миграции и т.п. существенно повлияли на все сфери общественного бытия, в том числе на процесси дифференциации социума. Ускорение трансформаций социальных структур способствует формированию идеологии переходности, маргинальности общественного существования.

Современная история переживает переход от индустриальной к информационной цивилизации, от биполярного к системному миру с ядром развитых стран и периферийным окружением, от капиталистического и постсоциалистического общества к гуманистической цивилизации, социальноориентированной экономике и общей для всех стран либеральной демократии.

Переходный период развития Украина переживает уже больше двух десятилетий. Украина – маргинальная страна с маргинальным обществом. Неопределенность и маргинальность царят не только в социально-политическом бытии, но и в мироощущении граждан, которые напрасно надеялись на быстрое вхождение в цивилизованный мир демократии и благополучия, а в итоге оказались в конце рейтингов по основным показателям мировых стандартов уровня жизни.

На фоне трансформации политической системы Украины происходит процесс маргинализации политического сознания и политической культуры. Состояние культурной дезориентации и неопределенности разрушает целостность и сбалансированность общественной системы в сфере взаимоотношений ее социальной и культурной стратификаций и ведет к смене культурной парадигмы.

Таким образом, трансформационные процессы в современной Украине привели к миксированию политических, экономических, религиозных аспектов маргинализации. Это свидетельствует о нестабильности политической системы в современной Украине.

Новейшие тенденции глобализации и информатизации не замедляют, а, наоборот, ускоряют процесс массовой маргинализации населения. Они только изменяют условия и формы ее сегодняшнего осуществления. Все это значительно усложняет систему общественных отношений, подталкивает к новым социально-политическим конфликтам и дисгармонии в социуме .

Концепция маргинальности, несомненно, является конструктивной, потому что маргинальность – атрибут, неотъемлемое свойство индивидуального и общественного бытия. Многогранность явления маргинальности усложняет процесс его изучения, а интерес к изучению этого феномена можно объяснить перманентными изменениями в жизнедеятельности любого общества, а также очевидными кризисными тенденциями в развитии глобального социума. Таким образом, маргинальность всегда будет привлекательной и перспективной темой научных поисков.

Данилова С.В.
соискатель Научно-Исследовательской Лаборатории Экстремальной
и Кризисной Психологии,
Национального университета гражданской защиты Украины

ПРОБЛЕМА ИЗУЧЕНИЯ ПСИХОЛОГИЧЕСКИХ ОСОБЕННОСТЕЙ ОЦЕНКИ ЧС ГОРНОСПАСАТЕЛЯМИ

Сложность изучения проблемы оценивания чрезвычайной ситуации (ЧС), как в принципе и ситуации в целом, заключается в том, что на сегодняшний день в психологии нет полных представлений о природе возникновения механизмов и функций оценок.

Говоря о практическом значении изучения проблемы оценки, важно указывать на ее прикладную значимость, которая заключается в роли некоторых видов профессиональной деятельности. Так как оценка является сознательным действием, целью которого является «оценить», это те действия, которые человек совершает в процессе профессиональной деятельности [1].

Мы же присоединяемся к мнению Н.А. Батурина, наиболее полно, на наш взгляд, отражающему суть акта оценки, который состоит из трех компонентов:

1) отражения предмета оценки - предметом оценки могут быть самые различные объекты и явления, их отдельные свойства или, наоборот, совокупность объектов и явлений и взаимодействий между ними, принятыми за целое (ситуации);

2) актуализации, выбора или реконструкции существующего основания – то есть, оценочное основание, которое бывает двух типов: аффективное (формируется в рамках эмоционального способа отражения) и когнитивное (как совокупность образов предметов, упорядоченных за счет субъективных предпочтений);

3) сравнения предмета с основанием, результатом чего и является оценка (точнее оценка-результат).

Когнитивные оценки следуют за аффективными, отражая и дополняя их. Аффективные оценки и эмоции являются следствием предварительной когнитивной оценки; когнитивные оценки и эмоции осуществляются параллельно или даже независимо один от другого [1].

Так как, при изучении психологических особенностей оценивания ЧС, нами были взяты за основу структурные компоненты личности, то следует учесть для дальнейшего анализа, что каждый человек индивидуален и обладает своеобразным комплексом способов осуществления процесса оценивания, который в свою очередь входит в общую систему стилевой сферы человека. Стиль отражает, то, как и каким образом и какими способами человек осуществляет свою активность в любых ситуациях.

По мнению И.П. Шкуратовой, взаимодействие индивида с предметами окружающего мира приводит к формированию устойчивых приемов информации и способов поведения. Когнитивные, эмоциональные и стили принятия решения включены в регулирование отношений между внутренним и внешним мирами. Можно согласится с мнением автора, о том, что данные стили являются неспецифическими и универсальными, и обеспечивают получение информации из среды и подготовку ответных реакций. Так как данные стили направлены как внутрь, так и извне личности, то на работу с внутренним миром направлены еще две группы стилей: стили саморегуляции и стили совладания, главная функция которых состоит в поддержании равновесия в регулировании внутреннего состояния личностью [3].

Вслед за И.П. Шкуратовой, можно отметить, что применение именно стилевого подхода при исследовании особенностей личности, обладает следующими преимуществами [3]:

1) стилевые характеристики непосредственно связаны с деятельностью и поведением личности. В деятельности стили личности всегда влияют на ее результат, поэтому прогноз, основанный на знании стиля, является более надежным и точным;

2) стилевые характеристики всегда влияют на поведение человека. Особенно это касается когнитивных стилей, потому что они связаны с обработкой любой поступающей информации. Знание когнитивных стилей позволяет спрогнозировать поведение человека в самых разных ситуациях.

3) стили связаны с системообразующей функцией, благодаря которой они оказываются средоточием многих личностных характеристик.

Так же важно отметить, что изучение стиля при оценивании ЧС является новой и малоизученной проблемой, с большим практическим выходом в виде рекомендаций по коррекции уже имеющихся стилей и с формированием новых.

Когнитивные стили характеризуют особенности переработки поступающей информации: импульсивность-рефлективность отвечает за скорость принятия решений, полезависимость-поленезависимость – за самостоятельность решения, понятийная дифференцированность – за жесткость критерия при определении сходства между объектами и т.д. Когнитивные стили всегда влияют на выполнение профессиональной деятельности [Шкуратова стилевой подход к исследованию личности]. Исследование когнитивных стилей в процессе оценивания позволяет рассматривать характеристики субъективных оценочных шкал и их связь с особенностями личности.

Под стилем совладания понимается способ поведения в трудной ситуации, и выделяются два основных типа совладания: конструктивный (направленный на рациональный анализ проблемы и поиски выхода из сложившейся ситуации) и защитный (при котором человек предпочитает не думать о проблеме, избегает активных действий для ее решения) [3].

Стремление индивидов полагаться на ярлыки и категории при оценивании ситуации приводит к существенным ошибкам, искажениям. Более того на основе данных искаженных картин восприятия ситуации лежат конкретные причинные основания определяющие специфику атрибутирования. Атрибуция всегда связана с когнитивными процессами, однако закономерности функционирования этих когниций, принципы поиска причин и объяснения тех или иных явлений не могут быть одинаковыми у индивидов [2].

Таким образом, на процесс оценивания чрезвычайной ситуации специалистами военизированной горноспасательной службы Украины влияют как минимум две составляющие: это стили личности и специфика их деятельности. При взаимодействии с окружающим миром у человека формируются устойчивые приемы и способы данного взаимодействия, на всех структурных компонентах личности (когнитивном, эмоциональном и поведенческом). Следовательно, при исследовании данной стороны оценивания, мы должны изучить когнитивный стиль, эмоциональный стиль, атрибутивный стиль и стиль саморегуляции.

Литература

1. Батурин Н.А. Оценочная функция психики / Н.А. Батурин. - М.: Изд-во ИП РАН. 1997. - 306 с.
2. Гулевич О.А. Атрибуция: общее представление, направления исследований, ошибки. Реферативный обзор. / О.А. Гулевич, И.К. Безменова. - М.: Российское психологическое общество, 1998. 112 с.
3. Шкуратова И.П. Стилевой подход к исследованию личности: проблемы и перспективы / И.П. Шкуратова. Опубликовано в сб.: Индивидуальные и стилевые особенности личности. Ростов-на-Дону, ЮРГИ, 2002, с.29-45.

УДК 316.346.32-053.6:[314.15-022.326:331.5]

Черная В.А.
преподаватель, Черноморского государственого университета
имени Петра Могилы
Украина, г.Николаев

СОЦИАЛЬНЫЕ ПОСЛЕДСТВИЯ ТРУДОВОЙ МИГРАЦИИ МОЛОДЕЖИ ДЛЯ УКРАИНЫ

Трудовая миграция населения является сегодня одним из основных факторов, определяющих развитие мировой экономики. Причем это явление имеет как положительные, так и отрицательные последствия. Среди негативных последствий трудовой миграции специалисты выделяют ухудшение состояния рынка труда и демографические потери населения. Ведь известно, что наиболее квалифицированная и репродуктивно активная часть населения - молодежь - чаще выезжает на заработки за пределы Украины.

Масштабная трудовая миграция молодежи Украины за границу является одним из признаков социально - экономических изменений в государстве. Наиболее активным в этом плане западный и южный регион. Социальные последствия (трансформация семейных отношений, разрушение небольших населенных пунктов) стають все ощутимее не только на локальном, но и на общегосударственном уровне. В структуре рабочей силы Украины сформировался многомиллионный контингент лиц, для которых трудовая миграция является основным видом занятости и первостепенным источником доходов. Поэтому решение этой проблемы имеет большое общественно - политическое и социальное значение. Трудовая миграция молодежи влияет на демографическую, социальную и экономическую ситуацию в Украине. Главными причинами, которые заставляют украинскую молодежь покидать свои жилища в поисках лучшей жизни, являются экономические основы. Это, в частности, низкий уровень заработной платы, значительные масштабы безработицы , нестабильность развития украинской экономики. По данным исследования «Внешняя трудовая миграция населения Украины», основной причиной выезда за границу 6 из 10 мигрантов низкий уровень оплаты за соответствующую работу в Украине. Эксперты называют разные цифры украинском, выбывших за границу с целью трудоустройства: они колеблются в пределах от 1,5 до 7 млн. человек, что составляет от 3,1 до 15,1% численности всего населения Украины (по состоянию на 1 января 2012 г .) и до 34,1% экономически активного населения Украины трудоспособного возраста . Согласно данным исследования «Внешняя трудовая миграция населения Украины », с начала 2005 г. до 1 июня 2012 за рубежом работали 1,5 млн. жителей Украины, из которых почти 1,3 млн.

находились вне государства с целью трудовой деятельности. Лица, принимавшие участие в трудовых миграциях в течение последних 3,5 года, составляют около 5,1% населения Украины трудоспособного возраста, а за последние 1,5 года - 4,4%. Почти половина всех трудовых украинских мигрантов находится в странах Европейского Союза . Подавляющее большинство из них - в Италии (13,4%) , Чехии (12,8%) , Польши (7,4%) , Испании (3,9%) и Португалии (3%) [6,12,49,182]. Такое распределение трудовых мигрантов объясняется, в частности, стремлением найти более оплачиваемую работу в странах с родственной ментальностью и религией. Особого внимания заслуживает вопрос возвращения трудовых мигрантов в Украину. Мировой экономический кризис существенно повлиял на международную трудовую миграцию: происходит освобождение работников, ухудшаются условия труда, сокращается заработная плата. Эксперты прогнозировали, что в ближайшее время из-за финансового кризиса из-за границы вернется около 200 тыс. украинских мигрантов. По разным оценкам, более 80% мигрантов намерены вернуться домой (в частности , среди женщин, которые оставили в Украине детей , - 60%). Около 70% работников имеют в Украине семью и поддерживают контакты с родственниками на родине. 90% мигрантов считают, что их будущее - в Украине, а затем пытаются приобрести квартиры, оплатить учебу детей или даже открыть собственный бизнес [4,10]. Однако , несмотря на сложности , с которыми сталкиваются трудовые мигранты, массового возвращения домой не наблюдается. А те, кто возвращается, сталкиваются с проблемами, связанными прежде с нахождением работы, а также повторной адаптацией. Экономические и социальные последствия эмиграции молодежи из Украины имеют свои положительные и отрицательные стороны. К положительным можно отнести: дополнительное направление в экономику Украины значительных финансовых потоков, снижение напряжения на украинском рынке труда и уменьшения зарегистрированного и скрытой безработицы, расширение возможностей занятости для экономически активного населения Украины. Отрицательные стороны, сопровождающие процессы трудовой миграции молодежи, сейчас превалируют над положительными. Среди них: отток части молодых людей на работу за границу, что приводит к отрицательным демографическим последствиям для Украины. Согласно данным международного правозащитного центра «Ла Страда - Украина », родители готовы надолго расстаться со своими детьми ради их же благосостояния [2,5]. Мигрантский образ жизни приводит к разрушению украинских молодых семей - еще никогда в Украине так остро не стояла проблема социального сиротства, а сегодня более 200 тыс. детей современных украинских «остарбайтеров» лишены родительской опеки. Итак, практически половина детей не получает должного ухода со стороны родителей, так как воспитывают их бабушки - дедушки или они под опекой других родственников. А 3,85 % детей сами могут решать, как им жить и как себя вести. Это трагические цифры, потому что сегодняшняя молодежь - это будущее. Какой она будет и как устраивать свою жизнь - в первую очередь зависит от родителей [5,177] .Несмотря на мировой экономический кризис и связанные с ней риски, количество украинского, которые намерены трудоустроиться за рубежом, остается значительной. Анализ имеющихся намерений населения показал, что во II полугодии 2012 г. планировали выехать за границу 1710,1 тыс. человек, или 5,9% населения трудоспособного возраста, из них почти каждый четвертый планировал поездку с намерением трудоустройства впервые или возвращения на работу [5,178]. Среди студентов таких - около 70 %. Украинская молодежь хочет поехать за границу преимущественно с целью заработка - в отличие от россиян и азербайджанцев , которые рассматривают зарубежные поездки как возможность получить культурный опыт или получить образование. Социологи говорят, что украинская молодежь больше, чем в России или Азербайджане, недовольная своим финансовым положением и ситуацией на рынке труда. По данным этого исследования , среди молодых украинском 65% изъявили желание поехать за границу именно для трудоустройства, 14 % не исключают , что могут навсегда покинуть родину [1,19].

Таким образом, отток молодежи вызывает негативные демографические последствия , например разрушение семейных пар из-за неблагоприятной для рождения и воспитания детей специфику « мигрантского » образа жизни . Охваченной значительной трудовой миграцией , количество заключенных браков населения , по сравнению с 1990 г., сократилась в 1,3 раза [3, 177] . То же время, абсолютное количество увеличилось почти в полтора раза. Еще более сложной семейной проблемой является воспитание детей мигрантов, оставшихся в Украине, особенно в случаях длительного отсутствия обоих родителей. Как следствие, Украина сталкивается с новым видом социального сиротства, необходимостью брать под опеку часть детей мигрантов. Итак, можно сделать выво большую часть современной трудовой эмиграции молодежи из Украины составляют работники, требующие как организационно - правовой, так и гуманитарной помощи. Дальнейшее совершенствование требует механизм нормативно - правового регулирования национальной диаспоры, а именно - обеспечение социальных и гуманитарных прав трудовых мигрантов.

Литература:

1.Гнибиденко И. Проблемы трудовой миграции в Украине и их решения // Экономика Украины . - 2005 . - № 4 . - С. 19.

2.Ивашко А. , Бень А. Пять миллионов на зарубежных заработках . Да еще и нелегально // Голос Украины . - 2003 . - 3 апреля. - С.5 .

3. Трудоустройство граждан Украины за рубежом в 2001 году (по данным государственной статистической отчетности) // Информационное обеспечение рынка труда в Украине : материалы семинара , г. Ялта , 25 - 27 сентября 2002 - К. , Госкомстат Украины, 2002 . - С. 177-179.

4. Ростова Л. Трудовой миграции - цивилизованное лицо / [Л.Ростова] / / Профсоюзы Украины . -2010 . - № 5 . - С.10 -11.

5. Сусак В. Украинская гостевые рабочие и иммигранты в Португалии (1997 - 2002) // Украина в современном мире : Конференция выпускников программ научной стажировки в США. - М. : Стилос , 2003 . – 194с.

6. Трудова миграция населения: количественный и географический аспекты / Министерство труда и социальной политики Украины . - М.: Лидер, 2002 . – 551с.

Бильгаева Л.П.
к.т.н, доцент, ВСГУТУ, РФ, Улан-Удэ
Самбялов З.Г.
аспирант, ВСГУТУ, РФ, Улан-Удэ

МОДИФИКАЦИЯ АЛГОРИТМА КЛАСТЕРИЗАЦИИ CLOPE

Введение

В настоящее время достаточно много работ посвящено теме кластеризации с неполным обучением (от англ. Semi-supervised clustering). Неполное обучение предполагает использование в процессе кластеризации некоторого априорного знания об анализируемых данных [1,7]. Априорное знание может быть как доказанным ранее фактом, так и выдвигаемой аналитиком гипотезой. Неполное обучение делает процесс кластеризации гибким и управляемым посредством задания различных гипотез. Таким образом, аналитик получает возможность произвести кластеризацию согласно определённым правилам, которые продиктованы целью его исследования.

Большинство работ, развивающих тему кластеризации с неполным обучением, посвящено модификации алгоритма К-средних. Поскольку алгоритм К-средних используется для кластеризации данных числового типа, то существует необходимость разработки кластеризации с неполным обучением данных категориального типа. На сегодняшний день предложено достаточно много методов для работы с категориальными данными. Одним из эффективных считается алгоритм CLOPE [2,1]. В данной работе предлагается модифицированный алгоритм кластеризации с неполным обучением, в основе которого лежит алгоритм CLOPE.

1 Краткое описание стандартного алгоритма CLOPE

Алгоритм CLOPE является масштабируемым, т.к. способен работать в ограниченном объёме оперативной памяти [3,2]. Во время работы в памяти хранится только текущая транзакция и небольшое количество информации по каждому кластеру, которая включает количество транзакций N, ширину кластера W, значение площади кластера S. Эта информация представляет кластерные характеристики.

В качестве входного параметра алгоритму подаётся единственное действительное положительное число r – коэффициент отталкивания, который определяет уровень чистоты значений всех атрибутов внутри одного кластера.

Алгоритм при формировании кластеров подбирает такие транзакции, которые увеличивают площадь кластера и при этом либо не увеличивают его ширину, либо увеличивают на незначительную величину. В итоге значения атрибутов транзакций в кластере получаются примерно одинаковыми.

2 Модификация алгоритма CLOPE

В рамках кластеризации с неполным обучением имеется некоторое априорное знание об анализируемых данных, например, априорные сведения о значимости некоторых атрибутов в формировании кластеров. Значимость атрибута выражается числовой величиной, называемой весовым коэффициентом атрибута. Каждому атрибуту a_i ставится в соответствие действительное положительное число ω_i – весовой коэффициент. Чем больше значение весового коэффициента, тем больше вклад атрибута в формирование кластеров. В стандартном алгоритме CLOPE весовые коэффициенты всех атрибутов равны единице, т.е. атрибуты равнозначны при формировании кластеров. Изменив исходные значения весовых коэффициентов, можно получить в конечном итоге существенно отличающийся состав кластеров.

Пусть имеется база транзакций D, состоящая из множества транзакций $\{t_1, ..., t_n\}$. Каждая транзакция представляет собой кортеж $t = (a_1, ..., a_m)$, где $a_i \in A_i$, A_i – множество значений i-го атрибута. Множество кластеров $\{C_1, ..., C_k\}$ есть разбиение множества транзакций $\{t_1, ..., t_n\}$. Каждый элемент C_i называется кластером, n, m, k – количество транзакций, количество атрибутов в транзакции и число кластеров соответственно.

В отличие от стандартного CLOPE, в модифицированном алгоритме предлагается вычислять следующие дополнительные характеристики кластера:
1) $a(i)$ – номер атрибута, которому принадлежит значение i;
2) $A(C)$ – множество уникальных значений атрибутов в кластере С.

Кроме того предлагается изменить способ вычисления следующих характеристик кластера:
1) $S(C) = |C| \times \sum_{i=1}^{m} \omega_i$ – площадь кластера;
2) $W(C) = \sum_{i \in A(C)} \omega_{a(i)}$ – ширина кластера.

Рассмотрим пример, иллюстрирующий суть предлагаемой модификации. Пусть имеется таблица с данными о вулканах.

Таблица 1 – Данные о вулканах

Название вулкана	Местоположение	Тип местоположения	Действующий	Извергался		
				В I тысяч.	Во II тысяч.	В XXI веке
Эйяфьядлайёкюдль	Исландия	Остров	Да	Неиз.	Да	Да
Везувий	Евразия	Материк	Да	Да	Да	Нет
Килиманджаро	Африка	Материк	Нет	Неиз.	Неиз.	Нет
Ключевская Сопка	Евразия	Материк	Да	Неиз.	Да	Да
Таупо	Новая Зеландия	Остров	Нет	Да	Нет	Нет
Катман	Северная Америка	Материк	Да	Неиз.	Да	Нет

Сент-Хеленс	Северная Америка	Материк	Да	Неиз.	Да	Нет
Кракатау	Ява	Остров	Да	Неиз.	Да	Да
Казбек	Евразия	Материк	Нет	Нет	Нет	Нет

Кластеризация стандартным алгоритмом CLOPE позволяет получить следующее разбиение {{Везувий}, {Килиманджаро}, {Ключевская Сопка}, {Таупо}, {Казбек}, {Катман, Сент-Хеленс}, {Кракатау, Эйяфьядлайёкюдль}} при коэффициенте отталкивания равным 2,6 Разбиение содержит 5 кластеров с одним объектом и 2 кластера с двумя объектами. Из таблицы видно, что в два последних кластера вошли вулканы с абсолютно совпадающими значениями атрибутов (исключение составляет последний кластер, где имеется различие в значении атрибута «Местоположение»).

Выполним кластеризацию с приоритетом по типу местоположения. При этом атрибуту «Тип местоположения» задается весовой коэффициент 2. В результате работы алгоритма получается следующее разбиение {{Килиманджаро}, {Таупо}, {Казбек}, {Везувий, Катман, Сент-Хеленс, Ключевская Сопка}, {Кракатау, Эйяфьядлайёкюдль}}. На рисунке 1 представлена гистограмма самого большого кластера в разбиении {Везувий, Катман, Сент-Хеленс, Ключевская Сопка}.

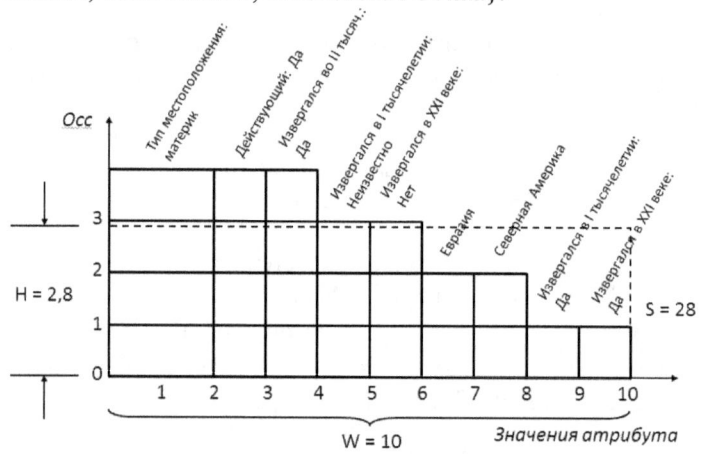

Рисунок 1– Гистограмма кластера в модифицированном алгоритме CLOPE

Из гистограммы видно, что кластер состоит из действующих вулканов, извергавшихся во втором тысячелетии и расположенных на материке. Последний факт был учтен как основополагающий при формировании кластера. Если бы весовой коэффициент атрибута «Тип местоположения» равнялся единице, то высота кластера составила бы $H = \frac{24}{9} = 2,6$.

Такое значение высоты уже не обеспечивает максимальное значение глобальной функции оптимизации и, соответственно, такой кластер невозможно получить при использовании стандартного алгоритма CLOPE.

3 Тестирование и оценка модифицированного алгоритма CLOPE

Для сравнительного анализа алгоритмов CLOPE и его модификации проведено тестирование алгоритмов на наборе данных из открытого репозитория UCI Machine Learning , представленного в [2,5].

Для тестирования выбран набор данных о зоопарке (Zoo dataset). Набор содержит 101 транзакцию со сведениями о животных. Каждая транзакция содержит 18 атрибутов с описанием характеристик животного: название животного, 15 различных логических атрибутов, 1 целочисленный атрибут количества конечностей животного и атрибут биологического класса животного.

Была проведена серия тестов при различных значениях коэффициента отталкивания. Все результаты оценены индексами качества Rand, Jaccard, FM и «Чистота кластера» по атрибуту «Биологический класс животного» [4,12]. Результаты тестирования представлены на рисунке 2. При кластеризации модифицированным алгоритмом был установлен весовой коэффициент со значением 2 у атрибута «Биологический класс животного». Значение весового коэффициентов у данного атрибута было увеличено, поскольку значения данного атрибута являются наиболее значимыми при формировании кластеров. Все остальные атрибуты имеют весовой коэффициент равный единице.

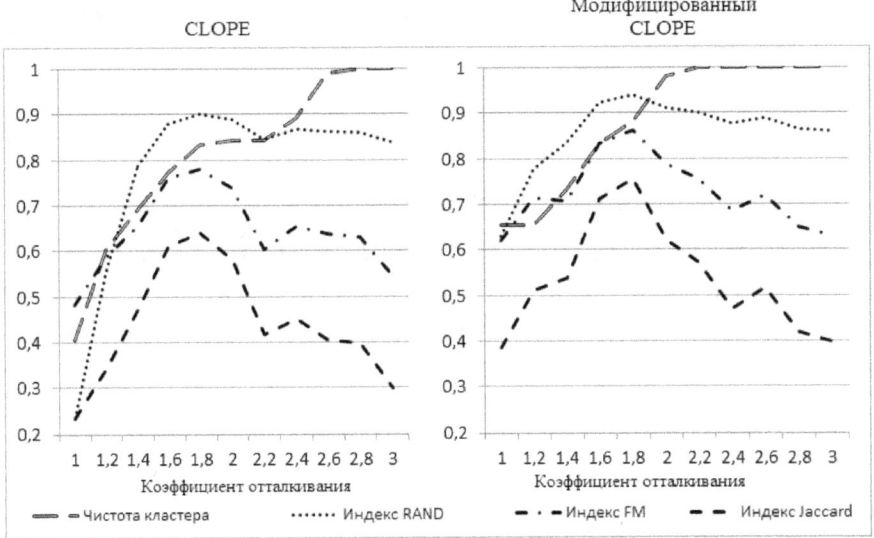

Рисунок 2 – Оценка результатов модифицированного алгоритма CLOPE

4 Анализ результатов тестирования

Результаты тестирования показывают, что модифицированный алгоритм CLOPE имеет более высокие значения индексов качества. При этом следует отметить увеличение значение индекса «Чистота кластера». В проведённом тестировании у атрибута «Биологический класс животного» был увеличен весовой коэффициент и по данному атрибуту определялся индекс чистоты. Из этого следует, что значение весового коэффициента атрибута прямо пропорционально значению индекса «Чистота кластера» по данному атрибуту.

Заключение

В предложенном в данной работе модифицированном алгоритме CLOPE используется неполное обучение, которое заключается в задании атрибутам весовых коэффициентов. Достоинством предложенного похода является то, что весовые коэффициенты позволяют управлять процессом кластеризации и получать структуру кластеров с различной чистотой значений по атрибутам.

Дополнительные временные затраты, возникающие в связи с модификацией алгоритма CLOPE, являются незначительными и заключаются в расчете величин $a(i)$ и $A(C)$. Однако благодаря модификации алгоритм CLOPE становится более гибким в настройке и позволяет решать задачу кластеризации с заданными условиями.

Список использованных источников

1. Nizar Grira, Michel Crucianu, Nozha Boujemaa. Unsupervised and Semi-supervised Clustering: a Brief Survey. In Proc. Of 7th ACM SIGMM international workshop on Multimedia information retrieval, 2004.
2. Паклин Н.Б. Кластеризация категорийных данных: масштабируемый алгоритм CLOPE [Электронный ресурс] // Научная библиотека BaseGroup Labs. URL: http://www.basegroup.ru/library/analysis/clusterization/clope/.
3. Yang, Y., Guan, H., You. J. CLOPE: A fast and Effective Clustering Algorithm for Transactional Data In Proc. of SIGKDD'02, 2002.
4. Сивоголовко Е. Оценка качества четкой кластеризации // Материалы Московской секции ACM SIGMOD, 2011.

Васильев В.Я.
д-р техн. наук, проф. кафедры «Холодильные машины»
Астраханский государственный технический университет
vasilievv@mail.ru

Котова С.А.
студентка
Астраханский государственный технический университет
93anatolna@mail.ru

РАСЧЁТНО-ТЕОРЕТИЧЕСКОЕ ИССЛЕДОВАНИЕ УСЛОВИЙ РЕАЛИЗАЦИИ ПРОЦЕССА РАЦИОНАЛЬНОЙ ИНТЕНСИФИКАЦИИ КОНВЕКТИВНОГО ТЕПЛООБМЕНА В НЕКРУГЛЫХ КАНАЛАХ ПЛАСТИНЧАТО-РЕБРИСТЫХ ТЕПЛООБМЕННЫХ ПОВЕРХНОСТЕЙ

Различные отрасли техники – космическая, авиационная, криогенная, холодильная и т.д., – предъявляют высокие требования к совершенству ребристых теплообменников, определяющемуся их габаритными и массовыми характеристиками, энергозатратами на прокачивание (циркуляцию) тепло- и хладоносителей, величинами тепловых нагрузок, технологичностью и экономичностью в изготовлении, эксплуатационной надёжностью. Наиболее полно удовлетворяющему конструкторов сочетанию перечисленных требований отвечают пластинчато-ребристые теплообменные аппараты (ТА) двух важных подклассов [1,303]: «плоское ребро – труба» – ТР (рис. 1) и «плоское ребро – плоское ребро» – ПР (рис. 2 и 3). В данной работе ребристые теплообменные поверхности (ТП) теплообменников 1-го подкласса определяются как, трубчато-ребристые гладкоканальные – ТРгл и с периодически расположенными на стенках каналов (рёбер) попарно сопряжёнными двумерными дискретными турбулизаторами в виде поперечных выступов и канавок – ТРвк, превращающих гладкий канал в диффузорно-конфузорный; 2-го подкласса, как пластинчато-ребристые гладкоканальные – ПРгл и рассечённые – ПРрс. Пластинчато-ребристые теплообменники могут иметь большое разнообразие схем конструкций, форм поперечных сечений каналов и их размеров. Представленные на рис. 1-3 конструкции предназначены для иллюстрации основных их особенностей.

В некруглых каналах теплообменных поверхностей ТА обоих подклассов сравнительно несложно организуется интенсификация конвективного теплообмена (ИКТ), а при определенных условиях реализуется и процесс рациональной интенсификации конвективного теплообмена (РИКТ), при котором рост теплоотдачи за счёт искусственной турбулизации потока теплоносителя опережает рост, или равен росту, аэродинамических потерь по сравнению с таким же по форме поперечного сечения, но гладким каналом при одинаковых режимах течения в них. Отмеченное обстоятельство достигается генерацией вихрей в каналах в

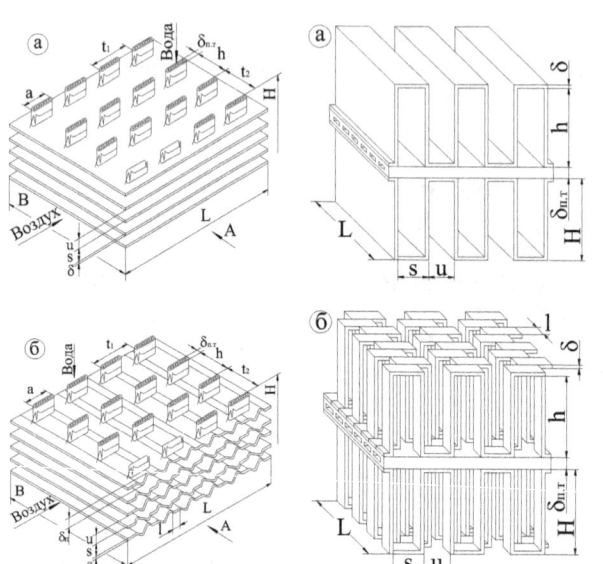
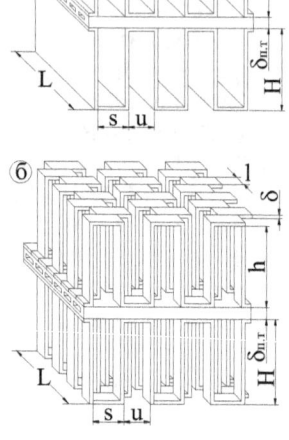
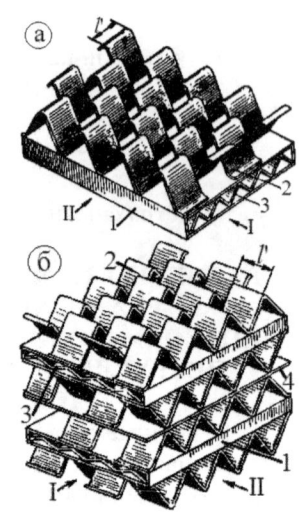

Рис. 1. Геометрические характеристики ТР ТП: а – с гладкими рёбрами; б – с выступами и канавками на рёбрах

Рис. 2. Геометрические характеристики ПР ТП: а – с гладкими каналами; б – с рассечёнными каналами

Рис. 3. Конструкции ПР ТА [10]: а – нечётная; б – чётная; 1 – плоская трубка; 2 – гофры ПРрс ТП; 3 – гофры ПРгл ТП; 4 – разделительная пластина; I и II – потоки воды и воздуха

основном только в пристеночном слое течения теплоносителя двумя результативными способами: 1-й – течение теплоносителя на диффузорно-конфузорных участках при соответствующих углах раскрытия диффузора, что имеет место в каналах теплообменных поверхностей с дискретными турбулизаторами на рёбрах (стенках каналов) в виде поперечных выступов и канавок; 2-й – обтекание плохо обтекаемых тел, что имеет место в *наиболее* эффективных и перспективных рассечённых теплообменных поверхностях при обтекании теплоносителем лобовых поверхностей множества торцов рёбер с острыми кромками. Отсутствие результатов систематических исследований процессов ИКТ, а в соответствующих условиях и РИКТ, в прямоугольных каналах ПРрс и ТРвк ТП, являющихся весьма технологичными и обеспечивающими при высоких величинах параметров щелевидности каналов значительные степени оребрения, заметно осложняет разработку и создание эффективных парогазовоздушных и, особенно, газожидкостных теплообменников, работающих в режимах $K_{TA} \cong \alpha_{г_м}$, где $\alpha_{г_м} \ll \alpha_{ж_б}$.

Существенные площади теплового контакта компактных ТП с парогазовоздушными теплоносителями (при высоких значениях коэффициентов термической эффективности работы ребристых насадок), приводят к снижению внешней необратимости и повышению энергетической эффективности циклов газовых машин, паровых холодильных машин и, особенно, криогенной техники.

Пластинчато-ребристые теплообменные аппараты отличаются значительно большей компактностью, чем любые практически возможные теплообменники с круглыми трубами [2, 5]. В некруглых каналах их теплообменных поверхностей очень несложно и весьма целесообразно с большой результативностью реализовывать интенсификацию конвективного теплообмена искусственной турбулизацией потока теплоносителя. При обилии использующихся в технике гладкоканальных пластинчато-ребристых ТА, интенсификация конвективного теплообмена в гладких каналах их поверхностей теплообмена позволит значительно снизить объёмы и массы сердцевин теплообменников, практически не требуя затрат на изменение технологического процесса их производства.

В работе [2] W.M. Kays, A.L. London приводятся результаты тепловых и аэродинамических испытаний более чем десяти рассечённых и тринадцати гладкоканальных пластинчато-ребристых теплообменных поверхностей с каналами прямоугольного поперечного сечения. Однако, в ней отсутствуют аналитические зависимости тепловых и аэродинамических характеристик этих поверхностей от важнейших геометрических параметров: рассечения канала l/d; относительной толщины ребра δ/d; щелевидности канала h/u. Экспериментальный материал работы W.M. Kays, A.L. London [2] не позволяет получить достоверные графические зависимости для оценки количественных изменений значений Nu_i и ζ_i при Re_i = idem и условиях l/d = variable и δ/d = const или δ/d = variable и l/d = const.

Отсутствие результатов систематических экспериментальных исследований теплоаэродинамических характеристик теплообменных поверхностей с рассечёнными прямоугольными каналами оставляет возможность оценивать в них величину $(\Re')_{Re'_x}^{MAX}$ предполагаемого процесса РИКТ лишь приблизительно на основании более или менее удачного подбора пар сравниваемых интенсифицированной и гладкоканальной пластинчато-ребристых ТП. Для выполнения такого сравнения были подобраны теплообменные поверхности с каналами: рассечёнными, чешуйчатыми и гладкими – И.Н. Журавлёва [3], В.А. Васютин, И.Н. Журавлёва, И.П. Усюкин, В.А. Новиков [4]; рассечёнными и гладкими – W.M. Kays, A.L. London [2]; разрезными и гладкими – В.С. Евреинова [5], Е.С. Курылёв, А.М. Рамадан, В.С. Евреинова [6], см. рис. 4, 5 и табл. 1. Из указанных пластинчато-ребристых теплообменных поверхностей (их тепловые и аэродинамические характеристики см. на рис. 6, а, в) при проведении оценочного сравнения выбирались несколько пар ТП с наиболее близкими значениями определяющих безразмерных геометрических параметров h/u, δ/d и L/d, приведёнными в табл. 2 и 3: ТП с турбулизацией потока теплоносителя (рассечённая, разрезная или с чешуйчатыми рёбрами) и гладкоканальная ТП, по отношению к характеристикам которой, согласно работе Е.В. Дубровского, В.Я. Васильева [7], определялись графические зависимости $\xi/\xi_{гл} = f(Re)$, $Nu/Nu_{гл} = f(Re)$ и $(Nu/Nu_{гл})/(\xi/\xi_{гл}) = f(Re)$, представленные на рис. 6, б, г.

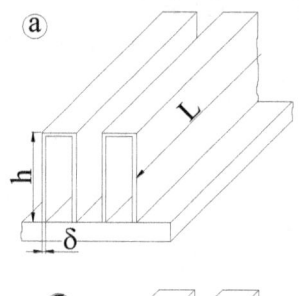
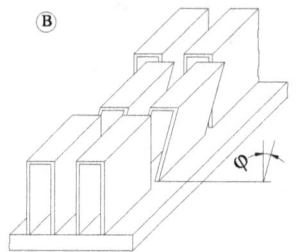
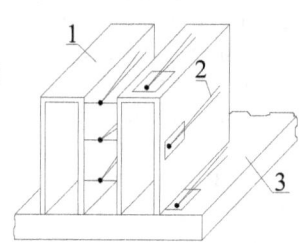
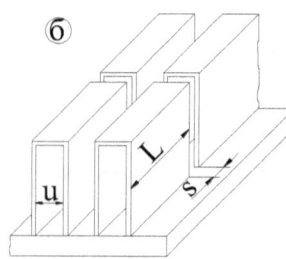

Рис. 4. Варианты исполнения исследованных теплообменных поверхностей с гладкими и разрезными каналами: а – 1; б – 2, 3, 4; в – 5

Рис. 5. Схема крепления спаев медь-константановых термопар на оребрённой поверхности и в воздушных каналах (1 – ребро, 2 – термопара, 3 – плита) [5]

Таблица 1

Основные характеристики исследованных пластинчато-ребристых теплообменных поверхностей [5; 6]

Вариант	Разрыв по длине $s \cdot 10^3$, м	Относительная длина l/d (L/d)	Число рядов рёбер по длине n	Угол наклона ребра φ, градус
1	0	(44)	1	0
2	1	7	6	0
3	4	7	5	0
4	15	7	5	0
5	1	7	6	15

Анализ приведённых на рис. 6, б относительных тепловых, аэродинамических характеристик и комплекса рациональности ИКТ показывает, что ПРрс ТП групп 1 [2] и 4 [3] обеспечивают высокие значения оценок $(\Re)_{Re=2000} = 3.18$ и $(\Re)_{Re=2000} = 3.61$ (см. рис. 6, б, кривые 1 и 4). Однако в каналах этих ТП процесс РИКТ не реализуется во всём

Таблица 2

Геометрические параметры пластинчато-ребристых теплообменных поверхностей с гладкими, разрезными и рассечёнными прямоугольными каналами

Группы и типы ТП		Автор(ы) и обозначение ТП по литературному источнику	$d \cdot 10^3$, м	δ/d	l/d	h/u, h/s	L/d
1	ПРрс 1	Kays…; ПлР-2 [2]	3.41	0.030	0.70	3.61	–
	ПРгл 6	Kays…; ГлР-9 [2]	3.52	0.058	–	3.47	57.8
2.1	ПРрс 2	Kays…; ПлР-6 [2]	1.61	0.094	3.94	1.70	–
	ПРгл 7	Kays…; ГлР-6 [2]	5.54	0.046	–	1.86	55.0
2.2	ПРрс 2	Kays…; ПлР-6 [2]	1.61	0.094	3.94	1.70	–
	ПРгл 8	Kays…; ГлР-3 [2]	8.50	0.096	–	2.24	35.5
3	ПРрс 3	Kays…; ПлР-7 [2]	2.64	0.038	1.71	2.20	–
	ПРгл 7	Kays…; ГлР-6 [2]	5.54	0.046	–	1.86	55.0
4	ПРрс 4	Журавлёва; № 2:6/4 [3]	4.64	0.032	0.32	1.56	–
	ПРгл 9	Журавлёва; № 1 [3]	4.64	0.032	–	1.56	–
5	ПРрз 5	Евреинова; № 5 [5]	5.56	0.036	7.19	10.0	44.1
	ПРгл 10	Евреинова; № 1 [5]	5.56	0.036	–	10.0	46.8

Таблица 3
Основные геометрические параметры пластинчато-ребристых теплообменных поверхностей с гладкими, рассечёнными и чешуйчатыми прямоугольными каналами

Группы и типы ТП		Автор(ы) и обозначение ТП по литературному источнику	$d \cdot 10^3$, м	δ/d	l/d	h/u, h/s	L/d
1	ПРрс 1	Журавлева; № 5:4/2 [3]	2.50	0.060	0.40	2.16	–
	ПРгл 7	Kays…; ГлР-3 [2]	8.50	0.096	–	2.24	35.5
2.1	ПРрс 2	Журавлева; № 6:6/2 [3]	2.68	0.093	0.56	3.43	–
	ПРгл 8	Kays…; ГлР-9 [2]	3.52	0.058	–	3.47	57.8
2.2	ПРрс 2	Журавлёва; № 6:6/2 [3]	2.68	0.093	0.56	3.43	–
	ПРгл 9	Kays…; ГлР-11 [2]	2.67	0.057	–	3.97	65.0
3	ПРрс 3	Журавлёва; № 2:6/4 [3]	4.64	0.032	0.32	1.56	–
	ПРгл 6	Журавлёва; № 1 [3]	4.64	0.032	–	1.56	–
4.1	ПРрс 4	Журавлёва; №3:12/4 [3]	5.69	0.044	0.35	3.20	–
	ПРгл 8	Kays…; ГлР-9 [2]	3.52	0.058	–	3.47	57.8
4.2	ПРрс 4	Журавлёва; №3:12/4 [3]	5.69	0.044	0.35	3.20	–
	ПРгл 9	Kays…; ГлР-11 [2]	2.67	0.057	–	3.97	65.0
5	ПРчш 5	Журавлёва; № 7 [3]	4.22	0.036	1.18	1.82	–
	ПРгл 6	Журавлёва; № 1 [3]	4.64	0.032	–	1.56	–

диапазоне исследования по числам Рейнольдса. Для ПРрс ТП групп 2.1, 2.2 и 3 [2] (рис. 6, б, кривые 2.1, 2.2 и 3) получены, соответственно, значения: $(\mathfrak{R}')^{MAX}_{Re'_x=2000} = 2.22$ при $(K'_\xi)_{Re'_x=2000} = 1$ (l/d = 3.94); $(\mathfrak{R}'')_{Re''=2500} = 1.82$ при $(K''_\xi)_{Re''_i=2500} > 1$ (l/d = 3.94); $(\mathfrak{R}'')_{Re''=2000} = 2.98$ при $(K''_\xi)_{Re''_i=2000} > 1$ (l/d = 1.71).

Наименьшее значение оценки $(Nu/Nu_{гл})_{Re_i=idem}$, причём, при отсутствии процесса РИКТ во всём диапазоне исследования по числам Рейнольдса при значительных величинах параметров l/d = 7.19 и h/u = 10, получено для ПРрз ТП группы 5 [5] (кривая 5 на рис. 6, б) с разрезными прямоугольными каналами и наклоном чётных рядов рёбер под углом 15 ° к вертикали. Для всех пластинчато-ребристых ТП с рассечёнными каналами с величиной параметра рассечения l/d = 0.7...0.32 и ПРчш 5 (см. рис. 6, б, г и табл. 2, 3) во всём диапазоне исследования по числам Рейнольдса процесс РИКТ не реализуется.

Следует отметить, что из-за неполного соответствия величин определяющих безразмерных геометрических параметров для ПРПгл ТП групп 2.1 и 2.2 (бо́льшие значения параметра h/u, чем для ПРрс ТП, см. табл. 2) значения оценок процессов РИКТ, равные, соответственно, $(\mathfrak{R}')^{MAX}_{Re'_x=2000} = 2.22$ и $(\mathfrak{R}'')_{Re''=2500} = 1.82$, является заниженными. По причине меньшего значения параметра h/u и большего значения параметра δ/d для ПРгл ТП (см. табл. 2), для ПРрс ТП группы 3 значение оценки $(\mathfrak{R}'')_{Re''=2000} = 2.98$ является завышенным. Несмотря на некоторый разброс количественных оценок и качественное отличие характера протекания отдельных безразмерных тепловых и аэродинамических характеристик, полученные приближённые значения оценок $(\mathfrak{R}')^{MAX}_{Re'_x}$ и $(\mathfrak{R}'')_{Re''_i}$ указывают на весьма вероятную перспективность реализации процессов РИКТ в прямоугольных каналах. Это подтверждается и визуальными наблюдениями перехода от ламинарного течения теплоносителя к турбулентному в канале треугольной формы (см. рис. 7, [8]), в ходе которых было установлено, что вплоть до значения критерия Re = 7500 в угловых зонах существуют области устойчивого ламинарного режима течения теплоносителя.

В трубах с треугольным поперечным сечением с острым углом течение в этом угле продолжает оставаться ламинарным до довольно высоких значений чисел Рейнольдса, при которых в остальных частях поперечного сечения оно стало турбулентным. Следовательно, для каналов некруглого поперечного сечения значения критерия Nu и коэффициента ζ (для ТА – ξ) есть комплексные значения этих величин для ламинарного и турбулентного режимов течений, одновременно существующих в сечении канала. Причём, с увеличением значений критерия Re уменьшается доля поверхности некруглого канала, омываемая устойчивым ламинарным

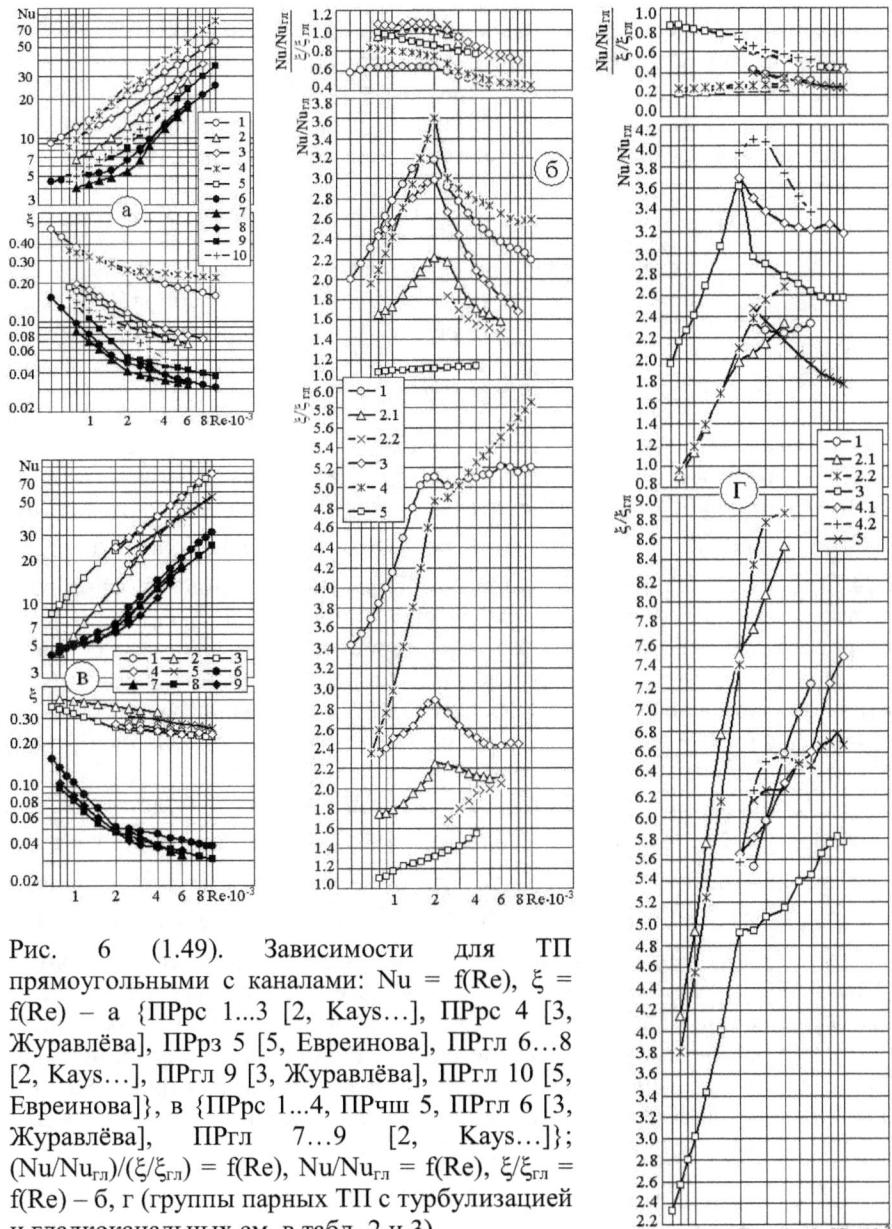

Рис. 6 (1.49). Зависимости для ТП прямоугольными с каналами: Nu = f(Re), ξ = f(Re) – а {ПРрс 1...3 [2, Kays...], ПРрс 4 [3, Журавлёва], ПРрз 5 [5, Евреинова], ПРгл 6...8 [2, Kays...], ПРгл 9 [3, Журавлёва], ПРгл 10 [5, Евреинова]}, в {ПРрс 1...4, ПРчш 5, ПРгл 6 [3, Журавлёва], ПРгл 7...9 [2, Kays...]}; $(Nu/Nu_{гл})/(ξ/ξ_{гл}) = f(Re)$, $Nu/Nu_{гл} = f(Re)$, $ξ/ξ_{гл} = f(Re)$ – б, г (группы парных ТП с турбулизацией и гладкоканальных см. в табл. 2 и 3)

течением в угловых зонах поперечного сечения канала. Поскольку отрицательное влияние угловых ламинаризованных зон на теплообмен тем больше, чем меньше угол между гранями канала, создание пластинчато-ребристых ТП с прямоугольными каналами, характеризующимися высоким значением параметра щелевидности h/u и осуществление в них интенсификации теплообмена наиболее рациональными способами представляется весьма целесообразным для улучшения показателей пластинчато-ребристых теплообменников различного назначения.

Рис. 7. Граница между ламинарным и турбулентным течениями в канале треугольного сечения, один из углов которого очень острый. Для определения границы течению была придана видимость дымовыми струйками [8, 554].

Анализ способов интенсификации конвективного теплообмена в каналах различной формы поперечного сечения с помощью искусственной турбулизации потока теплоносителя, а также получаемых при этом значений $(\Re')^{MAX}_{Re'_x}$ при $(К'_\xi)_{Re'_x} = 1$ показал, что теплоаэродинамическая эффективность пластинчато-ребристых ТП зависит от многих факторов: формы поперечного сечения канала, значений определяющих безразмерных геометрических характеристик l/d, δ/d, d*/d, h/u. Установлено, что в треугольных каналах сильно проявляется отрицательное влияние на теплообмен угловых ламинаризованных зон. В прямоугольных каналах при увеличении параметра щелевидности h/u отмеченное влияние выражено слабее.

Принимая во внимание выполненный анализ результативности способов ИКТ и величин оценок $(\Re')^{MAX}_{Re'_x}$ процессов РИКТ в прямоугольных каналах, а также известные результаты для круглого $(\Re')^{MAX}_{Re'_x} = 2.88$ [9] и треугольного $(\Re')^{MAX}_{Re'_x} = 1.46$ (не экспериментальное значение – получено экстраполяцией данных немногочисленных опытов [10]) каналов, можно высказать предположение, что для ПРрс ТП с прямоугольными каналами при определённых величинах основных безразмерных параметров значение оценки РИКТ будет больше, чем для ТП с треугольными каналами (вследствие меньшего отрицательного влияния на теплообмен угловых ламинаризованных зон) и меньше, чем для каналов круглой формы: $2.22 < (\Re')^{MAX}_{Re'_x} < 2.88$.

Результаты выполненного анализа позволили при планировании комплексных систематических экспериментальных исследований теплоаэродинамической эффективности пластинчато-ребристых ТА принять вихревую интенсификацию в пристеночном слое вследствие генерации управляемых отрывных течений при обтекании плохо обтекаемых тел (ТП с рассечёнными каналами).

Анализ результатов работ [2; 10] показывает, что получить надёжные научные оценки результатов ИКТ рассечением каналов используя опытные ТА, плоские трубки которых загромождают живое сечение аппарата, не удаётся. Толщины плоских трубок для каждого ТА определяются высотой гофров со стороны второго теплоносителя. Необходимо принципиально изменить подход к конструированию рабочего участка аэродинамической трубы, позволяющего надёжно измерять аэродинамическое сопротивление только в каналах ТП без учёта побочного влияния сопротивлений при входе в ТА и выходе из него.

Пластинчато-ребристые ТП для исследований в лабораторных условиях весьма затруднительно изготовить с необходимым соблюдением задаваемых малых размеров каналов. Эти трудности значительно снижаются с одновременным ростом качества результатов исследований при переходе к бо́льшим размерам каналов на уровне реально использующихся в ТП значений.

Ширина диапазонов изменения исследуемых параметров должна быть достаточной для исключения экстраполяции экспериментальных значений на области, выходящие за границы принятых интервалов значений при решении поставленных перед экспериментом задач.

Список обозначений

- ИКТ — интенсификация конвективного теплообмена;
- ПР — пластинчато-ребристая ТП теплообменника 2-го подкласса: конструкция типа «плоское ребро – плоское ребро» [R.L. Webb];
- ТР — трубчато-ребристая ТП теплообменника 1-го подкласса: конструкция «плоское ребро – труба» [R.L. Webb];
- ПРгл, ПРрз и ПРрс — пластинчато-ребристые ТП теплообменника 2-го подкласса: гладкоканальная, разрезная и рассечённая;
- ТРгл и ТПвк — трубчато-ребристые ТП теплообменника 1-го подкласса: гладкоканальная и с периодически расположенными поперечными выступами и канавками;
- РИКТ — рациональная интенсификация конвективного теплообмена;
- ТА и ТП — теплообменные аппарат и поверхность;
- A — расстояние между плоскими трубками (см. рис. 2.11, а), м;
- d и d^* — эквивалентные диаметры каналов ТП, соответственно, на гладких участках (ПРгл, ТРгл и ПРрс) и в самых узких (ТРвк) их сечениях, м;
- H — высота гладкоканальной или рассечённой пластинчато-ребристых ТП м;

Технические науки

h	–	высота некруглых каналов ПРгл, ТРвк, ПРрз и ПРрс или расстояние по фронту между плоскими стенками смежных плоскоовальных водяных трубок ТРгл и ТРвк ТП, м;
h/u и h/s	–	параметр щелевидности прямоугольного и треугольного каналов;
K	–	коэффициент теплопередачи, Вт/(м²·К);
$(K'_\zeta)_{Re'_x} = 1$	–	определяющий РИКТ комплекс $[(Nu/Nu_{гл})/(\zeta/\zeta_{гл})]'_{Re'_x = idem} = 1$ или
$(K'_\xi)_{Re'_x} = 1$		$[(Nu/Nu_{гл})/(\xi/\xi_{гл})]'_{Re'_x = idem} = 1$;
$(K''_\zeta)_{Re''_i} > 1$	–	определяющий РИКТ комплекс $[(Nu/Nu_{гл})/(\zeta/\zeta_{гл})]''_{Re''_i = idem} > 1$ или
$(K''_\xi)_{Re''_i} > 1$		$[(Nu/Nu_{гл})/(\xi/\xi_{гл})]''_{Re''_i = idem} > 1$;
L	–	общая длина каналов ТП по ходу воздуха, м;
l	–	длина гладких коротких каналов (рёбер) ПРрз, ПРрс, ТРвк ТП, м;
L/d	–	относительная глубина хода воздуха в каналах ТП;
l/d	–	параметр рассечения ПРрз, ПРрс ТП или относительная длина коротких гладких каналов ПРвк, ТРвк ТП;
$Nu_{гл}$ и Nu	–	критерии Нуссельта ТП гладкоканальных и с искусственной турбулизацией потока теплоносителя в каналах;
Re	–	критерий Рейнольдса;
$(\mathfrak{R}')_{Re'_i}$	–	оценки $(Nu/Nu_{гл})'_{Re'_i = idem}$ «i» текущих процессов РИКТ в интервале [Re'_{min}, Re'_{max}] при Re'_i;
$(\mathfrak{R}')^{MAX}_{Re'_x}$	–	максимальная величина оценки $[(Nu/Nu_{гл})']^{MAX}_{Re'_{i=x} = idem}$ процесса РИКТ в интервале [Re'_{min}, Re'_{max}] при Re'_x;
s	–	шаг рёбер, выступов, канавок, гофров, диафрагменных пережатий канала, спиралей и т.п., м;
t_1 и t_2	–	шаги установки плоскоовальных трубок по глубине и ширине сердцевины ТА, м;
u	–	расстояние между рёбрами или ширина канала, м;
α	–	коэффициент теплоотдачи, Вт/(м²·К);
δ	–	толщина (ребра, пластины) ТП или плоскоовальной трубки, м;
$\delta_п$	–	расстояние между вершинами двусторонних выступов-турбулизаторов ТРвк ТП, м;
$\zeta_{гл}$ и ζ	–	коэффициенты потерь давления на трение в ТП гладкоканальных и с искусственной турбулизацией потока в каналах;
$\xi_{гл}$ и ξ	–	коэффициенты общих потерь давления (вход, выход,

трение) в теплообменниках, соответственно, с ТП гладкоканальными и с искусственной турбулизацией потока в каналах.

ИНДЕКСЫ

′ и ″ — отвечают процессам РИКТ при $(К'_\zeta)_{Re'_i} = 1$ или $(К'_\xi)_{Re'_i} = 1$ и $(К''_\zeta)_{Re''_i} > 1$ или $(К''_\xi)_{Re''_i} > 1$;

б и м — большее и меньшее значения величины;

г — газ;

гл — гладкоканальная теплообменная поверхность;

ж — жидкость;

ТА и ТП — теплообменные аппарат и поверхность;

i — индексная переменная;

idem — одинаковый;

MAX — максимальное значение.

Значения других условных обозначений и индексов ясны из контекста

Литература (источники)

1. Справочник по теплообменникам: в 2-х т. / Пер. с англ.; под ред. О.Г. Мартыненко и др. – М.: Энергоатомиздат, 1987. – Т. 2. – 352 с.
2. Кэйс В.М. Компактные теплообменники / В.М. Кэйс, А.Л. Лондон. – М.: Энергия. – 1967. – 224 с.
3. Журавлёва И.Н. Исследование теплопередачи и гидравлического сопротивления пластинчато-ребристых теплообменников: автореф. дис. ... канд. техн. наук / И.Н. Журавлёва. – М. – 1967. – 26 с.
4. Васютин В.А. Экспериментальное исследование теплоотдачи и гидравлического сопротивления пластинчато-ребристых поверхностей теплообмена [Текст] / В.А. Васютин, И.Н. Журавлёва, И.П. Усюкин, В.А. Новиков // В сб.: «Техника низких температур»; под ред. И.П. Усюкина. – М.: 1975. – С. 100 – 112.
5. Евреинова В.С. Экспериментальное исследование теплообмена и аэродинамического сопротивления орошаемых воздухоочистителей [Текст] : автореф. дис. ... канд. техн. наук / В.С. Евреинова. – Л. – 1970. – 22 с.
6. Курылёв Е.С. Исследование теплоотдачи и гидравлического сопротивления продольно-оребрённых поверхностей / Е.С. Курылёв, А.М. Рамадан, В.С. Евреинова // Холодильная техника. – 1967. – № 9. – С. 38–41.
7. Дубровский Е.В. Метод относительного сравнения теплогидравлической эффективности интенсификации процесса теплообмена в каналах теплообменных поверхностей / Е.В. Дубровский, В.Я. Васильев // Теплоэнергетика. – 2002. – № 6. – С. 60–63.

8. Теория пограничного слоя: пер. с немецкого / Г. Шлихтинг // Главная редакция физико-математической литературы издательства «Наука». – Москва. – 1974. – 712 с.

9. Калинин Э.К. Интенсификация теплообмена в каналах [Текст] / Э.К. Калинин, Г.А. Дрейцер, С.А. Ярхо. – 3-е изд., перераб. и доп. – М.: Машиностроение. – 1990. – 208 с.

10. Воронин Г.И. Эффективные теплообменники / Г.И. Воронин, Е.В. Дубровский. – М.: Машиностроение. – 1973. – 96 с.

Федоров М.В.[1], **Васильева М.И.**[2]

[1] – инженер 1 категории Института физико-технических проблем Севера им. В.П. Ларионова СО РАН; e-mail: fedorov.83@mail.ru

[2] – кандидат технических наук; старший научный сотрудник Института физико-технических проблем Севера им. В.П. Ларионова СО РАН

ФРАКЦИОННЫЙ СОСТАВ И УДЕЛЬНАЯ ПОВЕРХНОСТЬ МОДИФИКАТОРОВ ТВЕРДОСПЛАВНЫХ МАТЕРИАЛОВ

В порошковой металлургии характерной особенностью является применение исходного сырья в виде порошков, которые формуются, затем проходят процесс спекания. При этом размер частиц является важнейшей технологической характеристикой. Насыпная плотность, давление прессования, усадка при спекании, механические свойства готовых изделий напрямую зависят от размера частиц порошков. Известно, что для улучшения эксплуатационных характеристик порошковых материалов эффективно применяются механические смеси промышленных порошков с различными модифицирующими добавками. В настоящее время наиболее перспективным является использование в качестве модификаторов промышленных порошков ультрадисперсных добавок тугоплавких металлов, карбидов, оксидов, нитридов и др. Результатом модифицирования такими порошками является получение мелкозернистой структуры, которая обеспечивает высокую износостойкость материалов инструментального назначения [1, 240; 2, 74]. Для модифицирования и упрочнения износостойких твердосплавных материалов инструментального назначения в работе используются:

- ультрадисперсные порошки шпинели $MgAl_2O_4$ и карбида кремния (производства Института химии твердого тела и механохимии СО РАН, г. Новосибирск);
- наноразмерные порошки оксида кремния «Таркосил» - Т20, Т50, Т80, Т110, Т150 (производства Института теоретической и прикладной механики им. С.А Христиановича СО РАН, г. Новосибирск);

В настоящей работе проведено исследование фракционного состава модифицирующих ультрадисперсных порошков методом малоуглового рассеяния на автоматическом рентгеновском дифрактометре с θ-θ гониометром Ultima IV фирмы Ригаку Алтима 4 (Япония); для анализа распределения частиц по размерам использовано программное обеспечение NANO-Solver. Исследования геометрических характеристик пористости материалов проведено с использованием метода непосредственного наблюдения металлографическими микроскопами и прибором СОРБИ-MS.

Ультрадисперсный порошок шпинели $MgAl_2O_4$ имеет основной химический состав с содержанием (в % масс.): MgO — 28,2; Al_2O_3 — 71,8; также присутствуют примеси железа, хрома, цинка, марганца. Карбид кремния (карборунд) SiC известен в двух модификациях, имеет слоистую структуру с гексагональной решеткой; компактные изделия из карбида кремния получают спеканием и горячим прессованием при высоких температурах. «Таркосилы» представляют собой частицы диоксида кремния, которые используются в качестве модификатора в наноиндустрии. На рис. 1 приведены функции распределения частиц порошков шпинели магния и «Таркосил» Т80. Как видно из графиков частицы порошка шпинели магния распределены в интервале ≈0-80 нм; функция распределения является несимметричной, наблюдается фракция частиц с более крупными размерами. Средний размер частиц порошков: шпинели $MgAl_2O_4$ составляет ~20 нм (рис.2 а); «Таркосил» Т80 составляет ~40 нм (рис.2 б); таким образом, порошковые материалы являются наноструктурным. А также определены средние размеры для других марок порошка «Таркосил».

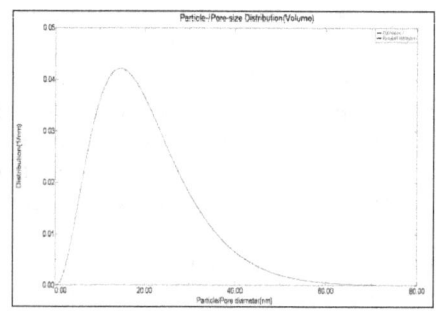 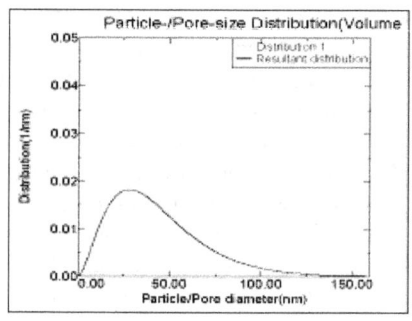

а   б

Рис.1 Функция распределения частиц ультрадисперсных порошков а - $MgAl_2O_4$; б - «Таркосил» Т80

Удельная поверхность является важной характеристикой, определяющей поведение порошкового материала при основных технологических операциях – прессовании и спекании, и возрастает с уменьшением размера частиц, усложнением формы и увеличением шероховатости поверхности. От удельной поверхности зависит содержание адсорбированных газов в порошке, стойкость к окислению и коррозии частиц.

В таблице 1 приведены сводные результаты измерения удельной поверхности порошковых материалов. Как видно из таблицы, наиболее развитую поверхность имеют порошки Таркосил Т150, Т20, Т80; наименьшая удельная поверхность наблюдается у порошка ВК8 и карбида кремния.

Таблица 1
Удельная поверхность порошковых материалов

Материал	Т20	Т50	Т80	Т110	Т150	$MgAl_2O_4$	SiC
Удельная	133,83	49,26	75,58	129,59	181,1	62,00	1,07

| поверхность, м²/г | ±8,03 | ±2,96 | ±4,53 | ±7,78 | ±10,87 | ±3,72 | ±0,06 |

На рис. 2 приведена зависимость удельной поверхности исследованных порошков от среднего размера частицы. Как видно из графика, для порошка «Таркосил» с уменьшением среднего размера частиц удельная поверхность существенно повышается.

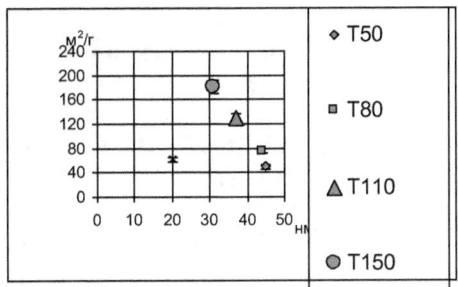

Рис.2 Зависимость удельной поверхности порошков от среднего размера частиц.

Заключение

1. Экспериментальным методом малоуглового рассеяния установлены функции распределения частиц модифицирующих порошков по размерам, уточнены средние значения размеров частиц шпинели магния ~20 нм; порошка «Таркосил»: Т50 - 45 нм; Т80 - 44 нм; Т110 - 37 нм; Т150 - 31 нм.

2. Экспериментальным методом БЭТ определены удельные поверхности модифицирующих порошков «Таркосил»: Т20 -133,83±8,03 м²/г, Т50 - 49,26 ±2,96 м²/г, Т80 - 75,58±4,53 м²/г, Т110 - 129,59±7,78 м²/г, Т150 - 181,1±10,87 м²/г; шпинели магния -62,00±3,72 м²/г; карбида кремния - 1,07±0,06 м²/г. По значениям удельной поверхности проведена оценка формы частиц модифицирующих порошков. Выявлено, что формы частиц модифицирующих порошков отражают особенности технологических процессов их получения.

ЛИТЕРАТУРА

1. Кипарисов С.С., Либенсон Г.А. Порошковая металлургия. М.: Металлургия, 1991. 432 с.
2. Винокуров Г.Г., Кычкин А.К., Васильева М.И., Суздалов И.И., Федоров М.В., Сивцева А.В. Исследование вольфрамокобальтовых сплавов с ультрадисперсными добавками для рабочих элементов буровой техники // Вестник Северо-Восточного Федерального Университета им. М.К. Аммосова. 2012. Т.9. №1. С.74-79.

Галкин А.Н.
аспирант
Руцкий Д.В.
доцент, кандидат технических наук
Зюбан Н.А.
профессор, доктор технических наук
Коновалов С.С.
аспирант
Волгоградский государственный технический университет (ВолгГТУ)
antaunnicklag@yandex.ru

ИССЛЕДОВАНИЕ РАСПРЕДЕЛЕНИЯ И ХИМИЧЕСКОГО СОСТАВА НЕМЕТАЛЛИЧЕСКИХ ВКЛЮЧЕНИЙ В СЛИТКЕ СТАЛИ 38ХН3МФА МАССОЙ 1,53 Т, ПОЛУЧЕННОМ С ИСПОЛЬЗОВАНИЕМ ПРИБЫЛИ-ХОЛОДИЛЬНИКА

Получение качественного металла для нужд тяжёлого машиностроения является приоритетной задачей современной металлургии стали. Процесс кристаллизации — важный этап формирования металла, т. к. именно этот этап сопровождается проявлением внутренних дефектов и химической неоднородности. Замедленная кристаллизация стального слитка в головной части, обусловленная утепляющей прибыльной надставкой, приводит к значительному перепаду углерода, серы и фосфора и, как следствие, механических свойств по высоте [1, 122]. Используя вместо классической утепляющей прибыльной надставки прибыли-холодильника, можно добиться ускорения вертикальной составляющей кристаллизации в 1,42 раза [2, 54], что также обеспечивает меньший градиент ликвирующих элементов [1, 90]. Однако в таких слитках имеет место значительное развитие усадочной раковины вглубь тела слитка, что не столь критично при применении их для полых заготовок.

Важным фактором, определяющим качество стального слитка, является распределение неметаллических включений (оксиды, сульфиды, оксисульфиды), которое напрямую зависит от скорости кристаллизации. Исследование распределения неметаллических включений проводилось в слитке стали массой 1,53 т, отлитом в изложницу с прибылью-холодильником (рисунок 1).

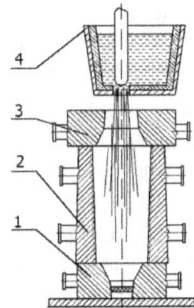

Рисунок 1. – Схема отливки слитков с захолаживающей прибыльной надставкой; 1 – поддон; 2 – изложница; 3 – захолаживающая прибыльная надставка; 4– разливочный ковш

Распределение оксидов, сульфидов и оксисульфидов по горизонтам и химический состав включений, исследованный на сканирующем микроскопе "Versa 3D" представлено на рисунке 2.

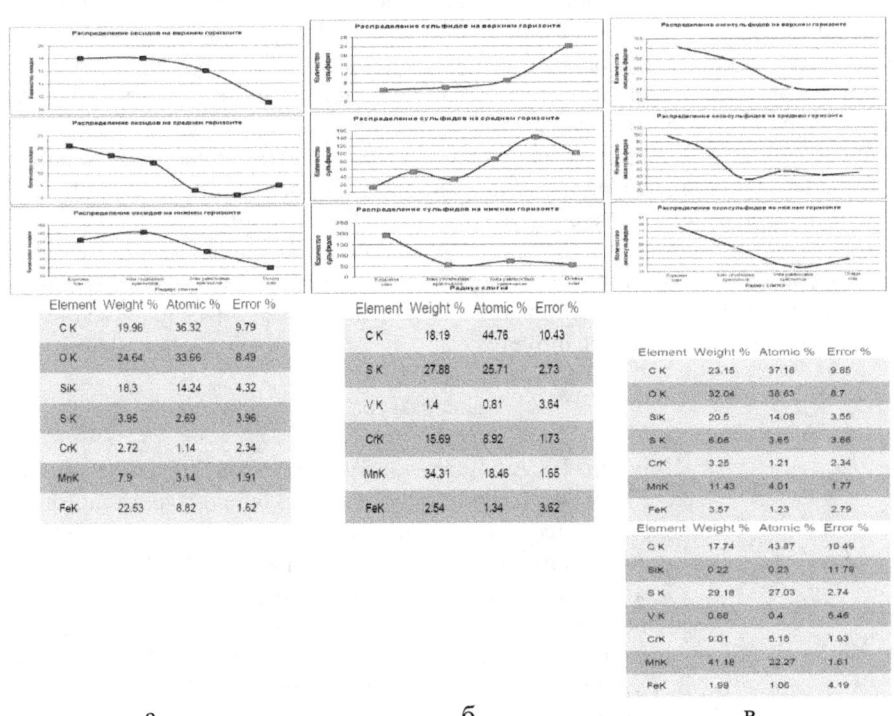

а б в

Рисунок 2 — Распределение неметаллических включений и их типичный химический состав в слитке стали 38ХН3МФА массой 1,53 т
а— оксиды, б — сульфиды, в — оксисульфиды

Представленные данные показывают, что на всех трёх горизонтах слитка (низ, середина, верх) распределение оксидов и оксисульфидов имеет практически идентичный характер, убывая от периферии к центру. Как видно из химического состава оксиды имеют в своём составе значительное количество кремния (18-20% по массе), что позволяет определить эти оксидные включения как силикаты, имеющие температуру плавления выше температуры плавления стали. Таким образом, они сами по себе являются подложками для образования твёрдой фазы, поэтому при выносе оксидов конвективными потоками в переохлаждённые периферические слои слитка они активно захватываются кристаллизующимся металлом.

В свою очередь оксиды также являются подложками для более легкоплавких, в сравнении с оксидами, сульфидов (по химическому составу MnS), обладающих меньшей температурой плавления. Но в переохлаждённом периферическом слое создаются условия для их выделения на оксидах и, как следствие, образования оксисульфидов.

Распределение сульфидов на среднем и верхнем горизонте обусловлено также температурой плавления, которая ниже температуры жидкой стали, благодаря чему сульфиды выносятся фронтом кристаллизации в осевую зону слитка. Необходимо отметить, что высокая концентрация крупных сульфидов в осевой зоне на среднем горизонте обусловлена смещением теплового центра слитка в подприбыльную область. В свою очередь очень высокая скорость кристаллизации на нижнем горизонте слитка создаёт условия для очень интенсивного захвата нарастающим металлом мелких сульфидных включений именно в периферической области. По мере роста твёрдой фазы и снижения теплоотвода процесс формирования и захвата сульфидных включений на нижнем горизонте стабилизируется.

Литература:

1. 1. Шамрей В. А. Исследование слитков с захоложенной верхней частью и их использование для производства полых поковок. Диссертация на соискание учёной степени кандидата технических наук. Волгоград, 2007. 146 с.
2. 2. Галкин А.Н. Влияние захолаживания головной части на условия кристаллизации стального слитка и качество полученных из него поковок / А.Н. Галкин, Н.А. Зюбан, Д.В. Руцкий, С.Б. Гаманюк, А.Я. Пузиков, В.В. Фирсенко // Металлург. — 2013. — №3 — с. 54-59.

Кокунова И.В.
доцент, кандидат технических наук,
Титенкова О.С.
аспирант
Стречень М.В.
ассистент
Федеральное государственное бюджетное образовательное
учреждение высшего профессионального образования
«Великолукская государственная сельскохозяйственная академия»
г. Великие Луки, Российская Федерация

РАСШИРЕНИЕ ТЕХНОЛОГИЧЕСКИХ ВОЗМОЖНОСТЕЙ МАШИН ДЛЯ ПЛЮЩЕНИЯ ТРАВ

Одним из технологических приемов, ускоряющим сушку скошенных трав в поле при заготовке кормов, является плющение стеблей. Этот процесс способствует выравниванию скоростей сушки отдельных частей растений, что особенно актуально для бобовых трав, так как нежные листья и соцветия растений к моменту подсыхания стебля до нужной влажности осыпаются. В результате чего наблюдаются значительные потери питательных веществ заготавливаемого травяного корма.

По данным института кормов плющение бобовых трав при благоприятных погодных условиях способствует ускорению процесса сушки трав в 1,3-1,5 раза, уменьшает потери сухого вещества в 1,5-2,0 раза, сырого протеина в 3-4 раза, каротина в 2-4 раза по сравнению с сушкой растений без такой обработки [3, с. 17].

Осуществляется плющение стеблей обычно при скашивании трав косилками-плющилками, которые укладывают обработанную растительную массу в волок или в прокос, в зависимости от конструктивных особенностей машин. Косилки-плющилки могут оснащаться двумя типами плющильных аппаратов – вальцовыми и бильно-дековыми. Вальцовые аппараты рекомендуются для обработки бобовых трав, а бильно-дековые, оснащенные активаторами динамического действия, – для злаковых растений, так как их активные рабочие органы приводят к обиванию листьев и соцветий бобовых культур, т.е. наиболее питательной части корма.

В последние годы стало развиваться новое направление в разработке технических средств для плющения трав. Появились машины, которые плющат стебли уже скошенных растений, а также могут проводить их повторное плющение. Такие машины получили название рекондиционеров, а повторное плющение трав часто называют рекондиционированием.

Широко применяются рекондиционеры в Канаде, США и Австралии, особенно при заготовке сена из толстостебельных культур. Лидерами в производстве таких машин являются канадские машиностроители. Компания AG Shilld выпускает рекондиционеры марки ReCon с различной шириной захвата. В зависимости от комплектации данные машины могут выполнять сразу несколько операций по кормозаготовке. Их плющильный аппарат не только расплющивает стебли растений, но и осуществляет подбор травяного валка с поля. Многолетний опыт работы с рекондиционером свидетельствует о том, что оборачивание валков и повторное плющение подвяленной массы значительно ускоряют время сушки трав в поле.

Аналогичную конструкцию имеет еще одна канадская машина Agway Accelerator компании Tubeline Manufacturing LTD. Подбор травяной массы и ее плющение осуществляют металлические ребристые плющильные вальцы. Однако в связи с их низким расположением над поверхностью поля возможен частичный захват почвы и камней вместе с обрабатываемым материалом, что загрязняет заготавливаемый корм и ухудшает его качество.

Вопросами разработки новых машин для кормозаготовки и совершенствованием существующих занимаются многие производители техники и научные учреждения разных стран. В результате работы, проводимой на кафедре сельскохозяйственных машин Великолукской государственной сельскохозяйственной академии, была разработана новая машина для плющения стеблей скошенных трав. Ее новизна подтверждается патентом на полезную модель RU 117772, 2012 г. Летом 2013 г. были проведены полевые испытания опытного образца машины.

Машина состоит из рамы, прицепного устройства, двух опорных пневматических колес, плющильного аппарата, отражателя, пружинного предохранительного устройства и чистиков. Плющильный аппарат машины имеет оригинальную конструкцию. Он включает в себя нижний и подпружиненный верхний ребристые плющильные вальцы, вращающиеся с одинаковой скоростью навстречу друг другу. Внутри нижнего плющильного вальца установлен механизм периодического выноса пальцев в двух взаимно перпендикулярных диаметральных плоскостях. Пружинные пальцы закреплены на смещенной оси [1, 338; 2].

В настоящее время для расширения технологических возможностей машины с целью снижения себестоимости производства травяных кормов и повышения их качественных показателей ведется работа по разработке различных вариантов сменных адаптеров, которые позволят выполнять одновременно несколько операций в зависимости от комплектации плющилки (рисунок 1).

Машина для плющения стеблей скошенных трав сможет выполнять следующие технологические операции:

- подбор и плющение травяной массы с оборачиванием валка, его смещением и укладкой на сухое место (при установке регулируемых дефлекторов, рисунок 1, а);
- подбор и плющение травяной массы с оборачиванием валка, его смещением и укладкой на сухое место (при установке поперечного валкообразующего транспортера с отражателем, рисунок 1, б), существует также возможность сдваивания валков;
- подбор валка, плющение травяной массы и ее разбрасывание по полю рыхлым слоем в случае попадания под атмосферные осадки (при установке центробежных активаторов, рисунок 1, в);
- подбор, плющение, вспушивание и укладка травяной массы в рыхлый, хорошо продуваемый валок (при установке активатора с пружинными сдвоенными пальцами, рисунок 1, г).

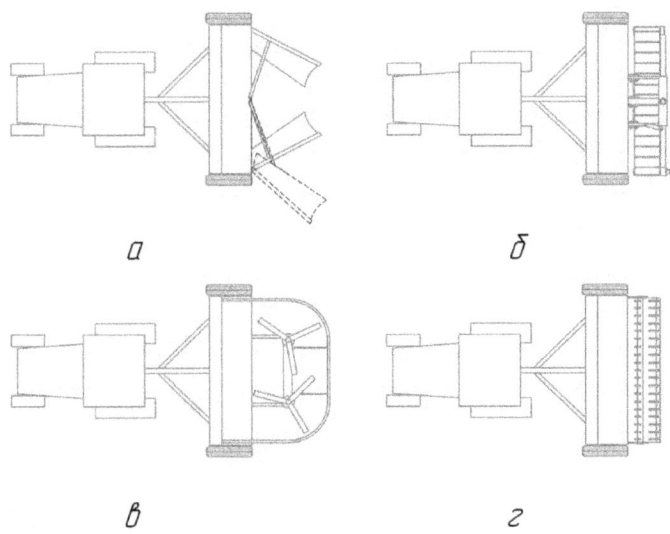

а – плющилка с регулируемыми дефлекторами; б – плющилка с поперечным транспортером и отражателем; в – плющилка с центробежным активатором; г – плющилка, оснащенная активатором с пружинными пальцами.

Рисунок 1 – Варианты комплектации плющилки сменными адаптерами

Новая универсальная машина для плющения стеблей скошенных трав с комплектом сменных адаптеров рекомендуется для заготовки различных видов стебельчатых кормов при реализации ресурсосберегающих технологий, в том числе и в регионах с нестабильными погодными условиями, где в период массовой кормозаготовки велика вероятность выпадения осадков. Машина позволяет не только интенсифицировать процесс сушки трав в естественных условиях, но и осуществлять одновременно несколько технологических операций за один проход агрегата по полю.

Литература

1. Кокунова, И.В. Новое техническое средство для заготовки стебельчатых кормов в сложных погодных условиях /И.В. Кокунова, М.В. Стречень //Научное обеспечение развития АПК в условиях реформирования: материалы междунар. научно-практ. конф. СПбГАУ. – СПб.: Изд-во Политехн. ун-та, 2013. С. 336-339.

2. Машина для плющения стеблей скошенных трав: патент на полезную модель 117772 Рос. Федерация: A01D 43/10 /И.В. Кокунова, М.В. Стречень, Р.Н. Смирнов; заявитель и патентообладатель Великолукская гос. с.-х. академия. – № 2011152362/15; заявл. 21.12.2011; опубл. 10.07.2012, Бюл. № 19.

3. Способы и технологические процессы заготовки высококачественного сена в условиях повышенного увлажнения /В.Д. Попов [и др.]. – СПб.: ГНУ СЗНИИМЭСХ Россельхозакадемии, 2012. – 72 с.

Анциферова И.В.
д.т.н., профессор
Макарова Е.Н.
аспирант
Пермский Национальный Исследовательский Политехнический
Университет
e-mail: katimak59@gmail.com

ИЗУЧЕНИЕ МЕТОДОВ ПРОИЗВОДСТВА НАНОЧАСТИЦ ДЛЯ ПРОГНОЗИРОВАНИЯ РИСКОВ ВОЗДЕЙСТВИЯ НАНОМАТЕРИАЛОВ НА ОКРУЖАЮЩУЮ СРЕДУ И ЗДОРОВЬЕ ЧЕЛОВЕКА

Сегодня в мире проблемы нанотоксикологии и биобезопасности используемых наноматериалов выходят на одно из первых мест по важности и, соответственно, по числу работ в этой области. Нанотоксикология изучает взаимодействие наноструктур с биологическими системами с целью выявления связи между физическими и химическими свойствами наноматериалов с индукцией токсического ответа в биологических структурах.

Частицы размерами от 1 до 100 нанометров (1 нм=10^{-9} м) обычно называют "наночастицами" (НЧ). В последние два десятилетия во всем мире быстрыми темпами развиваются технологии направленного получения и использования НЧ преимущественно металлов [1,9; 2,52].

Широко распространены НЧ и вомногих биологических объектах. Истинными мастерами нанотехнологий являються моллюски, морские ежи, звезды и диатомовые водоросли. Так, диатомовые водоросли содержат кремневую кислоту, которая благодаря белкам "полиаминам" создает частицы диоксида кремния размерами 50-900 нм, образуя диатомит. В 1867 г. А.Нобель обнаружил, что отложения этих водорослей поглощают нитроглицерин. Так был создан динамит, прославивший шведского ученого [2,53; 4,226; 5, 41].

Способы получения НЧ металлов сегодня продолжают интенсивно развиваться. В настоящее время известны два основных способа получения наноразмерных частиц [4,215]:

1) **физический**, который включает термическое испарение НЧ при обработке плазмой, лазером, электрической дугой и т.д., конденсацию исходного материала в вакууме, механохимическое диспергирование, электроэрозию, литографию;

2) **химический**, заключающийся в получении НЧ металлов методами: термического или радиационного восстановления металлсодержащих соединений, разложения при воздействии УФ, УЗ,

температуры или синтеза в обратных мицеллах, на границе раздела фаз или золь-гель метод.

Физические способы получения НЧ, заключающиеся в интенсивном тепловом или силовом воздействии на исходный материал, представляются наиболее перспективными, поскольку предопределяют получение НЧ с повышенным уровнем свободной энергии и более чисты по химическому составу.

Методы химического синтеза НЧ представляют собой подходы неорганического, металлорганического и органического синтеза с процессами гетерогенного фазообразования в коллоидных или подобных системах. Среди новых методов — метод биохимического синтеза. Он позволяет получать НЧ различных металлов в обратных мицеллах. Особенностью метода является использование нетрадиционных восстановителей — растительных пигментов из группы флавоноидов; это обеспечивает ряд преимуществ, важных для практического применения наночастиц металлов.

Методы исследования НЧ. Современная технология столкнулась с проблемой, связанной с возникновением аномальных свойств материалов при переходе от макрообъектов к наноразмерным. Возможность исследовать материю на наноуровне появилась благодаря сканирующей туннельной микроскопии, атомно-силовой микроскопии. Сегодня не существует единственного метода, способного решить все структурные проблемы, существующие в этой области; как правило, используют комплекс методов, чаще всего — AFM, XRD, EC-MC SEM, ICP-MS, SEC и ряд других [10,350; 12,328], позволяющих оценить физические свойства и размеры НЧ и их химический состав.

Физико-химические свойства. Интерес исследователей к наночастицам обусловлен появлением так называемых "квантовых размерных эффектов" [1,10; 4,302]. Эффекты вызваны тем, что с уменьшением размера и переходом от макроскопического тела к масштабам нескольких сот или нескольких тысяч атомов, плотность состояний в валентной зоне и в зоне проводимости резко изменяется, что отражается на физико-химических свойствах, обусловленных поведением электронов. Сегодня искусственно созданные НЧ часто выделяют в отдельную, промежуточную область, и нередко называют "искусственными атомами" [3,13].

Другим главным фактором, оказывающим влияние на физические и химические свойства малых частиц по мере уменьшения их размеров, является возрастание в них относительной доли "поверхностных" атомов, находящихся в иных условиях (координационное число, симметрия локального окружения и т.п.), чем атомы объемной фазы. Так как свойства поверхностных и внутренних оболочек НЧ различаются, это не позволяет считать их однородными. Глубина взаимодействия таких частиц с окружающей средой определяется двумя основными факторами: поверхностной энергией и природой химического вещества НЧ.

Эта специфика наноматериалов определяется известными законами квантовой физики. В наноразмерном состоянии можно выделить следующие физико-химические особенности поведения веществ [5,34; 6,2075; 7,218]:

1) увеличение химического потенциала веществ на межфазной границе высокой кривизны. Большая кривизна поверхности НЧ и изменение топологии связи атомов на поверхности приводит к изменению их химических потенциалов. Вследствие этого существенно изменяется растворимость, реакционная и каталитическая способность НЧ и их компонентов;

2) большая удельная поверхность наноматериалов. Очень высокая удельная поверхность (в расчете на единицу массы) наноматериалов увеличивает их адсорбционную емкость, химическую реакционную способность и каталитические свойства. Это может приводить, в частности, к увеличению продукции свободных радикалов и активных форм кислорода и далее к повреждению биологических структур (липиды, белки, нуклеиновые кислоты, в частности, ДНК);

3) небольшие размеры и разнообразие форм наночастиц. НЧ вследствие своих небольших размеров могут связываться с нуклеиновыми кислотами (вызывая, в частности, образование аддуктов ДНК), белками, встраиваться в мембраны, проникать в клеточные органеллы и тем самым изменять функции биоструктур;

4) высокая адсорбционная активность. Из-за своей высокоразвитой поверхности наночастицы обладают свойствами высокоэффективных адсорбентов, то есть способны поглощать на единицу своей массы во много раз больше адсорбируемых веществ, чем макроскопические дисперсии. Возможна также адсорбция на наночастицах различных контаминантов и облегчение их транспорта внутрь клетки, что резко увеличивает токсичность последних. Многие наноматериалы обладают гидрофобными свойствами или являются электрически заряженными, что усиливает как процессы адсорбции на них различных токсикантов, так и их способность проникать через барьеры организма;

5) высокая способность к аккумуляции. Возможно, что из-за малого размера наночастицы могут не распознаваться защитными системами организма, они не подвергаются биотрансформации и не выводятся из организма. Это ведет к накоплению НЧ в растительных и животных организмах, а также увеличивает их поступление в организм человека.

6) способность к агрегации. Первичные частицы могут быть в различной степени агрегированы и агломерированы, при этом, чем меньше средний размер первичных частиц, тем сильнее выражен эффект образования агрегатов и агломератов.

Известные к настоящему времени биологические эффекты НЧ металлов можно разделить на две большие группы: (1) биоцидное действие (то есть способность убивать живые организмы), зарегистрированное в основном в экспериментах на микроорганизмах, и (2) изменение функций живых организмов, проявляющееся на биологических объектах разных уровней организации, включая человека. Изменение функций под действием НЧ может быть как положительным, так и отрицательным. Иначе говоря, НЧ металлов могут оказывать как лечебный эффект, так и вызывать появление различных патологий. Возможности применения НЧ для диагностики и лечения различных заболеваний ныне активно изучаются и разрабатываются в новом направлении экспериментальной медицины, однако развитие любой новой технологии должно оцениваться с позиций безопасности. На сегодняшний день в мировой литературе уже накоплено много информации о том, что НЧ металлов могут вызывать серьезную патологию в живых организмах — "нанопатологию" [3,10; 8,39; 9,13; 10,346; 11,828].

Исследования токсичности НЧ металлов. Совокупность изложенных факторов свидетельствует о том, что НЧ металлов обладают совершенно иными физико-химическими свойствами, а следовательно иным биологическим действием на живые организмы. Поэтому оценка потенциального риска для здоровья человека и состояния среды обитания во всех случаях является обязательной.

Известно, что НЧ металлов могут проникать в организм человека различными путями: через слизистые оболочки дыхательных путей и пищеварительного тракта, трансдермально (например, при использовании косметических средств), через кровоток в составе вакцин и сывороток и т.д. Опасность распространения нанопатологий, хотя еще и не вполне осознана, но, несомненно велика уже сегодня, и, очевидно, будет нарастать в будущем. Выяснение причин патологического действия НЧ и разработка способов борьбы с заболеваниями, вызванными проникновением в организм НЧ, становятся сейчас предметом нового направления в экспериментальной медицине [3,10].

Высокая реакционная способность и малый размер (1-100 нм) позволяют им проявлять повышенное токсическое действие по отношению к биологическим организмам. Интенсивно развивающееся нанотехнологическое производство порошковых материалов требует рассмотрения вопросов безопасности и оценки рисков воздействия наноматериалов на человека и другие живые организмы.

Список литературы:

1. Анциферова И.В., Макарова Е.Н. Методологии оценки рисков наноматериалов и наночастиц (Передовые научные

разработки - 2012): матер. VIII Междунар. науч.-практ. конф. 28 августа – 5 сентября. Прага— 2012, Т.9. —С.8 —11.

2. Анциферова И.В., Макарова Е.Н. Наносвойства живой природы для производства наноматериалов (Новейшие научные достижения - 2012): матер. VIII Междунар. науч.-практ. конф. 17 марта – 25 марта. София. — 2012, Т.29. —С.51 —53.

3. Проданчук Н.Г. Нанотоксикология: состояние и перспективы исследований/ Н.Г Проданчук, Г.М. Балан //Современные проблемы токсикологии — 2009, №3 — 4. — С.4—18.

4. Магнитные наночастицы, методы получения, строение, свойства /С.П. Губин, Ю.А. Кокшаров, Г.Б.Хомутов, Г.Ю. Юрков //Научная сессия МИФИ. — 2007,Т.9. — С.210— 395.

5. Шуленбург М. Нанотехнологии. Новинки завтрашнего дня / М. Шуленбург. — Люксембург. Служба по официальным изданиям ЕС, 2006.-60с.

6. Magnetic iron oxide nanoparticles: synthesis, stabilization, vectorization, physicochemical characterizations and biological applications/ S. Laurent, D. Forge, M. Port [et al.]//Chem. rev., 2008. — Vol.108. — P. 2064 — 2110.

7. Silva G.A. Introduction to nanotechnology and its applications to medicine/ G.A. Silva //Surg. Neurol. — 2004. — Vol. 61.— P. 216 — 220.

8. Braydich_Stolle L., Cytotoxicity of nanoparticles of silver in mammalian cells/ L. Braydich_Stolle, S. Hussain, J. Schlager // Toxicological Sciences. — 2005. — Vol.3, №2. —P.38 — 42.

9. Silver nanoparticles: synthesis, dissolution and toxicity/ J. Diendorf, S. Kittler, C. Greulich [et al.] // Ukrainian_German Symposium on physics and chemistry of nanostructures and on nanobiotechnology, Book abstract, Crimea, 2010. — P.20.

10. Hasselov M. Nanoparticles and characterization methodologies in environmental risk assessment of engineering nanoparticles/ M. Hasselov, J.W. Readmen, J.F. Ranville, K. Tiede //Ecotoxicology. — 2008, №14. P.344 — 361.

11. Oberdorster G. Nanotoxicology:a emerging disciple evolingfro studies ofutrfineparticle/ G .Oberdorster , E.Oberdorster, J. Oberdoter //Env.ealth perspective. — 2005. — Vol. 113. — P.823 — 839.

12. Christian P. Nanoparticles: structure, properties, preparation and behavior in environmental media/ P. Christian, V. Kammer, P. Balousha [et al] //Ecotoxicology, 2008. — v.17. —P.326 — 343.

Сигачев Н.П.
д-р техн. наук, профессор, директор Забайкальского института
железнодорожного транспорта
Коновалова Н.А.
канд. хим. наук, доцент, Забайкальский институт
железнодорожного транспорта
Панков П.П.
аспирант, Забайкальский институт
железнодорожного транспорта

КРИОТРОПНЫЕ ПОЛИМЕРНЫЕ ГЕЛИ – НОВЫЕ МАТЕРИАЛЫ ДЛЯ ПРЕДОТВРАЩЕНИЯ И ЛИКВИДАЦИИ ДЕФЕКТОВ ЗЕМЛЯНОГО ПОЛОТНА ПРИ СТРОИТЕЛЬСТВЕ, РЕКОНСТРУКЦИИ И РЕМОНТЕ ЖЕЛЕЗНЫХ ДОРОГ

Основной задачей в части развития железнодорожной инфраструктуры является повышение надежности и безопасности ее технических средств, и в первую очередь железнодорожного пути. Одновременно с этим планируется повышение интенсивности воздействия на него в связи с увеличением среднего веса и длины грузового поезда, роста скоростей грузовых и пассажирских поездов.

Земляное полотно является одним из основных элементов железнодорожного пути, поэтому решение поставленных задач во многом зависит от его эксплуатационного состояния. Вместе с тем на значительной части Российских железных дорог земляное полотно построено уже более ста лет назад по техническим нормам, не отвечающим современным нагрузкам и скоростям движения, а поэтому в настоящих условиях требует усиления. Наличие деформаций и дефектов может приводить к повышенным расходам на содержание пути, снижает уровень безопасности движения поездов. Одной из главных причин, вызывающих необходимость усиления земляного полотна при росте интенсивности воздействия, является необеспечение его несущей способности, которое, прежде всего, вызвано дефектами и деформациями основной площадки и уменьшением устойчивости откосных частей насыпей. Анализ статистических данных по видам деформаций земляного полотна показывает [1, 5], что около 40% из них приходится на деформации основной площадки, а сплывы откосов высоких насыпей остаются одной из основных причин, вызывающих перерывы в движении поездов. Кроме того, северо-восточные регионы Российской Федерации характеризуются особыми условиями эксплуатации железных дорог. Определяющую роль здесь имеет фактор наличия вечной мерзлоты. Закономерность распространения мерзлых пород связана с широтной зональностью поступления солнечной радиации и проявляется в увеличении мощности и понижении среднегодовых температур мерзлых пород в направлении с юга на север и дифференциацией их в зависимости от абсолютной высоты местности, крутизны и экспозиции склонов, и с особенностями циркуляции атмосферы. В последнее десятилетие условия эксплуатации инженерных сооружений в зоне вечной мерзлоты, в том числе железных дорог, усложнились вследствие деградации вечной мерзлоты, связанной с общим потеплением климата. Это приводит к деформациям оснований и самих сооружений [2, 77; 3, 48].

К настоящему времени научными, проектными и строительными организациями накоплен большой опыт успешной реализации различных проектов строительства, в том числе глубинной обработки грунтов, что позволяет осуществлять мероприятия по повышению несущей способности грунтов в таких инженерно-геологических условиях, когда использование других средств практически невозможно [4, 95]. Известны составы для упрочнения грунтов, которые содержат наполнители, вяжущие и другие добавки. Укрепленный грунт имеет высокие прочностные характеристики, но в процессе эксплуатации происходит потеря прочности укрепленной грунтовой композиции, это, в свою очередь, нарушает стабильность сооружения, либо проблематично достигнуть оптимальной морозостойкости грунта, и поэтому данные составы не пригодны для использования в районах вечной мерзлоты. Кроме того, вопрос об экологической безопасности используемых химических материалов остается открытым.

Одним из перспективных направлений решения этой проблемы является использование криотропного полимерного материала, разработанного в Забайкальском институте железнодорожного транспорта совместно с Институтом химии нефти СОРАН (г. Томск). Криотропный полимерный материал по своей природе является - полимерным гелем, образующимся в результате замораживания и последующего оттаивания водного раствора полимера. Чем больше циклов замораживания - оттаивания испытывает материал, тем лучше становятся его механические свойства. Криогенное воздействие на систему полимер - вода позволяет в широких пределах варьировать свойства криотропного полимерного материала и видоизменять его макропористую структуру [5, 48], что делает возможным его использование для ликвидации дефектов земляного полотна.

Установлено, что уровень миграции с поверхности криотропного полимерного материала, в воздушную среду бензола, дибутилфталата, диоктилфталата, этилацетата, ацетона, метанола, винилацетата в заданных модельных условиях (при насыщенности 0,01 м^2/м^3, температуре воздуха +20^{0}С) создает в атмосферном воздухе концентрации, не превышающие среднесуточные (максимально разовые) предельно допустимые концентрации, установленные гигиеническими нормативами РФ.

Интенсивность запаха составов оценена в 0 баллов, при нормативе – не более 2 баллов. Вещества 1-го класса опасности для здоровья человека в воздушной среде, за счет миграции с поверхности составов, также не были обнаружены. Химические вещества, из которых изготовлен материал, не образуют групп суммации вредного действия в соответствие с гигиеническими нормативами ГН 2.1.6.1338-03.

Проведенными испытаниями установлено, что эффективная удельная активность радионуклидов в криотропном полимерном материале составляет 77,7 Бк/кг при нормативе не более 370 Бк/кг.

Таким образом, данный материал представляет большой интерес в научном и прикладном плане, что во многом обусловлено доступностью полимерного материала, превосходными механическими, диффузионными и теплофизическими свойствами, а также его нетоксичностью и отсутствием опасного воздействия на окружающую природную среду.

Литература

[1] Ланис А.Л. Использование метода напорной инъекции при усилении земляного полотна железных дорог // автореф. на соискание уч. степени канд. техн. наук. – М. – 2009.

[2] Алексеева О.И., Балобаев В.Т., Григорьев М.Н. и др. О проблемах градостроительства в криолитозоне // Криосфера Земли. – 2007. - №2. – С. 76-83.

[3] Шац М.М. Геоэкологические проблемы селитебных северных территорий // Теоретическая и прикладная экология. – 2009. - №3. – С. 46-51.

[4] Сигачев Н.П., Клочков Я.В., Коновалова Н.А. Применение полимерной грунтоукрепляющей смеси «Криогелит» в условиях Забайкальской железной дороги // Современные проблемы проектирования, строительства и эксплуатации железнодорожного пути: Тез. докл. - М.: 2013. - С. 95-96.

[5] Алтунина Л.К., Сваровская Л.И., Филатов Д.А., Фуфаева М.С., Жук Е.А., Бендер О.Г., Сигачев Н.П., Коновалова Н.А. Полевые эксперименты по применению криогелей с целью защиты от водной и ветровой эрозии // Проблемы агрохимии и экологии. – 2013. - №2. – С. 47-52.

Сигачев Н.П.
д-р техн. наук, профессор, директор Забайкальского института железнодорожного транспорта
Коновалова Н.А.
канд. хим. наук, доцент, Забайкальский институт железнодорожного транспорта
Непомнящих Е.В.
ассистент, Забайкальский институт железнодорожного транспорта

ВОЗМОЖНОСТЬ ИСПОЛЬЗОВАНИЯ ЦЕОЛИТСОДЕРЖАЩИХ ПОРОД ЗАБАЙКАЛЬСКОГО КРАЯ ДЛЯ ПРОИЗВОДСТВА ВСПЕНЕННЫХ СТЕКЛОКЕРАМИЧЕСКИХ ТЕПЛОИЗОЛЯЦИОННЫХ МАТЕРИАЛОВ

Современная строительная индустрия России испытывает большую потребность в экологически безопасных, дешевых, теплоизоляционных материалах. В связи с этим стоит вопрос о разработке альтернативных технологий изготовления пеноматериалов с замещением стеклопорошка природными алюмосиликатными породами, например цеолитизированными. Для успешной реализации таких производств сырье должно быть местным, легко добываемым, должно иметь широкую географическую распространенность, что позволит тиражировать производство. В Сибири и на Дальнем Востоке таким условиям отвечают цеолитсодержащие туфы [1, 16].

В производстве нового пеноматериала могут быть использованы некондиционные цеолитсодержащие породы (содержание цеолитов менее 50%), что в свою очередь решает проблему безотходной эксплуатации месторождений с соответствующим повышением их рентабельности и снижением техногенной нагрузки на окружающую среду за счет уменьшения горных отвалов [2, 33; 3, 34].

При получении пеностекла ставилась задача минимизировать или полностью исключить во вспенивающейся шихте экологически опасные флюсующие технологические добавки, такие как NaOH. Для базового состава использовался типовой состав с NaOH в качестве флюсующей добавки. С интенсивностью вспенивания этого состава сравнивали вспениваемость всех других составов. В качестве экологически безопасных флюсующих технологических добавок использовали кальцинированную соду. Увлажнение осуществляли водным раствором жидкого стекла.

Вспенивание составов с NaOH изучалось в качестве идеального процесса, позволяющего получать максимальное снижение температуры (до 650-700°C) с высокой интенсивностью порообразования и получать сверхлегкий гранулированный пористый материал с насыпной плотностью до 60 кг/м^3.

Химический состав туфа Холинского месторождения (Забайкальский край) определяли методом рентгено-флюоресцентного анализа.

Минеральный состав цеолитовой породы определяли методом порошковой дифрактометрии – Thermo Scientific X'Tra (излучение CuKa, 40 кВ, 40 мА) с привлечением для фазового анализа базы данных PDF-4. Порошковый дифракционный профиль туфа представлен на рис.1.

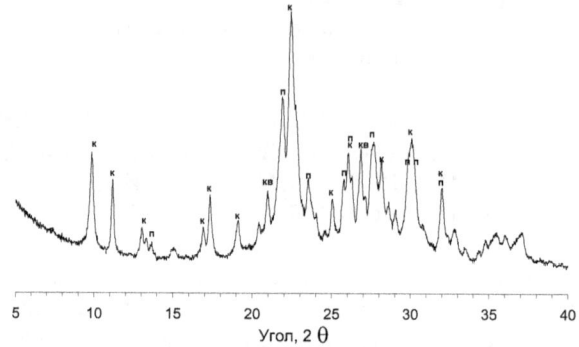

Рис. 1. Порошковый дифракционный профиль цеолитового туфа Холинского месторождения:
к – клиноптилолит; **п** – Ca-Na полевой шпат (плагиоклаз); **кв** – α-кварц.

По данным порошковой дифрактометрии минеральный состав туфа представлен рядом (по мере убывания): цеолит (клиноптилолит)>>Ca-Na полевой шпат (плагиоклаз)> смектиты> α-кварц.

По количественным рентгенофазовым определениям (дифрактометр ДРОН-3) концентрация клиноптилолита в туфе составляет 50-55 мас.%, а по данным ПЦЛ – 70-75 мас.%. Такое расхождение в содержании цеолита в туфе двумя методами объясняется скрыто кристаллической формой цеолитизации Холинского туфа, т.е. размер цеолитов в туфе находится за порогом рентгеновского определения. Такие образования цеолитов можно отнести к наноразмерным. Скрыто кристаллический характер цеолитизации туфа подтверждается также сканирующей электронной микроскопией.

Таким образом, для образования устойчивого расплава ячеистой структуры при формировании пеноматериалов химический состав цеолитизированных пород должен соответствовать составу, масс.% 56-71 SiO_2; 10-16 Al_2O_3; 0,5-3,5 Fe_2O_3; 0,7-5,2 CaO; 0,44-3,0 MgO; 0,7-5,0 Na_2O; 0,8-5,0 K_2O. Оптимальная вязкость расплава (105-107 Па·с) для образования устойчивой мелкопористой ячеистой структуры формируется при содержании суммы оксидов щелочных и щелочноземельных металлов в породе в пределах 7,5-10%. Нежелательными примесями в породе являются кальцит и минералы группы кремнезема – кварц и кристобалит. Кальцит приводит к образованию неустойчивых, быстро оседающих пен при температуре вспенивания, а при наличии в сырье высокого содержания кварца формируется высоковязкий невспенивающийся расплав. Оптимальным является отношение SiO_2/CaO не менее 12. Содержание кварца не должно превышать 30%. Чем выше закварцованность породы, тем больше должно быть оксидов щелочных и щелочноземельных металлов в породе. Для изготовления пористых строительных материалов из туфов при той же температуре, что и получение пеностекла по традиционной схеме производства (варка стекла, измельчение гранулята, смешивание с газообразователем и вспенивание при 800-900°С), необходимо разработать такие технологические процессы, в которых наиболее полно могли бы использоваться свойства цеолитов – основного минерала туфов.

Литература

[1] Савченков М.Ф. Цеолиты Сибири и Дальнего Востока: эколого-гигиенические аспекты // Сибирский медицинский журнал. – 2009. - №2. – С. 15-18.
[2] Казанцева Л.К., Белицкий И.А., Фурсенко Б.А., Васильева Н.Г. Конструкционно-строительный материал с низкой плотностью на основе цеолитсодержащих пород – сибирфом // Техника и технология силикатов. – 1995. – Т.2. - №3-4. – С. 32-37.
[3] Казанцева Л.К., Верещагин В.И., Овчаренко Г.И. Вспененные стеклокерамические теплоизоляционные материалы из природного сырья // Строительные материалы. – 2001. - №4. – С. 33-34.

Исаев И.А., Исаев П.А., Жуков В.И.
аспирант КГТУ; магистрант КГТУ; д.т.н., профессор КГТУ

ВЛИЯНИЕ ВИДА ГАРНИТУРЫ ЛЬНОЧЕСАЛЬНОЙ МАШИНЫ НА ПРОЦЕСС ЧЕСАНИЯ ТРЕПАНОГО ЛЬНА

В льняной промышленности для получения пряжи различных линейных плотностей перерабатывают трепаный лен, являющийся техническим комплексным волокном. Производится его чесание на льночесальных машинах и агрегатах. В результате чего происходит: очистка волокна от костры и покровных тканей, дробление крупных комплексных волокон на более мелкие, выделение коротких и слабых волокон в очесы, а также распрямление и параллелизация волокон. Эффективность чесания трепаного льна определяется количеством и качеством полученного чесаного льна. В процессе льночесания 40-60% волокна выделяется в очесы, которые имеют более низкую прядильную способность. Вследствие несовершенства данного процесса в очесы выделяется значительная часть волокон имеющих свойства близкие или равные свойствам чесаного льна.

В костромском государственном технологическом университете разрабатывается новая технология чесания трепаного льна с помощью гребней, имеющих иглы расположенные под углом к основанию [1].

Испытания проводились на льночёсальной машины Ч-302-Л. Процесс чесания осуществляется последовательностью гребней, следующих друг за другом, и имеющих наклон игл в соседних гребнях в разные направления.

Суть нового способа заключается в том, что в процессе чесания волокна двигаются по зигзагообразным траекториям относительно игл гребней (рис. 1б), т.о. они испытывают действие скользящего изгиба в направлении перпендикулярному движению гребней относительно волокон. Следовательно, при чесании, волокно по всей длине будет испытывать знакопеременные изгибающие деформации в поперечном направлении. Это приведет к нарушению внутренних связей между отдельными элементарными волокнами, что обеспечит улучшение процесса дробления волокна в продольном направлении.

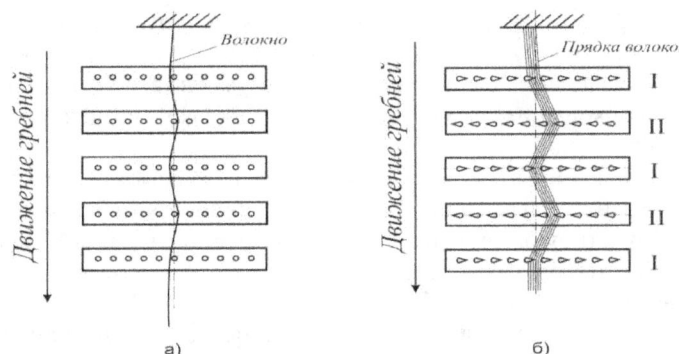

Рис.1 Процесс воздействия гребней различной конструкции на чесание волокна: а – гребни с иглами перпендикулярными к основанию; б – гребни с иглами наклонными к основанию

В процессе экспериментальных исследований было замечено, что количество волокон уходящих в очес значительно меньше при использовании гребней с наклонными иглами по сравнению с гребнями обычной конструкции. В данной ситуации можно выдвинуть предположение: результат, в виде уменьшения количества волокон уходящих в очес появился вследствие того, что произошло уменьшение количества обрывов волокон в процессе взаимодействия игл гребней с волокнами трепаного льна. Поскольку визуально наблюдать за этим процессом невозможно, то такое явление можно объяснить тем, что обрывы волокон происходят в тех случаях, когда одиночная игла гребня встречается с участком перепутанных волокон, например рис.2. При достижении усилия действия иглы на одно из волокон больше его прочности – оно должно оборваться и удалиться в очес. Если же в очес удаляется меньшее количество волокон, то это свидетельствует о том, что таких спутанных волокон оказывается меньше. По-видимому, уменьшение спутанности волокон является следствием функционирования способа чесания трепаного льна с помощью гребней с наклонными иглами.

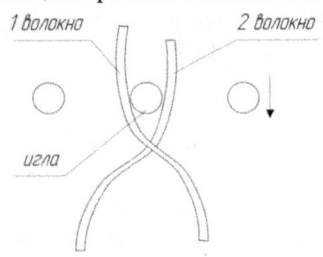

Рис.2 Воздействие иглы на волокно

Это действительно можно объяснить тем, что при прокалывании горсти волокон иглами, расположенными под углом к основанию, происходит попеременный сдвиг волокон в разные стороны перпендикулярно направлению движения гребней, что способствует их распутыванию и параллелизации.

При анализе процесса воздействия гребней на волокна трепаного льна установлено, что дробление в продольном направлении может происходить в результате четырех одновременно происходящих элементарных механических воздействий игл гребней на волокна [2,32].

Если в качестве выходного параметра процесса чесания трепаного льна принять «расщепленность», обозначив ее R, то ее результирующее значение можно представить в виде суммы частных результатов R_i, возникающих от элементарных механических воздействий, т.е. $R = \sum R_i$.

Каждый отдельно взятый элементарный механический процесс по дроблению технических волокон R_i вносит свой вклад в общий результирующий эффект с определенными долями, которые при расчете должны учитываться с определенными вероятностными функциями f_i. В таком случае выражение для описания функции расщепления в общем виде будет иметь вид [3,24]:

$$R = \sum f_i(X) \cdot R_i = f_p(X) \cdot R_p + f_u(X) \cdot R_u + f_{m.s}(X) \cdot R_{m.s} + f_{n.c}(X) \cdot R_{n.c} \quad (1)$$

где X – совокупность параметров (влажность, скорость рабочих органов, скорость чесания и т.д.).

В дальнейшем было выявлено еще одно механическое воздействие, а именно распутывание волокон, которое также влияет на процесс расщепления. Таким образом формула (1) приобретет вид:

$$R = \sum f_i(X) \cdot R_i = f_p(X) \cdot R_p + f_u(X) \cdot R_u + f_{m.s}(X) \cdot R_{m.s} + f_{n.c}(X) \cdot R_{n.c} + Д_p(X) \quad (2)$$

где $Д_p(X)$ – параметр дезориентация (распутывания) волокон.

При воздействии гребней, с иглами наклонными к основанию, на горсть, было замечено, что дезориентированные в продольном направлении волокна как бы раздвигаются в стороны, т.о. происходит распутывание льняного продукта. При этом выход волокна в очес резко сократился по сравнению с традиционным чесанием (воздействием гребней с обычными иглами) [4,267].

Вывод:
Установлено, что использование гарнитуры с наклонными иглами обеспечивает дополнительно, кроме увеличения расщепленности волокон, еще и распутывание льняных волокон в процессе чесания, что влечет в последующем повышение выхода чесаного льна.

Библиографический список

1. Устройство для чесания текстильных волокон. Патент РФ RU2336373 C2.Заявка 20.11.2006. Опубл.20.10.2008, бюл.№29.
2. Жуков В.И. Основы механики чесания льняных волокон и очистки их от костры / В.И. Жуков, В.В. Иваницкий // Вестник КГТУ. – 2006. – №13. С.32-34.
3. Совершенствование процесса чесания трепаного льна на льночесальных машинах и агрегатах. Иваницкий В.В. Дисс. канд. техн. наук. 05.19.02. КГТУ. Кострома. 2008.
4. Влияние вида гарнитуры и режимов обработки на процесс чесания трепаного льна. Исаев И.А., Жуков В.И. //Научные труды молодых ученых КГТУ / Костр. техн. универ. – Вып. 13. – Кострома: КГТУ, 2012. –267с.

Фатхуллин А.А., Ткачева В.Э.
к.т.н., старший научный сотрудник института «ТатНИПИнефть»
ОАО «Татнефть», г. Бугульма, ttzk@tatnipi.ru
к.т.н., доцент каф. технологии электрохимических производств, факультет химических технологий, Казанский национальный исследовательский технологический университет

ИССЛЕДОВАНИЕ ЭКСПЛУАТАЦИОННЫХ ХАРАКТЕРИСТИК ЭЛЕКТРОИЗОЛИРУЮЩИХ СОЕДИНЕНИЙ В ЛАБОРАТОРНЫХ И ПРОМЫСЛОВЫХ УСЛОВИЯХ

Для электрического разъединения участков трубопровода, одного трубопровода от другого или трубопровода от обсадной колонны и т. д., используются электроизолирующие соединения (ЭИС).

Электроизолирующие соединения позволяют: уменьшить рассеивание защитного тока протекторов защищаемого трубопровода; ограничить вредное влияние блуждающих токов, устранить возможности искрообразования [1].

Установка ЭИС между трубопроводами, один из которых подвергается внешним электрическим или электромагнитным полям (электрохимзащита, блуждающие токи и т.д.), при наличии значительных утечек через ЭИС по электропроводной жидкости может усилить скорость внутренней коррозии одного из трубопроводов в непосредственной близости от ЭИС.

Проблема внутренней коррозии возникает, вследствие того, что при электрическом разъединении трубопроводов, транспортирующих электропроводную жидкость, только один из которых имеет электрохимическую защиту, возникают токи утечки [1]. Схема утечки защитного тока по внутренней поверхности ЭИС представлена на рис. 1.

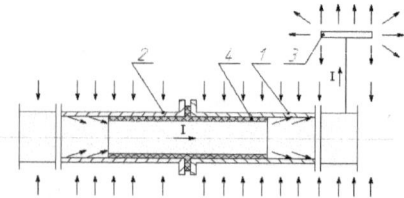

Рис. 1. Схема внутренней утечки защитного тока через ЭИС:
1 – защищаемый трубопровод;
2 – незащищаемый трубопровод;
3 – протектор или анодное заземление;
4 – изолирующая вставка

Рис. 2. Внутренняя коррозия со стороны незащищенных электрохимической защитой участков трубопровода

Защитный ток от протектора входит в незащищенный участок трубопровода и стремится к точке дренажа. Так как трубопровод электрически разъединен, то ток стекает по жидкости, что приводит к усилению внутренней коррозии незащищенного трубопровода. Пример внутренней коррозии со стороны незащищенного электрохимической защитой участка трубопровода представлен на рис. 2.

Поскольку внутренняя коррозия является основной причиной выхода из строя ЭИС, актуальными становятся исследования факторов, определяющих скорость этого процесса. Для проведения таких исследований разработана лабораторная установка, включающая в себя кювету, представляющую собой продольную половину полиэтиленовой трубы с герметизированными торцами [2].

В кювету заливают образцы сточной воды и устанавливают стальные электроды, изготовленные из элементов труб, которые имитируют анодную и катодную части ЭИС. В комплект установки входят: источник стабилизированного питания Б5-47; сопротивления, электроды сравнения и приборы для измерения силы тока и потенциала. Лабораторная установка позволяет моделировать коррозионно-электрохимические условия, реализующиеся внутри ЭИС при использовании их в системе протекторной защиты. Особенности систем протекторной защиты, такие как сопротивление трубопровода (R_{mp}), определяемое сопротивлением его изоляции, и сопротивление растекания протекторов (R_{np}) задаются значениями соответствующих сопротивлений (рис. 3).

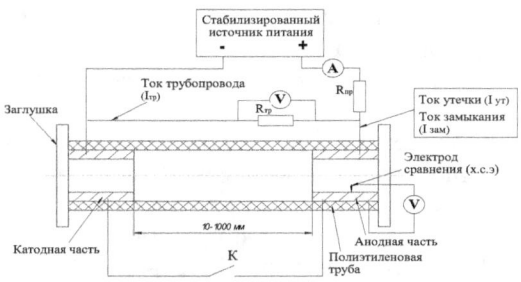

Рис. 3. Схема электрических соединений лабораторной установки: R_{mp} – сопротивление участка трубопровода, R_{np} – сопротивление растеканию протекторов, K – ключ – замыкатель

Воздействие протекторной защиты трубопроводов на внутреннюю поверхность ЭИС имитировали электрическим режимом пропускания тока между анодной и катодной частями установки, а потенциалы, реализующиеся на этих внутренних элементах, измеряли с помощью электродов сравнения. Исследования проводили в режиме стабилизации напряжения. Значение устанавливаемого напряжения соответствовало разности стационарных потенциалов протектора и трубопровода (U_{np} - U_m).

Результаты лабораторных исследований позволили:
- ввести понятие - коэффициент эффективности электроизолирующих свойств ЭИС;
- выявить влияние на эффективность работы ЭИС сопротивления трубопровода и сопротивления растеканию протектора;
- оценить влияние длины изолированной части на токи утечки и распределение потенциала по анодной (катодной) внутренним поверхностям конструкции ЭИС;
- установить особенности коррозионно-электрохимического поведения шовной и околошовной зоны сварного соединения.

Эффективность электроизолирующих свойств ЭИС характеризовали коэффициентом эффективности, который рассчитывали по формуле:

$$K_{эфф} = ((I_{зам} - I_{УТ}))/I_{зам}) \cdot 100\% \qquad (1)$$

где $I_{ут}$ – ток, затрачиваемый на незащищаемый трубопровод (ток утечки) $I_{ут} = I_{общ} - I_{тр}$; $I_{общ}$ – ток электрохимической защиты; $I_{тр}$ – ток, затрачиваемый на защищаемый трубопровод; $I_{зам}$ – ток электрохимической защиты при замкнутом ЭИС ($I_{зам} = I_{общ}' - I_{тр}'$).

Результаты расчета коэффициента эффективности показали, что его значения существенно зависят от характеристик элементов системы протекторной защиты трубопроводов. Пятикратное (с 2 до 10 Ом) изменение сопротивления трубопровода приводит к 13% уменьшению значения коэффициента эффективности. Еще большее влияние изменение сопротивления трубопровода оказывает на значение тока утечки ($I_{ут}$), которое определяет скорость внутренней коррозии ЭИС, оно возрастает семикратно.

К элементам системы протекторной защиты, которые могут оказать влияние на $K_{эфф}$, относится и сопротивление растекания протекторов. Так в рассмотренных условиях, при сопротивлении трубопровода 10 Ом изменение сопротивление растеканию протектора с 3 до 5 Ом приводит к изменению коэффициента эффективности с 84 до 82 %.

Результаты лабораторных исследований позволили оценить влияние на величину тока утечки длины изолирующей части ЭИС, а также сопротивлений трубопровода и растекания протектора. Полученные результаты свидетельствуют о том, что влияние сопротивлений $R_{тр}$ и $R_{пр}$ на значения токов утечки сопоставимо с влиянием длины изолированной части ЭИС.

Для проведения длительных испытаний ЭИС, позволяющих фиксировать во времени установление потенциалов внутренней поверхности ЭИС и оценивать влияние качества покрытия защищаемого трубопровода на эффективность ЭИС в промысловых условиях, построен промысловый стенд (рис. 4). Стенд состоит из подземного участка трубопровода диаметром 159 мм и длиной 1 м, по обе стороны от которого, на поверхности земли, устанавливаются ЭИС.

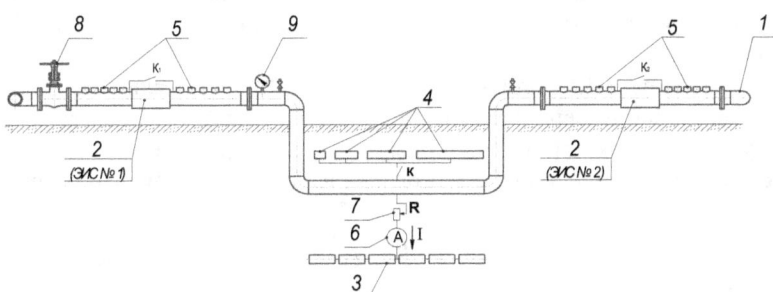

Рис. 4. Схема промыслового стенда: 1 - трубопровод; 2 - ЭИС; 3 - протектор ПМ 10У; 4 - имитаторы дефекта; 5 - узлы замера потенциалов; 6 - амперметр; 7 - реостат; 8 - секущая задвижка; 9 – манометр

Подземный участок стенда с качественной полиэтиленовой изоляцией имеет протекторную защиту. Протекторная группа состоит из шести протекторов марки ПМ-10У и соединяется с подземным участком стенда через добавочные сопротивления в контрольно-измерительной колонке. Для моделирования дефектов изоляции на подземном участке стенда, вдоль трубопровода монтируются специальные патрубки (имитаторы дефекта), которые соединяются с подземным участком стенда. Для измерения потенциалов внутренней поверхности с двух сторон от каждого ЭИС устанавливались узлы замера потенциала в количестве пяти штук. Потенциалы на внутренней поверхности измерялись с помощью хлоридсеребряного электрода сравнения.

При включении электрохимической защиты, как и следовало ожидать, потенциал со стороны незащищенного участка поверхности смещается в анодную область, со стороны защищенного участка – в катодную. При этом по мере удаления от ЭИС значения потенциалов поверхностей смещаются к своему стационарному значению.

При отсутствии имитаторов дефектов весь измеряемый ток ЭХЗ протекает через ЭИС, т.е. является током утечки. Измерив ток ЭХЗ при замкнутых ЭИС, и зная ток утечки, можно рассчитать коэффициент эффективности ЭИС по формуле 1. При подключении имитаторов дефектов часть защитного тока протекает через ЭИС, другая часть – через имитаторы дефектов. Поэтому сила тока ЭХЗ перестает совпадать с силой тока утечки. Для того, чтобы определить ток утечки, использовали измерения разности потенциалов между ближайшими к ЭИС узлами замера потенциалов, расположенными по разные стороны. Измерение этой разности потенциалов при отключенных имитаторах дефектов и измерение тока защиты в этих же условиях позволяет рассчитать сопротивление электролита в ЭИС. Зная это сопротивление (в рассматриваемом случае 2,77 Ом) и разность потенциалов в узлах замера потенциала, можно рассчитать ток утечки через ЭИС в случае подключения имитаторов дефекта.

Полученные результаты позволяют наблюдать влияние площади дефекта на коэффициент эффективности ЭИС - при ухудшении качества изолирующего покрытия защищаемого трубопровода значения $К_{эфф}$ возрастают (что совпадает с результатами лабораторных экспериментов).

ЛИТЕРАТУРА

1. Фатхуллин, А.А. Электроизолирующие соединения в системах электрохимической защиты: учеб. пособие / А.А. Фатхуллин, Р.А. Кайдриков, Б.Л. Журавлев, В.Э. Ткачева. - Казан. гос. технол. ун-т., Казань, 2011. – 132 с.
2. Фатхуллин, А.А. Эксплуатационные характеристики электроизолирующих соединений в системах протекторной защиты трубопроводов: дис. канд. техн. наук: 05.17.03: защищена 28.02.2012: утв. 23.07.2012 / Фатхуллин Альберт Атласович. – Казань, 2012. - 137 с.

Степанов А.С.
д-р техн. наук, доцент, stepas1955@mail.ru
Калина Р.А.
аспирант, redberry211@rambler.ru
Северо-Кавказский федеральный университет

ЭФФЕКТИВНОЕ РЕГУЛИРОВАНИЕ ПОТОКА РЕАКТИВНОЙ МОЩНОСТИ В ЛЭП ДЛЯ СНИЖЕНИЯ ПОТЕРЬ ЭНЕРГИИ

В работе [1,105] на основе уравнений длинной линии было получено расчетное выражение для определения потерь активной мощности в линиях электропередачи (ЛЭП):

$$\Delta P = \frac{P_2^2 + Q_2^2}{U_2^2} H_{Ia} + U_2^2 H_{Ua} + P_2 H_{Pa} + Q_2 H_{Qa} \qquad (1)$$

где P_2, Q_2, U_2 – активная и реактивная мощности и напряжение в конце электропередачи, а параметры H вычисляются по формулам:

$$\left.\begin{aligned} H_{Ia} &= \frac{Z_c}{2}\left(\operatorname{sh}2\beta L \cos\xi - \sin 2\alpha L \sin\xi\right) \\ H_{Ua} &= \frac{1}{2Z_c}\left(\operatorname{sh}2\beta L \cos\xi + \sin 2\alpha L \sin\xi\right) \\ H_{Pa} &= \operatorname{ch}2\beta L \cos^2\xi + \cos 2\alpha L \sin^2\xi - 1 \\ H_{Qa} &= \frac{\sin 2\xi}{2}\left(\operatorname{ch}2\beta L - \cos 2\alpha L\right) \end{aligned}\right\} \qquad (2)$$

Здесь: $\underline{Z}_c = Z_c(\cos\xi + j\sin\xi)$ – волновое сопротивление линии, L – длина ЛЭП, $\gamma = \beta + j\alpha$ - коэффициент распространения электромагнитной волны.

Как следует из уравнения (1), потери мощности в ЛЭП имеют два слагаемых, зависящих от потока реактивной мощности: одно – от квадрата Q_2, другое – пропорциональное Q_2. График зависимости потерь мощности ΔP от потока реактивной мощности Q_2 для ЛЭП 500 кВ при нагрузке P_2 = 500 МВт показан на рисунке 1.

Из этого графика следует, что имеется некоторое оптимальное значение потока реактивной мощности, отличное от нуля, при котором потери мощности в ЛЭП минимальны. Взяв производную от ΔP по Q_2 в уравнении (1) и приравняв ее к нулю, получим выражение для вычисления этого значения реактивной мощности:

$$Q_{2\text{опт}} = -U_2^2 \frac{H_{Qa}}{2H_{Ia}} \qquad (3)$$

Из выражения (3) следует, что оптимальный поток реактивной мощности не зависит от передаваемой активной мощности, а определяется только уровнем напряжения и конструктивными характеристиками ЛЭП.

Исследование влияния на значение $Q_{2опт}$ изменения удельных параметров ЛЭП (r_0, x_0, g_0, b_0) показало, что в рамках возможных пределов их изменения оптимальная реактивная мощность растет с ростом r_0 и b_0 и уменьшается с ростом x_0 и g_0.

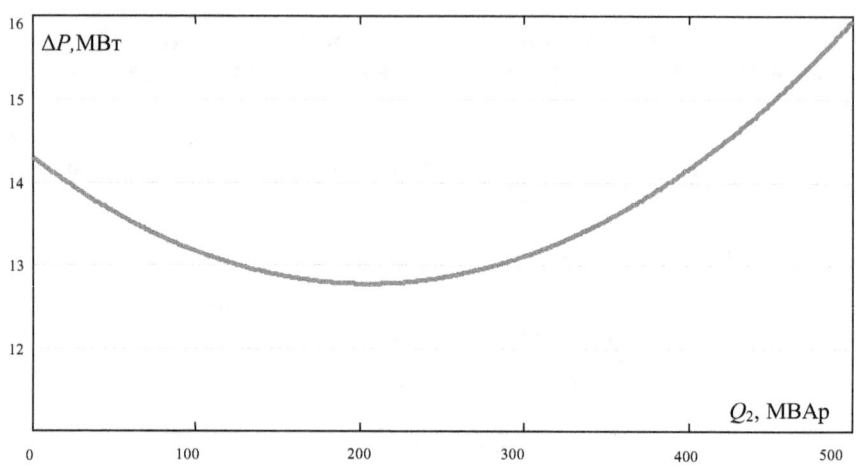

Рисунок 1 – Зависимость потерь мощности в ЛЭП 500 кВ от потока реактивной мощности

Для оценки эффективности поддержания в конце ЛЭП потока реактивной мощности на уровне $Q_{2опт}$ сравним этот режим с режимом полной компенсации реактивной мощности в конце ЛЭП, т.е. с режимом, характеризующимся значением $Q_2 = 0$.

Если в уравнение (1) вначале подставить значение $Q_2 = 0$, а затем – выражение для $Q_{2опт}$ из (3) и вычесть из первого результата второй, то получится выражение для разницы в потерях мощности между двумя рассматриваемыми режимами:

$$\delta P = \Delta P_0 - \Delta P_{опт} = U_2^2 \frac{H_{Qa}^2}{4H_{Ia}} \qquad (4)$$

Из уравнения (4) следует, что выигрыш в потерях мощности оптимального режима по сравнению с режимом полной компенсации не зависит от передаваемой активной мощности, а, как и величина $Q_{2опт}$, определяется только уровнем напряжения и конструктивными характеристиками ЛЭП.

В таблице приведены данные расчетов рассмотренных в данной работе параметров для ряда ЛЭП разного номинального напряжения [2,78].

Таблица – Расчетные данные для ЛЭП

$U_{ном}$, кВ	Марка провода	L, км	$Q_{2опт}$, МВАр	$δP$, МВт
35	АС-70	30	0,05	0,000025
110	АС-240	80	1,35	0,0014
220	АС-240	120	7,54	0,017
330	2хАС-240	300	58,4	0,535
500	3хАС-300	500	224,4	3,03
750	4хАС-500	1000	851,1	13,98

Рассмотренные выше свойства потока реактивной мощности и его влияние на потери активной мощности в ЛЭП делают актуальным решение задачи управления этим потоком с целью минимизации потерь мощности и энергии. Как видно из данных, приведенных в таблице, оптимальное управление линиями электропередачи напряжением 330 – 750 кВ может обеспечить существенный эффект в снижении потерь мощности и энергии. Очевидно, что устройства, способные обеспечить управление потоком реактивной мощности с целью минимизации потерь, должны создаваться на принципах, характерных для так называемых «гибких линий» [3,1].

ЛИТЕРАТУРА

1. Степанов А.С., Маругин В.И., Степанова А.А. О составляющих потерь мощности в линиях электропередач // Вестник СевКавГТУ.- 2010.- №3 (24).- С.105-108.
2. Справочник по проектированию электрических сетей / Под ред. Д.Л. Файбисовича.- М.: Изд-во НЦ ЭНАС, 2006.- 352 с.
3. Narain G. Hingorani, Laszlo Gyugyi. Understanding FACTS. Concepts and Technology of Flexible AC Transmission systems. – John Wiley & Sons Ltd., Publication, 1999. – 428 с.

Зюбан Н.А. - профессор, доктор технических наук
Руцкий Д.В. - доцент, кандидат технических наук
Коновалов С.С. - аспирант
Волгоградский государственный технический университет (ВолгГТУ)
E-mail: konovalov_ss1988@mail.ru

ОСОБЕННОСТИ ФОРМИРОВАНИЯ НЕМЕТАЛЛИЧЕСКИХ ВКЛЮЧЕНИЙ В ЗОНЕ ВНЕОСЕВОЙ ЛИКВАЦИИ КРУПНОГО СТАЛЬНОГО СЛИТКА

Затвердевание стали является сложным процессом, управление которым обеспечивает возможность повышения качества металла слитка и эксплуатационных характеристик готовой продукции. Во время затвердевания образуется большая часть дефектов, многообразие которых обусловлено одновременным протеканием множества физико-химических явлений при высоких температурах, а при большом объёме затвердевающей стали - ещё и в течение длительного времени. Одним из трудно устранимых дефектов является внеосевая ликвационная неоднородность, которая проявляется в виде участков повышенной травимости, сопровождающихся пористостью, называемых «шнурами внеосевой ликвации», и резком снижении вязкости разрушения металла в самих этих участках и прилегающих к ним зонах [1, 47]. Неконтролируемое развитие ликвационной неоднородности может привести к разрушению ответственных крупногабаритных изделий в процессе эксплуатации.

Внеосевая ликвация образуется в результате избирательной кристаллизации и перераспределния ликвирующих примесей (в основном углерода, серы, фосфора) перед продвигающимся фронтом кристаллизации и закреплении обогащённых примесями участков в кристаллизующемся металле с образованием «шнуров» [1, 51]. Высокое содержание примесей вызывает формирование большого количества неметаллических включений, расположенных преимущественно в теле «шнура». Некоторые из них достигают значительных размеров порядка 100 мкм. Количественное и качественное исследование неметаллических включений в указанной дефектной зоне позволит определить теплофизические условия их формирования, что в свою очередь поможет оценить кинетику образования самого «шнура» внеосевой ликвации с целью создания действенных и не требующих больших затрат методов снижения развития химической неоднородности крупного стального слитка.

Объектом исследования являлся слиток конструкционной хромоникельмолибденовой стали массой 24,2 т, отлитый в вакуумной камере в восьмигранную изложницу. После затвердевания слитка и соответствующей термической обработки из него была вырезана продольная осевая плита толщиной 25 мм, которая разрезалась на более мелкие темплеты с целью подробного изучения (рисунок 1). Исследование неметаллических включений в зоне внеосевой ликвации проводилось на нетравленом полированном образце размером 100×100 мм, отобранном из подприбыльной части слитка, с помощью оптического микроскопа. Поперёк ликвационного шнура были выбраны три секущие, вдоль которых при 500-кратном увеличении проводился количественный и качественный анализ неметаллических включений и пористости в соответствии с ГОСТ 1778-70.

Рисунок 1 – Макроструктура слитка массой 24,2 т (слева) и последовательность вырезки образца для исследования неметаллических включений в шнурах внеосевой ликвации (справа)

Результаты исследования показали наличие в шнурах внеосевой ликвации включений трёх видов: сульфидов, оксидов и оксисульфидов. Больше всего было обнаружено сульфидов, представленных эвтектикой FeS·(Fe, Mn)S, имеющим преимущественно глобулярную форму и размеры до 60 мкм. Индекс загрязнённости сульфидами в теле ликвационного шнура достигает значений 0,04, что практически в 3 раза превышает значение того же параметра для окружающего литого металла исследуемой зоны. Количество сульфидов при приближении к шнуру внеосевой ликвации возрастает с достижением максимума в его теле, затем резко уменьшается. Установлено, что обнаруженные сульфиды относятся к III типу, что свидетельствует о формировании их в междендритных пространствах тела шнура, сильно переобогащённых ликвирующими примесями, затвердевающими в последнюю очередь.

Самыми крупными исследуемыми включениями являлись оксисульфиды (Fe, Mn)O·FeS·(Fe, Mn)S, которые представляют собой тугоплавкие оксиды в сульфидной оболочке. Их размеры изменяются от 20 до 100 мкм. В пределах ликвационного шнура оксисульфиды имеют немного вытянутую форму, что связано с преимущественным направлением собственных дендритных осей 1-го порядка в теле шнура на тепловые центры затвердевающего слитка. Распределение оксисульфидов аналогично распределению сульфидов.

Оксиды в области внеосевой ликвации встречаются достаточно редко. Загрязнённость исследуемого металла оксидами в десятки раз меньше, чем загрязнённость сульфидами. Это связано с тем, что оксиды являются тугоплавкими соединениями, и большая их часть захватывается продвигающимся фронтом кристаллизации на начальных этапах затвердевания или оседает в донной части жидкого ядра слитка. Исследуемые оксиды характеризуются малым размером (до 10 мкм), глобулярной формой и случайным расположением в литом металле. Большинство оксидов представлены силикатами железа и марганца (FeO, MnO)·SiO$_2$. Следует отметить особенность обнаруженных силикатов, состоящую в явлении расстеклования, что связано с длительностью процесса затвердевания в указанной дефектной зоне. Количественное распределение оксидов противоположно распределению сульфидов и характеризуется наименьшими значениями, а иногда и полным отсутствием, в теле ликвационного шнура.

Исследование пористости металла в шнурах внеосевой ликвации и прилегающих объёмах показало наличие в теле дефекта множества равномерно распределённых, однонаправленных пор малого размера с острыми краями, что говорит об их усадочном происхождении.

Все полученные результаты свидетельствуют о том, что тело ликвационного шнура, сильно обогащённое легкоплавкими примесями, затвердевает позже окружающего его металла. Таким образом, подтверждается наличие термодинамического скачка в процессе продвижения фронта кристаллизации при формировании ликвационных шнуров.

Литература:

1. Жульев, С.И., Зюбан, Н.А. Производство и проблемы качества кузнечного слитка: монография / ВолгГТУ. – Волгоград, 2003. – 168 с.

Ковалева А.А.
аспирант «Башкирского государственного педагогического университета им. М. Акмуллы»
E-mail: kovaleva-88@inbox.ru

Саитов Р.И.
директор института профессионального образования и информационных технологий БГПУ им. М. Акмуллы, д.т.н., профессор
E-mail: saitovri@mail.ru

ПОВЫШЕНИЕ ТОЧНОСТИ ИЗМЕРЕНИЯ ВЛАЖНОСТИ СЫПУЧИХ МАТЕРИАЛОВ СВЧ - МЕТОДОМ

Одним из факторов, влияющих на точность измерения влажности СВЧ-методом, является неоднородность материала как по фракционному составу, так и по влажности.

Известные пути уменьшения неоднородностей материала как измельчение (размол), уплотнение не обеспечивают требуемую точность в заданном диапазоне измерений и, как следствие, унификацию влагомеров. Еще одна из возможностей уменьшения влияния неоднородности материала путем увеличения толщины образца, ограничена требованием обеспечения измерений в заданном диапазоне измерений.

Для обеспечения измерений в широком диапазоне измерений нами разработан СВЧ-влагомер с расширенным диапазоном измерений [1] в котором материал облучается в двух взаимно-перпендикулярных направлениях. Толщины образца в этих направлениях выбираются для разных поддиапазонов измерений, что позволяет преодолеть указанное ограничение.

Другой предложенный нами способ уменьшения случайной погрешности, обусловленной неоднородностью материала, основан на использовании многократных измерений с последующим усреднением результатов. Способ может быть применен для независимых случайных величин, распределенных по нормальному закону и при равноточных измерениях. При большом числе измерений гипотеза о нормальности распределения результатов наблюдений обычно выполняется. Равноточность измерений при использовании одного инструмента в определенных условиях также выполняется. Для обеспечения независимости результатов наблюдений необходимо перед каждым наблюдением либо перемешать, либо перезагрузить образец в измерительной камере. Для исключения этих манипуляций, нами предложен способ измерения влажности сыпучих материалов [2], в котором материал помещается в цилиндрическую кювету, расположенную горизонтально между антеннами СВЧ-тракта. При измерениях кювета вращается, а материал под действием собственного веса перемешивается, при этом за один оборот кюветы осуществляются многократные (N) наблюдения. Результат измерения определяется как среднее арифметическое. При этом погрешность Δ от рассматриваемого фактора при доверительной вероятности 0,95 составляет

$$\Delta = t_{0.95} \frac{\sigma(W_i)}{\sqrt{N}} \qquad (1)$$

Где $t_{0,95}$ - коэффициент Стьюдента, $\sigma(W_i)$ – среднеквадратическое отклонение результатов многократных наблюдений, N – количество наблюдений.

Так как для обеспечения надежного перемешивания кювета заполняется не полностью, появляются дополнительные погрешности из-за явления дифракции. Для определения влияния степени заполнения измерительной камеры и расчета ее параметров нами разработана математическая модель преобразователя, инвариантного к рассматриваемому фактору.

Рассмотрим модель цилиндрической измерительной камеры первичного преобразователя с переменным объемом, заполненным влажным материалом (рис.1).

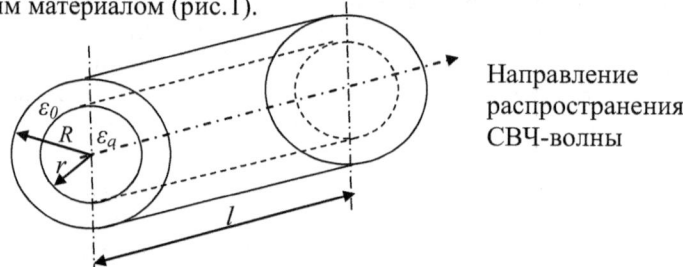

Направление распространения СВЧ-волны

Рис.1. Модель измерительной камеры первичного преобразователя.

В модели будем рассматривать заполнение материала в предполагаемом цилиндре радиуса r.

Математическая модель для прямоугольной камеры нами была построена и исследована ранее [2]. По аналогии для цилиндрической камеры получено выражение ослабления СВЧ-энергии:

$$A = 10 \lg \left(1 - \frac{2\pi\gamma_{\mathfrak{z}} r + 2\pi\gamma_0 (R-r)}{\omega_p [\varepsilon_a r + \varepsilon_0 (R-r)]} \right) \qquad (2)$$

где $\gamma_\mathfrak{z}$, γ_0 — удельные электрические проводимости материала и воздуха соответственно, См/м, ε_0, ε_a — абсолютная диэлектрическая проницаемость воздуха и среды соответственно, Ф/м, ω_p – резонансная частота поля, 1/с.

Подставив в выражение (2) резонансную частоту

$$\omega_p = \frac{1}{\sqrt{\varepsilon_a \mu_a}} \sqrt{\left(\frac{\eta_{mn}}{r}\right)^2 + \left(\frac{p\pi}{l}\right)^2} \qquad (3)$$

где μ_a — абсолютная магнитная проницаемость материала, Гн/м, для основного электрического типа волны E_{010} ($m=0$, $n=1$, $p=0$), учитывая, что корень Бесселевой функции $\eta_{01} = 2{,}405$, получим

$$A = 10 \lg \left(1 - \frac{0{,}831 r \sqrt{\varepsilon_a \mu_0} [\pi \gamma_{_9} r + \pi \gamma_0 (R-r)]}{[\varepsilon_a r + \varepsilon_0 (R-r)]} \right) \qquad (4)$$

Продифференцируем выражение (4) по R, и определим изменение ослабления при изменении радиуса камеры на ΔR. При этом положим, что $\gamma_0 = 0$, т.к. $\gamma_{_9} \gg \gamma_0$.

$$\Delta A = -7{,}22 \frac{\pi \gamma_{_9} \varepsilon_0 r^2 \sqrt{\varepsilon_a \mu_0} \Delta R}{[\varepsilon_a r + \varepsilon_0 (R-r)]^2 - 0{,}831 \pi \gamma_{_9} r^2 \sqrt{\varepsilon_a \mu_0} [\varepsilon_a r + \varepsilon_0 (R-r)]} \qquad (5)$$

Тогда погрешность измерения влажности составит

$$\Delta W = -7{,}22 \frac{1}{S_w} \frac{\pi \gamma_{_9} \varepsilon_0 r^2 \sqrt{\varepsilon_a \mu_0} \Delta R}{[\varepsilon_a r + \varepsilon_0 (R-r)]^2 - 0{,}831 \pi \gamma_{_9} r^2 \sqrt{\varepsilon_a \mu_0} [\varepsilon_a r + \varepsilon_0 (R-r)]} \qquad (6)$$

где S_w - чувствительность метода к влажности, дБ/%

Анализ выражения (6) показывает, что при увеличении радиуса камеры (R) указанная погрешность уменьшается и при $R \to \infty$ $\Delta W \to 0$.

Следовательно, для любой величины изменения радиуса заполнения кюветы r можно найти такое значение радиуса кюветы R, при котором погрешность не превысит допустимую.

По полученной математической модели на ЭВМ рассчитаны значения погрешности измерения для R от 50 мм до 150 мм при постоянной разнице (R-r) = 40мм. Результаты расчетов показали возможность технической реализации предлагаемого способа повышения точности измерения влажности сыпучих материалов, т.к. уже при $R \geq 80$мм относительная погрешность от рассматриваемого фактора снижается до 1%, что вполне приемлемо.

Список использованной литературы

1. Саитов Р.И., Исматуллаев П.Р., Гринвальд А.Б., Икрамов Г.И., Смольков В.И., Балякин С.Н. Автоматический СВЧ-влагомер. А.С. СССР №1312457, 1987.
2. Саитов Р.И. СВЧ-влагометрия сельскохозяйственных продуктов. Уфа, «Гилем», 2009, с. 61, 63-67.

УДК 621.74.019

Пустовалов Д.О.
инженер кафедры Материалы, технологии и конструирование машин, Пермский национальный исследовательский политехнческий университет, pustovalov.dmitrii@inbox.ru
Яковлев А.Д.
магистрант группы ТЛП-13м-1 каф. МТиКМ
Овчинников А.М.
магистрант группы ТЛП-13м-1 каф. МТиКМ

ВЛИЯНИЕ ВСЕСТОРОННЕГО ГАЗОВОГО ДАВЛЕНИЯ НА ГОРЯЧЕЛОМКОСТЬ ОТЛИВОК

Непрерывный рост технического уровня литейного производства и широкое внедрение передовых технологических процессов позволяет получать отливки повышенной точности с различной конфигурацией и размерами. Однако качество отливок не всегда удовлетворяет требованиям развития современного машиностроения.

Потери от брака и затраты на исправление дефектов все еще очень велики. Основными причинами брака отливок являются горячие трещины, газовые и усадочные раковины, причем горячие трещины являются одним из наиболее распространенных и трудноустранимых литейных дефектов.

Одним из факторов, определяющих склонность отливки к образованию горячих трещин, является деформационная способность сплава в температурном интервале хрупкости в твердо - жидком состоянии. Поэтому для уменьшения горячеломкости отливок следует в большинстве случаев увеличивать пластичность сплава в интервале температур образования этого дефекта.

Всестороннее газовое давление способствует увеличению пластичности сплава в начальный период формирования отливки, когда предел текучести материала затвердевающей корки еще очень низок и соизмерим с величиной прилагаемого давления газа.

При заливке сплава в металлическую форму газовое давление, создаваемое в автоклаве, воздействует на жидкий металл только через участки отливки, не контактирующие с формой [1].

В данной работе было произведено первоначальное моделирование процесса заливки и затвердевания образца при различном всестороннем давлении. Моделирование производилось в программном комплексе ProCast.

На первом этапе провели моделирование образца согласно с пробой Трубицина, но вместо разовой песчано-глинистой формы использовали металлический кокиль. В ранее опубликованных работах была выявлена закономерность снижения горячеломкости на данных образцах при повышении давления до 5 атм. Исследования при давлении свыше 5 атм.

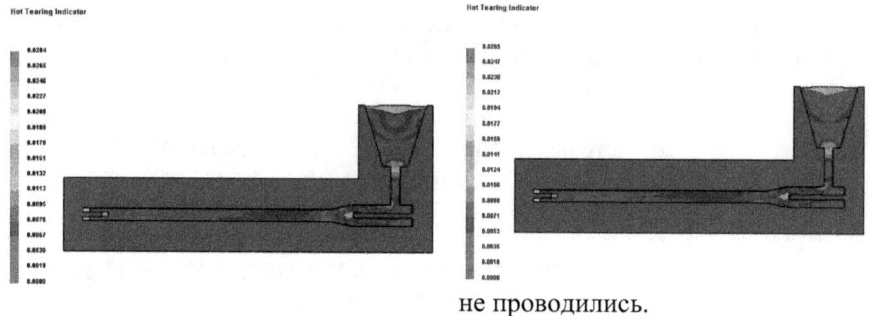

не проводились.

а б

Рис. 1. Результаты моделирования образца: а) при всестороннем газовом давлении 1 атм.; б) при всестороннем газовом давлении 5 атм.

Соотношения результатов моделирования и полученных данных в работе [2] показало, что программный комплекс ProCast дает принципиальное понятие о снижении горячеломкости при повышении давления до 5 атм. Следующим этапом стало моделирование процесса заливки и кристаллизации при всестороннем газовом давлении в 10 атм.

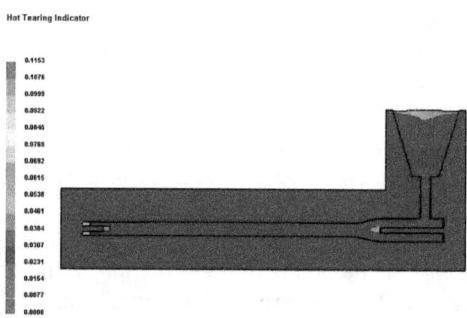

Рис. 2. Результаты моделирования образца при всестороннем газовом давлении 10 атм

По результатам моделирования при 10 атм. Вероятность образования горячих трещин стала столь мала, что программный комплекс ProCast не показал зон образования горячих трещин. Таким образом, можно сделать выводы, что: всестороннее газовое давление свыше 5 атм. может оказать положительное влияние на снижении горячеломкости сплавов, и также применение программного комплекса ProCast допустимо для моделирования данных процессов, в связи с тем, что результаты моделирования совпадают с экспериментальными данными полученными ранее.

Список литературы:

1. Развитие прогрессивных процессов литья. Тезисы докл. IX научно-тех. конф. литейщиков Запад. Урала. Г. Пермь, 1974. С. 16-17. (Пермское обл. правл. НТО Машпром, ППИ).
2. Свойства сплавов и технология специальных способов литьяз. Сб. науч. тр. № 168/ППИ/ г. Пермь, 1975. С. 153-159

Филатов Р.И.

Брянский государственный технический университет, г. Брянск, Россия
filatov.bstu@gmail.com

АВТОМАТИЗИРОВАННАЯ СИСТЕМА ДИАГНОСТИКИ КРИВОШИПНОГО ПРЕССА НА БАЗЕ АКСЕЛЕРОМЕТРА

Сложно, наверное, оценить какую роль играет в современной жизни компьютер. Сказать что важную, это практически ничего не сказать. Компьютеры проникли во все сферы деятельности человека, начиная с начального образования и заканчивая изучением новейших технологий, изучения новых видов материи, неизвестных пока человечеству. Применение компьютерных технологий облегчает процесс образования в средних и высших учебных заведениях как самих учеников, студентов, так и рабочего персонала.

Большую роль компьютерные технологии играют в медицине, создаются различные виртуальные модели развития заболеваний, создаются огромные базы информации на основании которых изобретаются новые препараты для лечения.

Компьютер сегодня является средством для общения, а сама связь на данный момент самая дешевая. Для людей с ограниченными возможностями порой это единственный способ не только общения, но и благодаря современным компьютерным технологиям такие люди могут себя реализовать, получить работу [1, 19].

Для соединения функциональных частей в компьютере (например, для подключения жестких дисков, оптических дисководов и других узлов к материнской плате) нередко применяют шлейфы (IDE, SATA и др.). На концах шлейфа находится блок контактов (соединитель), которым он соединяется с устройством.

Электрические соединители используются во многих технических системах: не только в ПК, но и в технологическом оборудовании, летательных аппаратах, офисной технике, бытовой технике и т. п. Основанное назначение электрических соединителей это обеспечение надежного электрического контакта между соединяемыми блоками системы. Одним из основных конструктивных элементов электрического соединителя является контакт, имеющий весьма небольшое сечение.

Контакты изготавливаются из металлической ленты путем штамповки ее на кривошипном прессе, синхронизированном с конвейером. Кривошипный пресс - машина с кривошипно-ползунным механизмом, предназначенная для штамповки различных деталей. Рабочей частью (инструментом) кривошипного пресса является штамп, неподвижную часть которого крепят к столу, подвижную - к ползуну пресса.

Кривошипный пресс является неотъемлемой частью при изготовлении различных деталей, для их штамповки, для работы с металлическим поверхностями посредством холодного воздействия. Такое оборудование является неотъемлемым оборудованием мастерских, заводов. Стоит отметить, что на сегодняшний день наиболее распространенным типом прессов для использования на различных металлообрабатывающих производствах является именно такое оборудование. Кривошипный пресс выполняет конкретные поставленные задачи и основными из них являются вырубка, обрезание, продавливание, пробивка и иные операции, которые приравниваются к холодной штамповке. Основным элементом данного пресса является ползун, который и выполняет все вышеперечисленные функции, за счет того, что осуществляет движение возвратно-поступательного характера. Способность выполнять подобное движение приходит к ползуну посредством преобразований вращательных движений двигательной системы.

За счет движения ползуна, приходит в движение штамп, который является именно исполнителем всех операций кривошипного пресса. Конструктивно штамп выполнен из двух составляющих, одна из которых является подвижной, которая еще называется пуансон. Вторая часть штампа остается неподвижной, и называется матрицей.

Матрица прикреплена к столу, на который затем подается листовое железо, а на ползуне закреплен верхний элемент штампа, который приводится в движение за счет ползуна, выполняющего движения «вперед-назад» [2, 22].

Учитывая растущие производственные мощности, тенденцию к минимизации электроники и её компонентов в частности, а так же увеличение скорости производства, необходим контроль над производственным оборудованием.

Так как верхняя плита кривошипного пресса перемещается по 4 вертикальным направляющим, со временем происходит износ подшипников качения, обеспечивающих перемещение верхней плиты со штампом. Из-за этого плита смещается в горизонтальной плоскости в сторону износа. Исходя из того, что размеры штампуемых контактных ножек весьма малы, даже небольшой износ одной направляющей кривошипного штампа может привести к повреждению детали до 20% и, следовательно, к браку всей серии.

Для предотвращения повреждений необходима своевременная диагностика оборудования.

Предлагаемая система характеризуется универсальностью в рамках кривошипных прессов. Система состоит из аппаратной и программной части. В аппаратную часть входят акселерометр, устанавливаемый на боковую поверхность верхней подвижной плиты кривошипного пресса, и лазерный дальномер, который так же устанавливается рядом с акселерометром для большей универсальности. Акселерометр отвечает за измерение отклонения верхней плиты пресса от горизонтали в пространстве через углы наклона относительно нормалей. Так как в процессе измерения акселерометра появляется накапливающаяся погрешность, необходимо обнулять значения координаты вертикальной оси. Для этого и применяется лазерный дальномер, измеряющий текущее положение датчика относительно нижней плиты пресса, являющейся для него конструкторской базой.

В программной части рассчитываются геометрический центр подвижной плиты; смещение лазерного дальномера от общей горизонтали верхней плиты; смещение подвижной плиты по осям, исходя из имеющейся информации о углах отклонения и положения относительно вертикальной оси. Вся информации поступает непрерывно в персональный компьютер, где отрисовывается график среднестатистического отклонения, проекции плиты по осям и расчётное время износа подшипника или направляющей. При превышении допустимой погрешности выдаётся оповещение о том, что дальнейшая работа кривошипного пресса может привести к браку серии изделий.

Список литературы:

1. Гук М. «Аппаратные средства IBM PC» – СПб: «Питер», 1997.
2. Игнатов А. А. Кривошипные горячештамповочные прессы, М., 1953

Андреева Л.М.
аспирант, ФГБОУ ВПО «Астраханский государственный технический университет»,
Квятковская И.Ю.
д.т.н., проф., ФГБОУ ВПО «Астраханский государственный технический университет»

РАЗРАБОТКА МОДЕЛЕЙ И АЛГОРИТМОВ АВТОМАТИЗИРОВАННОГО ПРОЕКТИРОВАНИЯ СИСТЕМ КОНТРОЛЯ КАЧЕСТВА ОБУЧЕНИЯ В ВЫСШИХ УЧЕБНЫХ ЗАВЕДЕНИЯХ

В процессе обучения обязательным элементом является определение уровня подготовленности обучаемых. Под данным термином понимается уровень обученности и совокупность навыков по соответствующим областям знаний. В настоящее время существуют различные методики и способы оценивания знаний студентов, среди них: контрольные и самостоятельные работы, экзамены и зачёты и др.

Особую популярность среди них приобрело тестирование. Использование тестирования позволяет повысить точность и объективность оценивания, а так же ускорить данный процесс. Для того, чтобы тестирование было наиболее эффективным, необходимо, чтобы тест был составлен в соответствии с определёнными правилами, с применением научных методик составления и математического аппарата обработки результатов.

С развитием информационных технологий появилась возможность создания систем автоматизированного тестирования. Данные системы должны обеспечивать эффективное оценивание уровня знаний, а также уменьшение нагрузки преподавателя на получение надежных итогов контроля и анализа полученных результатов. Однако во многих современных тестирующих системах из них существуют различные неточности и недоработки методического и содержательного характера, что отрицательно сказывается на качестве обучения. Одной причиной данной ситуацией является недостаточный системный анализ проблем объекта исследования.

В рамках данной работы было принято решение о проектировании и создании автоматизированной обучающей тестовой системы с обратной связью. Обратная связь носит обучающий характер, т.е. после прохождения тестирования обучаемому должен быть предоставлен список ошибок, их анализ (в каких областях имеются пробелы в знаниях) и рекомендации по их исправлению в дальнейшем.

В качестве модели тестирования была взята адаптивная модель, т.е. вариант автоматизированной системы тестирования, в которой заранее известны параметры трудности и дифференцирующая способность каждого задания. Следующее тестовое задание зависит от ответа на предыдущее, изменяется его сложность: если испытуемый выбрал правильный ответ, то сложность увеличивается, в противном случае уменьшается или остаётся прежней. Прежде, чем попасть в банк, каждое задание проходит эмпирическую апробацию на достаточно большом числе типичных учащихся интересующего контингента. Система адаптивного тестирования собирает информацию об обучающихся и на основе их индивидуальных характеристик и адаптирует тест к потребностям конкретного пользователя. Таким образом, данное тестирование позволяет за меньшее количество тестовых заданий определить истинный уровень знаний тестируемого.

В данном тестировании можно использовать различные типы тестовых заданий, включая: задания на выбор одного или нескольких правильных ответов (закрытой формы), задания в открытой форме, задания на установление правильной последовательности и задания на установление соответствий. Каждое из них имеет свой уровень сложности и, соответственно, время на его решение - например, задание закрытой формы сложнее задания на установление правильной последовательности. Так же в заданиях закрытой формы нужно учесть вероятность угадывания правильных ответов.

В связи с этим одним из распространённых вопросов тестового контроля является оценка результатов. В ходе исследования был сделан вывод, что в современных системах используются простейшие системы оценивания, которые основаны на подсчёте правильных и неправильных ответов либо на присвоении каждому заданию весового коэффициента или определённого количества баллов. На результаты тестирования не влияет уровень усвоения, оценивание зависит от составителя теста, который выступает экспертом в своей предметной области. Таким образом, данное тестирование не лишено субъективизма. Во многих системах не предусмотрен этап формирования набора тестовых заданий - каждое последующее задание в основном выбирается из базы данных путём случайного выбора.

Таким образом, наиболее эффективная автоматизированная тестовая система должна:
- содержать информационную модель предметной области, составленную экспертами в данной области,
- иметь адаптивную процедуру оценки знаний испытуемого;
- учитывать неточные и частично правильные ответы;
- содержать средства для количественного оценивания результатов тестирования.

Так же разрабатываемая программа должна соответствовать следующим требованиям:

- простота интерфейса программы;
- большая тестовая база;
- быстрая обработка результатов тестирования;
- возможность запоминания результатов (что означает возможность применения для контрольного тестирования);
- возможность редактирования тестовых заданий;
- создание отчётов.

Помимо основных требований возможны дополнительные (защита от несанкционированного доступа к вопросам теста, возможность применения в разных предметных областях и др.).

На данном этапе научной работы были построены бизнес-процессы и диаграммы вариантов использования, развёртывания и состояния, также спроектированы логическая структура модели адаптивного тестирования.

Литература

1) В.С. Аванесов «Основы педагогической теории измерений», журнал «Педагогические измерения» - Общество с ограниченной ответственностью "Научно-исследовательский институт школьных технологий", 2008 г.

2) Беспалько.В.П., Татур Ю.Г. Системно-методическое обеспечение учебно-воспитательного процесса подготовки специалистов. - М.: Высшая школа, 1989. - 143 с.

3) Рудинский И.Д. Основы формально-структурного моделирования систем обучения и автоматизации педагогического тестирования знаний. - Горячая линия -Телеком, 2004г., 202 стр.

Тагильцев-Галета К.В.
аспирант, ФБГОУ ВПО «Сибирский государственный индустриальный университет», г. Новокузнецк

МАТЕМАТИЧЕСКАЯ МОДЕЛЬ ИДЕНТИФИКАЦИИ НАЛИЧИЯ НЕДРОБИМОГО МАТЕРИАЛА В КАМЕРЕ ДРОБЛЕНИЯ ЩЕКОВОЙ ДРОБИЛЬНОЙ МАШИНЫ С ПОСТУПАТЕЛЬНЫМ ДВИЖЕНИЕМ ЩЕКИ

Дробилки (в том числе и щековые) используются в составе дробильно-сортировочных комплексов, состоящих из питателя, предварительных грохотов, дробильного отделения и грохотов для разделения фракций продукта дробления. Так как дробильно-сортировочный процесс является непрерывным, остановка одного элемента неизбежно приводит к остановке всего комплекса. Аварийный выход из строя щековой дробилки может быть вызван в том числе и попаданием в камеру дробления недробимого материала. Для предотвращения подобных аварий и длительной остановке дробилки используют различные предохранительные устройства. Например, применяется распорная плита с ослабленным сечением, однако они часто ломаются без видимых перегрузок, а не только при попадании в камеру дробления недробимых предметов. Также используются пружинные предохранители.

Существует дробилка, состоящая из корпуса с закрепленными на нем щеками, при этом подвижная (приводная) щека закреплена под некоторым углом α к вертикали и осуществляет поступательное движение [1], неприводная щека расположена вертикально и удерживается в таком положении упором и пружинным предохранителем, который позволяет щеке отклоняться при попадании в камеру дробления недробимого материала (рисунок 1). Для идентификации наличия недробимого материала в камере дробления и определения комплекса необходимых мероприятий по его извлечению необходимо установить зависимость угла отклонения неподвижной щеки (β) от размера недробимого куска (d).

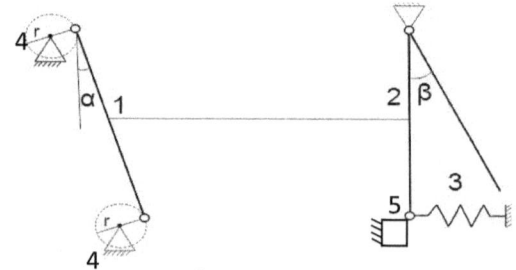

1 — приводная щека, 2 — неприводная щека, 3 — пружинный предохранитель, 4 – кривошипы, 5 - упор.

Рисунок 1 — Кинематическая схема дробилки

При разработке математической модели необходимо учитывать, что все точки подвижной щеки удаляются от своего крайнего начального положения до крайнего конечного на одинаковое расстояние (2r).

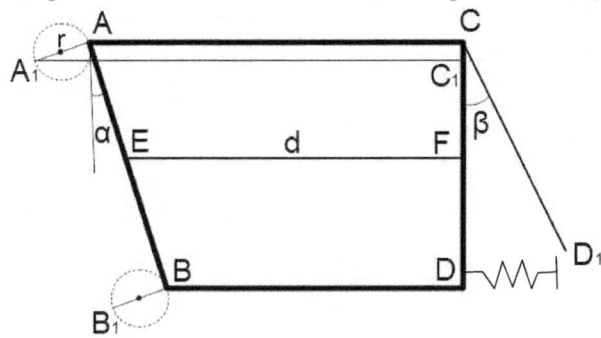

Рисунок 2 – Расчетная схема дробильной машины с поступательным движением подвижной щеки.

Вследствие того, что подвижная щека отклонена на некоторый угол α, обеспечивающий захват дробимого куска, точка A_1 расположена ниже, чем точка А. Из данного обстоятельства очевидно, что точка опоры недробимого куска максимального диаметра (C_1) будет также находиться ниже точки С (рисунок 2). Расстояние C_1C рассчитывается следующим образом:

$$C_1C = A_1A = 2r*\sin α \qquad (1)$$

Угол β при данных условиях:

$$β_{нач} = arctg(2r*\cos α/ C_1C) = arctg(\cos α/ \sin α) = π - α \qquad (2)$$

так как щека движется поступательно, то формула для вычисления угла β примет следующий вид:

$$β = arctg(2r*\cos α/ (C_1C+n)) \qquad (3)$$

где n – расстояние от точки C_1 (при максимальном размере недробимого куска) до точки контакта недробимого куска с неподвижной щекой (F).

$$n = A_1E* \cos α \qquad (4)$$
$$A_1E* \sin α = A_1C_1 - d \qquad (5)$$

В этом случае закон изменения угла β в зависимости от диаметра недробимого куска примет вид:

$$β = arctg(2r*\cos α/ (C_1C+(ctg α*(A_1C_1 - d)))) \qquad (6)$$

или

$$tg β = 2r*\cos α/ (2r*\sin α +(ctg α*(A_1C_1 - d))) \qquad (7)$$

Из анализа формулы (7) следует, что чем меньше размер недробимого куска, тем на меньший угол отклонится неподвижная щека щековой дробилки, и что полученная зависимость не является линейной (рисунок 3).

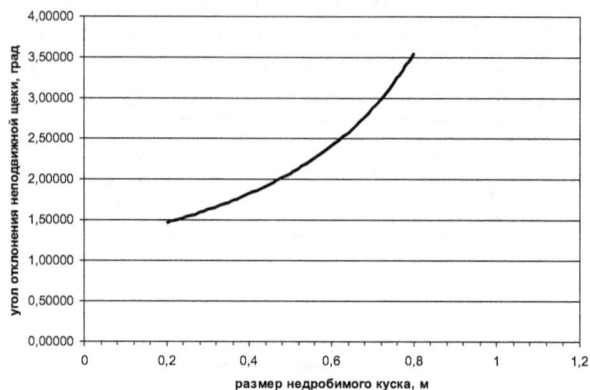

Параметры дробилки: размер куска макс. – 1,2 м, угол наклона подвижной щеки – 15°, радиус эксцентрика – 0,05 м

Рисунок 3 – Зависимость угла поворота неприводной щеки от положения куска.

Таким образом, разработанная математическая модель определения наличия недробимого предмета в камере дробления позволяет однозначно связать размеры недробимого куска и угол отклонения неподвижной щеки от вертикали, что позволяет, исходя из знания геометрических параметров камеры дробления определить положение недробимого куска, и, как следствие, позволяет осуществить необходимые мероприятия по устранению аварийной ситуации в кратчайшие сроки.

Литература

1. Пат.2453370 Россия. МКП В02С 1/00 Щековая дробилка / А. Г. Никитин, В. И. Люленков, А. В. Витушкин [и др.]; (РФ). - № 2010148930/13; заявл. 30.11.2010; опубл. 20.06.2012, Бюл. №17. – 4 с.

Шкарбань Р.А., Макогон Ю.Н., Павлова Е.П., Сидоренко С.И.

Сведения об авторах

Шкарбань Руслан Анатольевич *(контактное лицо)*
Ведущий инженер кафедры физики металлов НТУУ "КПИ"
тел.: 406-82-18, ruslan.shkarban@gmail.com

Макогон Юрий Николаевич
доктор технических наук
место работы: НТУУ "КПИ", 03056, Проспект Победы, 37, Киев, Украина
тел.: 406-82-18, y.makogon@kpi.ua

Павлова Елена Петровна
доктор технических наук
место работы: НТУУ "КПИ", 03056, Проспект Победы, 37, Киев, Украина
тел.: 406-82-18, el_pavlova@inbox.ru

Сидоренко Сергей иванович
доктор физ.-мат. наук
место работы: НТУУ "КПИ", 03056, Проспект Победы, 37, Киев, Украина
тел.: 454-91-99, sidorenko@kpi.ua

ВЛИЯНИЕ СОДЕРЖАНИЯ Sb НА ИЗМЕНЕНИЕ ФАЗОВОГО СОСТАВА ОСАЖДЕННЫХ НА НАГРЕТУЮ ПОДЛОЖКУ НАНОРАЗМЕРНЫХ ПЛЕНОК Co-Sb

ВВЕДЕНИЕ

Термоэлектричество – приоритетное направление развития науки и техники основано на прямом преобразовании тепловой энергии в электрическую и, наоборот, термоэлектрическом охлаждении. Перспективным для использования в качестве термоэлектрического материала является антимонид $CoSb_3$ (скуттерудит) [1-3]. Используемые в настоящее время термоэлектрические материалы имеют максимум термоэлектрической эффективности ZT лишь в области 1 [4-5]. ZT рассчитывается по формуле: $ZT=S^2\sigma T/(k_э + k_ф)$, где S – коэффициент Зеебека, σ - электропроводность, k - общий коэффициент теплопроводности: $k_э$ - теплопроводность, обеспечиваемая электронами, $k_ф$ - теплопроводность, обеспечиваемая фононами, T – абсолютная температура [2,6]. Исходя из теоретических расчетов ZT растет при уменьшении размеров и в наноматериалах может достичь значения $ZT \geq 2$ из-за уменьшения фононной части теплопроводности $k_ф$ [7]. Цель данной работы заключалась в исследовании влияния условий осаждения и термической обработки на формирование фазового состава и структуры в наноразмерных пленках $CoSb_x$(30 нм), (где $1{,}82 \leq x \leq 4{,}16$) на окисленном монокристаллическом кремнии.

ЭКСПЕРИМЕНТАЛЬНАЯ ЧАСТЬ

Пленки состава $CoSb_x$ (где $1{,}82 \leq x \leq 4{,}16$) толщиной 30 нм получали методом молекулярно-лучевой эпитаксии на подложке монокристаллического кремния Si (001) со слоем оксида SiO_2 толщиной 100 нм. Сурьму осаждали с помощью эффузера, нагретого до температуры 470 °C, с постоянной скоростью 0,3 Å/с. Для изменения химического состава пленок изменялась скорость осаждения Co в интервале 0,027 – 0,049 Å/с. Давление в рабочей камере – $9{,}3 \cdot 10^{-11}$ Па. Температуру подложки выдерживали при 200 °C. Толщина пленки и химический состав определялась методом Резерфордовского обратного рассеяния. Для термической обработки пленки были использованы отжиги в вакууме и в азоте в интервале температур (300-700) °C продолжительностью от 30 с до 5 час.

Определение структурно-фазового состава пленок проведено методами рентгеноструктурного фазового анализа (метода Дебая-Шеррера с фотографической регистрацией рентгеновских лучей, на дифрактометре Rigaku ULTIMA IV), растровой электронной микроскопии. Электропроводящие свойства пленок исследованы с использованием четырехзондового метода. Изменения количественного фазового состава в пленках определяли металлографически с использованием метода секущих по снимкам поверхности, полученным с помощью растровой электронной микроскопии. Относительная погрешность этого метода составляла $\approx 4~\%$.

РЕЗУЛЬТАТЫ И ИХ ОБСУЖДЕНИЕ

На рисунке 1 представлены дифрактограммы и дебаеграммы пленок $CoSb_x$ (где $1{,}82 \leq x \leq 4{,}16$). Как видно из дебаеграмм пленки находятся в поликристаллическом состоянии без текстуры (рис. 1б). Идентификация фазового состава после осаждения показала, что в пленке $CoSb_{1,82}$ (64,5 ат.% Sb) образуется антимонид $CoSb_2$ с моноклинной кристаллической решеткой. Увеличение концентрации Sb приводит к формированию также скуттерудита $CoSb_3$ с кубической решеткой (рис. 1б и 1в). Это двухфазное состояние сохраняется в пленках с концентрацией сурьмы до 74,6 ат.%. В этом интервале концентраций Sb соотношение интенсивностей дифракционных максимумов $I(210)CoSb_2/I(310)CoSb_3$ уменьшается, что свидетельствует об увеличении количества фазы $CoSb_3$ и уменьшении – $CoSb_2$ с увеличением количества Sb (рис. 2). В осажденных пленках $CoSb_x$ (где $3{,}19 \leq x \leq 4{,}16$) с содержанием Sb больше стехиометрического состава также наблюдается двухфазный состав.

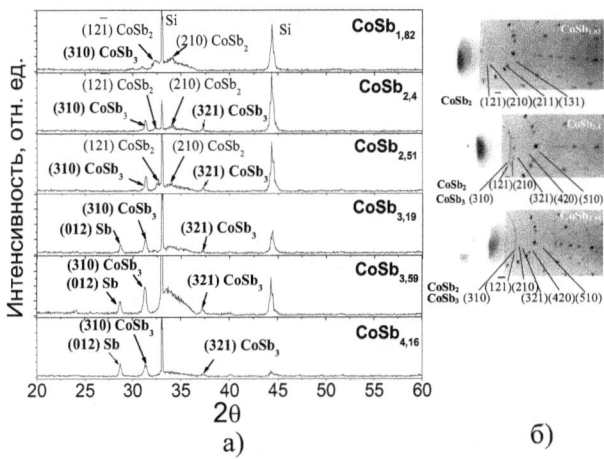

Рис. 1. Дифрактограммы (излучение Cu k_α) а) и дебаеграммы (излучение Fe $k_{\alpha,\beta}$) б) пленок $CoSb_x$ (где $1{,}82 \leq x \leq 4{,}16$) после осаждения,

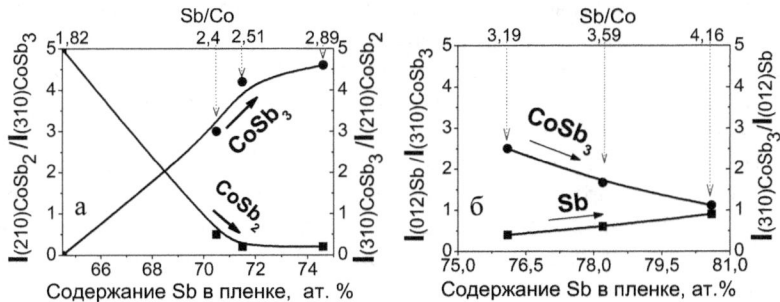

Рис. 2. Изменение соотношения интенсивностей дифракционных рефлексов (а) $I(210)CoSb_2/I(310)CoSb_3$ и $I(310)CoSb_3/I(210)CoSb_2$ пленок $CoSb_x$ (где $1{,}82 \leq x \leq 2{,}89$); (б) $I(012)Sb/I(310)CoSb_3$ и $I(310)CoSb_3/I(012)Sb$ пленок $CoSb_x$ (где $3{,}19 \leq x \leq 4{,}16$) после осаждения в зависимости от содержания Sb в пленке.

Кроме $CoSb_3$ в пленках образуется кристаллическая фаза сурьмы (рис. 1). Исходя из изменений соотношения интенсивностей дифракционных рефлексов $I(012)Sb/I(310)CoSb_3$ следует, что с повышением концентрации Sb от 76,1 до 80,6 ат.% количество кристаллической фазы Sb увеличивается (рис. 3).

Отжиги пленок $CoSb_x$ (где $2{,}4 \leq x \leq 2{,}89$) в вакууме вызывают изменения их фазового состава. Как видно из рисунка 3 после отжига при температуре 620 °C соотношение $I(210)CoSb_2/I(310)CoSb_3$ возрастает при отсутствии текстуры. Это свидетельствует об увеличении количества фазы $CoSb_2$.

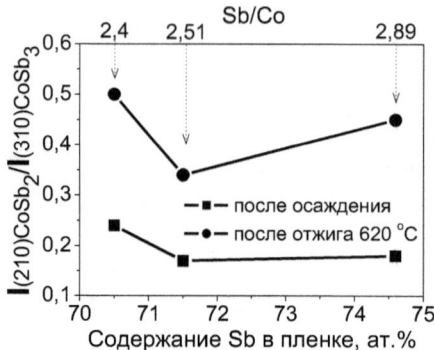

Рис. 3. Изменение соотношения интенсивностей дифракционных рефлексов I(210)CoSb$_2$/I(310)CoSb$_3$ пленок CoSb$_x$ (где $2,4 \leq x \leq 2,89$) после осаждения и отжига в вакууме при температуре 620 °C, 30 с в зависимости от содержания Sb.

Пленки CoSb$_x$ (где $3,19 \leq x \leq 4,16$) после осаждения имеют двухфазную кристаллическую структуру – фазу скуттерудита CoSb$_3$ и фазу кристаллической сурьмы. В процессе отжига при более высокой температуре начинается интенсивно испаряться сурьма. После отжига при температуре 600 °C рефлексы кристаллической сурьмы не наблюдаются, остается только фаза CoSb$_3$.

По методике, изложенной в работе [8], по соотношению интенсивностей дифракционных линий (012)Sb и (310)CoSb$_3$ был проведен количественный анализ изменения фазового состава пленок, имеющих двухфазный состав (CoSb$_3$ + Sb) после отжигов, результаты которого представлены на рисунке 4.

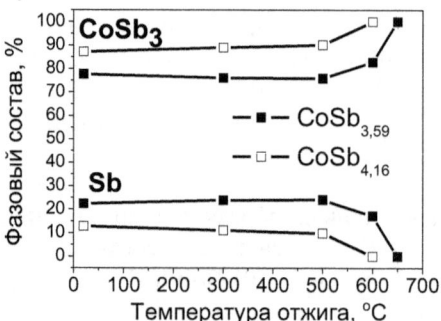

Рис. 4. Изменение фазового состава пленок CoSb$_{3,59}$ и CoSb$_{4,16}$ после термической обработки в вакууме в течение 30 с.

Процесс испарения кристаллической сурьмы также из антимонидов имеет место и при отжиге массивных материалов [9]. Это можно объяснить частичным испарением Sb из кристаллических решеток антимонидов CoSb и CoSb$_3$ при отжигах в азоте так и при отжигах в вакууме вследствие протекания химических реакций: $CoSb_2 \xrightarrow{600°C} Sb\uparrow = CoSb_2 + CoSb$; $CoSb_3 \xrightarrow{600°C} Sb\uparrow = CoSb_3 + CoSb_2$.

Термическая стабильность наноразмерных скуттерудитных пленок $CoSb_x$ (где $3{,}19 \leq x \leq 4{,}16$) сохраняется до температуры $\approx (300\text{-}350)$ °C (рис. 5).

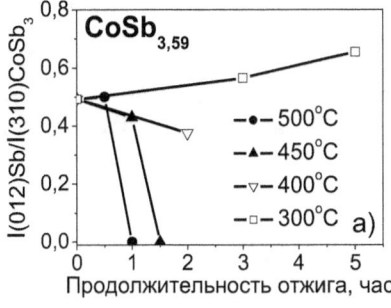 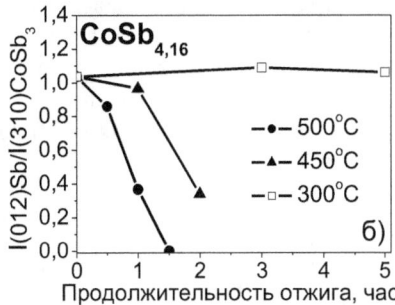

Рис. 5. Зависимость соотношения дифракционных максимумов $I(012)Sb/I(310)CoSb_3$ пленок $CoSb_{3,59}$ (а) и $CoSb_{4,16}$ (б) от продолжительности отжига в вакууме при температурах 300 °C, 400 °C, 450 °C и 500 °C.

По скорости сублимации сурьмы при различных температурах отжига согласно равенству Аррениуса [9] была оценена энергия активации этого процесса, величина которой составила 120 -240 кДж/моль. Процесс сублимации кристаллической Sb зависит от химического состава пленок.

В пленках, имеющих двухфазный состав – $CoSb_3$ и Sb, температурная зависимость электросопротивления принимает вид, характерный для металлов.

ЗАКЛЮЧЕНИЕ

Установлено, что при температуре подложки во время осаждения 200 °C в пленках $CoSb_x(30$ нм) (где $1{,}82 \leq x \leq 4{,}16$) формируется поликристаллическое состояние без текстуры. При этом наблюдается хорошее соответствие фазового состава с диаграммой фазового равновесия для массивного материала. С увеличением концентрации Sb формирование фазового состава происходит в той же последовательности, как это предусматривается диаграммой фазового равновесия для массивного состояния системы Co-Sb.

При отжигах в вакууме при температурах выше (450-500) °C происходит сублимация Sb, что отображается в изменении фазового состава по следующим химическим реакциям - $CoSb_2 \xrightarrow{600°C} Sb\uparrow = CoSb$, $CoSb_3 \xrightarrow{600°C} Sb\uparrow = CoSb_2$, что приводит к увеличению количества фаз CoSb и $CoSb_2$ и уменьшению количества $CoSb_3$.

Технические науки

Пленки состава CoSb$_x$(30 нм) (где $1,82 \leq x \leq 4,16$) термостабильны до температуры ≈ 350 °C.

Авторы выражают благодарность сотрудникам кафедры физики поверхности и границ раздела технического университета г. Хемниц (Германия), в том числе заведующему кафедрой профессору М. Альбрехту и доктору Г. Беддису за изготовление образцов, помощь в проведении исследований и обсуждении результатов.

Эта работа была финансово поддержана немецкой организацией по академическому обмену (DAAD) в рамках программы им. Л. Эйлера (грант № 50744282).

СПИСОК ЛИТЕРАТУРЫ

1. G.A. Slack, in CRC Handbook of Thermoelectrics, edited by D.M. Rowe (CRC, Boca Ration, 1995), P. 407.
2. Peng-Xian Lu, Qiu-Hua Ma, Yuan Li, Xing Hu. A study of electronic structure and lattice dynamics of CoSb$_3$ skutterudite. Journal of Magnetism and Magnetic Materials 322(2010)3080–3083.
3. Xu-qiu Yang, Peng-cheng Zhai, Li-sheng Liu, and Qing-jie Zhang. Thermodynamic and mechanical properties of crystalline CoSb$_3$: A molecular dynamics simulation study. Journal of Applied Physics 109, 123517 (2011).
4. Ruiheng Liu, Xihong Chen, Pengfei Qiu, Jinfeng Liu, Jiong Yang, Xiangyang Huang, and Lidong Chen. Low thermal conductivity and enhanced thermoelectric performance of Gd-filled skutterudites. Journal of Applied Physics 109, 023719 (2011).
5. Jian-Li Mi, Mogens Christensen, Eiji Nishibori, and Bo Brummerstedt Iversen. Multitemperature crystal structures and physical properties of the partially filled thermoelectric skutterudites $M_{0.1}Co_4Sb_{12}$(M = La,Ce,Nd,Sm,Yb,and Eu) Physical Review B 84, 064114 (2011)
6. Jianjun Zhang, Bo Xu, Li-Min Wang. Great thermoelectric power factor enhancement of CoSb$_3$ through the lightest metal element filling // Applied physics letters.-2011.- 98 (072109).
7. M Wilczyński. Thermopower, figure of merit and spin-transfer torque induced by the temperature gradient in planar tunnel junctions J. Phys.: Condens. Matter 23 (2011) 456001
8. А.А. Русаков. Рентгенография металлов. Учебник для вузов. М., Атомиздат, 1977, С. 389-407.
9. Degang Zhaoa, Changwen Tiana, *Yunteng Liua*. High temperature sublimation behavior of antimony in CoSb$_3$ thermoelectric material during thermal duration test // Journal of Alloys and Compounds.-2011.-509.-P. 3166–3171.

Косолапов А.В.
к.т.н., доцент кафедры ЭТЭМ КубГТУ
Зеленская Т.В.
к.т.н., доцент кафедры ЭТЭМ КубГТУ
Усиленок В.И.
магистрант кафедры ЭТЭМ КубГТУ

СИСТЕМА УПРАВЛЕНИЯ ДВИГАТЕЛЕМ ПОСТОЯННОГО ТОКА ДЛЯ ГИБРИДНОГО АВТОМОБИЛЯ

Основные показатели, определяющие качество и потребительские свойства двигателя внутреннего сгорания ДВС, подразделяются на мощностные (энергетические), экономические, экологические и динамические. Эти показатели обеспечиваются оптимальным дозированием и физико-химическими свойствами топливно-воздушных компонентов, фазовыми соотношениями газораспределения, а также амплитудными и фазовыми соотношениями в системе зажигания при определенном тепловом состоянии двигателя.

В ДВС как объекте управления управляемыми параметрами могут быть: $n_в$ - частота вращения вала или угловая скорость; $М_к$ — эффективный крутящий момент на валу двигателя; $F_{эн}$ — расход энергоносителей ($F_т$ — топлива, $F_в$ — воздуха); $Q_{в.г}$ — состав выхлопных газов; $T_р$ — время разгона (приемистость).

Однако из-за отсутствия датчиков, воспринимающих основные выходные параметры и показатели работы ДВС, в системах управления автомобильными двигателями для получения информации о состоянии ДВС используют параметры, которые возможно измерить с помощью существующего оборудования. Это, как правило, величины, функционально связанные с основными параметрами.

Возмущающими воздействиями на ДВС являются: изменение стандартных атмосферных условий - температуры наружного воздуха $T_в$, атмосферного давления $P_а$, влажности $M_{вл}$; отклонение состава (параметров) окислителя (воздуха) и топлива Q от стандартных; изменение нагрузки на двигатель при изменении дорожных условий и аэродинамического сопротивления R — сопротивления движению.

Таким образом, можно сделать вывод, что ДВС является многомерным объектом управления.

Любой технический объект управления может функционировать только при определенных параметрах внешней среды Для ДВС это параметры атмосферы:

температура в диапазоне $T_{min}…T_{max}$;
давление в диапазоне $P_{min}…P_{max}$;
влажность в диапазоне $M_{вл.\,min}…M_{вл.\,max}$.

Целью управления ДВС является обеспечение заданных значений определенных выходных параметров (показателей) при наложении определенных ограничений на другие параметры. Одновременное получение максимальных мощностных, экономических и экологических показателей невозможно, так как они являются противоречащими друг другу. Достижение такой цели возможно только на основе компромисса или оптимального управления.

В ДВС с искровым зажиганием в качестве управляющих воздействий используются расходы химических энергоносителей: $F_т$ — топлива и $F_в$ — воздуха, $F_{р.г}$ — расход рециркулирующих газов и фаза $\varphi_{о.з}$, электрического импульса, формируемого в системе зажигания. Фазовые соотношения в топливно-газовой системе регулируются, как правило, аппаратно по жесткой программе, которая закладывается в процессе проектирования и изготовления ДВС. В процессе проектирования определяется и амплитуда A_m импульса электрического тока, необходимого для воспламенения топлива.

В современных ДВС осуществляется автоматическое регулирование амплитуды импульса зажигания и фазовых соотношений в газораспределительной системе.

На практике в качестве управляющих воздействий используются величины, функционально связанные с перечисленными, например: (α — коэффициент избытка воздуха, η_v — коэффициент наполнения цилиндров, $h_к$ — величина хода клапана рециркуляции отработавших газов). Угол отклонения дроссельной заслонки $G_{а.д.з}$, задающий режим работы ДВС, можно рассматривать как задающее воздействие.

Для оценки нагрузки на двигатель используются параметры, функционально с ней связанные: расход воздуха $F_в$, разрежение во впускном трубопроводе (коллекторе) $\Delta P_к$ или абсолютное давление, угол отклонения дроссельной заслонки $G_{а.д.з}$.

В настоящее время разработаны конструкции ДВС, в которых возможности воздействия на рабочие процессы ДВС значительно расширены. Могут быть использованы следующие воздействия:

изменение энергетических характеристик искрового разряда;

фазы газораспределения и подъема клапанов;

числа рабочих цилиндров и циклов;

степени сжатия;

рабочего объема двигателя;

состава топлива путем использования двухкомпонентных систем.

Так как имеется несколько управляющих величин, то систему управления ДВС следует считать многопараметрической.

С точки зрения теории преобразователей электрической энергии электродвигатель является электромеханическим энергетическим преобразователем электрической энергии в механическую.

Первичным источником энергии является ДВС, свободная мощность на валу которого определяется выражением $P_{\text{двс}}=M_{\text{двс}}\cdot\omega_{\text{двс}}$, где $M_{\text{двс}}$ и $\omega_{\text{двс}}$ - соответственно крутящий момент и угловая скорость вала ДВС.

Входными параметрами для ДВС являются расход топлива $F_{\text{т}}$ и расход воздуха $F_{\text{в}}$ (или другие величины, связанные с мощностью ДВС функциональной зависимостью), регулируемым параметром — угловая скорость $\omega_{\text{двс}}$. Основным внешним возмущающим воздействием на ДВС является момент сопротивления вращению, пропорциональный электромагнитному моменту тягового генератора ТГ.

Напряжение на выходе ТГ определяется как угловой скоростью $\omega_{\text{двс}}=\omega_{\text{г}}$ при прямом сочленении ДВС и ТГ, так и током возбуждения $I_{\text{в.г}}=y_2$. Следовательно, параметры $\omega_{\text{г}}$ и $I_{\text{в.г}}$ можно считать входными, а напряжение $U_{\text{г}}$ - регулируемым параметром ТГ. Основное внешнее возмущение, действующее на генератор, - это ток нагрузки генератора $I_{\text{г}}$.

Тяговый электродвигатель постоянного тока ТД является последним агрегатом силовой цепи привода. Угловая скорость ω его вала, пропорциональная частоте вращения n, определяет скорость вращения колес (ОУ) и соответственно скорость движения ТС [1,139-141].

В свою очередь, угловая скорость зависит от мощности на валу и момента сопротивления $M_{\text{с}}$. В установившемся режиме момент $M_{\text{двс}}=M_{\text{с}}$. Входными параметрами для ТД являются $U_{\text{г}}$ и $I_{\text{в}}=y_3$. Регулируемые параметры ТД – момент $M_{\text{д}}$ и угловая скорость ω. Основное внешнее возмущение, действующее на ТД, - это момент сопротивления вращению, который обуславливает возмущающие воздействия на остальные агрегаты силовой цепи.

Если принять $M_{\text{с}}$=const, то преобразование и передача энергии от ДВС тяговому двигателю ТД условно запишется в виде выражения

$$F_T(AHM)G \to \omega_{\text{двс}}(\text{ЧМ}_г)M \to U_г(AM)E \to (\text{ЧМ}_г)M \leftrightarrow \omega_{\text{двс}}(\text{ЧМ}_г)M.$$

Передачу мощности от агрегата к агрегату привода можно записать в виде выражения

$$P_{\text{двс}} = f(F_T, F_B) = M_{\text{двс}} \cdot \omega_{\text{двс}} \to U_г \cdot I_г \to \omega \cdot M_\partial \leftrightarrow \omega_c M_c,$$

где знак $\leftrightarrow$ соответствует тому, что момент ТД уравновешивается моментом сопротивления.

При F_T=const и изменении M_C на ΔM_C возмущающее воздействие от объекта управления передается на остальные агрегаты по цепи

$$\Delta M_{\text{двс}} \leftarrow \Delta M_г \leftarrow \Delta I_г \leftarrow \Delta I_{я.д} \leftarrow \Delta M_\partial \leftrightarrow \Delta M_c,$$

что вызывает изменение регулируемых параметров соответственно на $\Delta\omega$, $\Delta I_{\text{г}}$, $\Delta\omega_{\text{двс}}$. Следовательно, возмущающее воздействие на объект управления определяет возмущения, действующие на остальные агрегаты силовой цепи.

Как видно, все регулируемые параметры агрегатов силовой цепи при работе привода находятся во взаимной зависимости: изменение одного из них влечет за собой изменение других. В силу этого каждый из агрегатов может иметь свой автономный контур системы автоматического регулирования со своей управляющей подсистемой УПс. Регулирование того или иного параметра автономным контуром подчиняется общей цели управления — управлению ведущими колесами.

Система регулирования привода, включающая автономные контуры и межконтурные обратные связи $ОС_{мк}$, обеспечивает работу агрегатов силовой цепи как в функции управляющих воздействий, так и в функции любых внешних возмущений $w(t)$, $M_c(t)$. Главная обратная связь $ОС_г$ в системе может осуществляться либо по угловой скорости ТД, либо по одному из промежуточных параметров, от которых непосредственно зависит угловая скорость. Кроме того, для улучшения динамических свойств системы могут вводиться гибкие обратные связи и корректирующие звенья [2, 49-61].

Наличие системы регулирования позволяет устанавливать начальное задающее воздействие z_1, исходящее от водителя АТС или задающего устройства, на входные параметры практически любого из агрегатов силовой цепи с последующим автоматическим регулированием всех остальных параметров.

Таким образом, система управления приводом с комбинированной энергетической установкой строится на основе выбранной структурной схемы силовой цепи и законов управления, реализующих характеристики регулирования тяговых двигателей. Дополнительно следует учитывать требования, предъявляемые к приводу конкретного типа АТС, которые должны обеспечить работу привода исходя из основных показателей: работа ТД в режиме наибольшей экономичности, обеспечение максимальной мощности, получение оптимальных значений одного или нескольких параметров, обеспечение высоких динамических показателей качества переходных процессов и др.

Для привода переменного тока в систему добавляется еще одно звено - электрический энергетический преобразователь, который может выполнять функции преобразователя частоты или напряжения.

Закон управления системы ДВС-ДПТ соответствует системе автоматического управления с переменной структурой. В данной системе расход подачи воздуха в ДВС регулируется в зависимости от величины отклонения в системе управления. Техническая реализация полученной системы может быть осуществлена с использованием микропроцессорной САУ.

На рисунке приведена структурная схема микропроцессорной САУ ЭА.

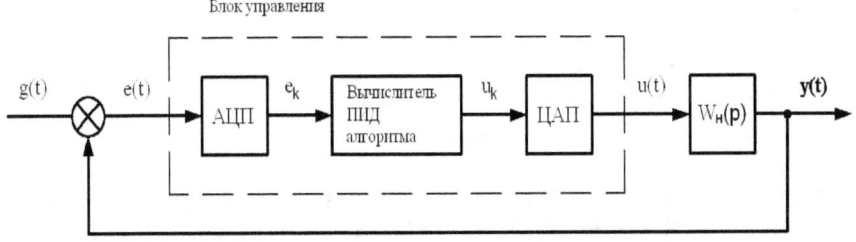

Рисунок Структурная схема микропроцессорной САУ ЭА

На схеме обозначены: $g(t)$ – задающее воздействие (уставка угловой скорости); $e(t)$ – текущее отклонение; e_k – отклонение на текущем шаге расчета; АЦП – аналого-цифровой преобразователь; ЦАП – цифро-аналоговый преобразователь; u_k – управляющее воздействие на текущем шаге расчета; $u(t)$ – управляющее воздействие в непрерывном масштабе времени; $W_н(p)$ – передаточная функция объекта управления; $y(t)$ – выходной сигнал, БУ – блок управления.

ИСТОЧНИКИ

1. Косолапов А.В., Усиленок В.И. Разработка варианта гибридного отечественного автомобиля Матер. 2-й межд. науч. конф. «Технические и технологические системы ТТС-10», Краснодар, КВВАУЛ, 2010 г.
2. Гульков Г.И. Системы автоматизированного управления электроприводами / Г. И. Гульков, Ю. Н. Петренко, Е. П. Раткевич, О. Л. Симоненкова. - М.: Новое знание, 2007 – 207 с.

Тимоховец В. Д., Тестешев А.А.

Сведения об авторах:
Тимоховец Вера Дмитриевна, ФГБОУ ВПО «ТюмГАСУ»
Тестешев Александр Александрович, к.т.н., доцент кафедры «АДиА» ФГБОУ ВПО «ТюмГАСУ»
Адрес эл. почты: verochka1987@mail.ru

УПРАВЛЕНИЕ СКОРОСТНЫМИ РЕЖИМАМИ ТРАНСПОРТНЫХ СРЕДСТВ В МЕНЕДЖМЕНТЕ КАЧЕСТВА ЗИМНЕГО СОДЕРЖАНИЯ АВТОМОБИЛЬНЫХ ДОРОГ

Наибольшие проблемы по обеспечению потребительских свойств автомобильных дорог возникают при их содержании в зимний и предзимний периоды года. Рассматриваемый период является наиболее сложным как для дорожно-эксплуатационных организаций, так и для участников дорожного движения, и в частности водителей транспортных средств.

Современные тенденции совершенствования системы зимнего содержания дорог подразумевают комплексное управление структурными элементами, на основе фактических данных и мониторинге их изменений (рис. 1). Аналогичные системы существуют в США, Норвегии и Швеции для России подобные модели отсутствуют, что и поднимает актуальность данной деятельности и свидетельствует о необходимости разработки инженернообоснованных принципов функционирования элементов.

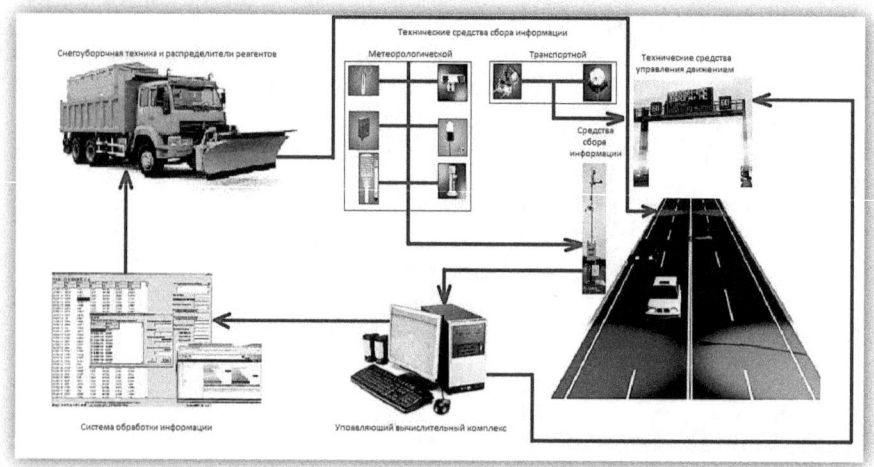

Рис. 1 - Структурные элементы системы управления и их взаимосвязь

Информация о транспортных потоках и погодных условиях поступает от систем автоматизированного мониторинга, которая должна являться основой для выбора стратегии зимнего содержания.

Полученная информация передается в управляющий вычислительный комплекс, где с помощью специализированных программных средств в режиме реального времени выполняется выбор управляющих стратегий для текущего или расчетного состояния покрытия.

По выбранным стратегиям, в зависимости от состояния дорожного покрытия и ожидаемых погодных условий полученная информация поступает в эксплуатационные организации для реализации соответствующих видов работ по зимнему содержанию автомобильных дорог.

Оперативное управление и контроль работы всех составляющих осуществляется глобальной навигационной спутниковой системой.

В силу ряда причин значительная часть водителей не в состоянии в полной мере оценить и выбрать скоростной режим, соответствующий фактическому состоянию дорожного покрытия. Поскольку всей полнотой информации о метеорологических и транспортных условиях должна обладать ДЭУ, то для повышения безопасности движения функции управления режимами движения должны возлагаться на нее.

Для информирования пользователей дорог об установленных режимах движения на период действия неблагоприятных факторов скоростной режим лимитируется с помощью многопозиционных дорожных знаков и табло.

Основой управления скоростными режимами являются математические зависимости, основанные на теории транспортных потоков и процессах взаимодействия колеса с покрытием. Существующие методики не позволяют в полной мере применить их к оперативному управлению скоростными режимами в сегодняшних условиях, поскольку, они не учитывают всего многообразия расчетных состояний покрытия, интенсивности и плотности транспортного потока и т.д. [3, 33]. Предлагаемая математическая модель представляет собой функцию, учитывающую динамический габарит транспортного средства, включая длину тормозного пути для различных коэффициентов сцепления, с учетом адаптации к стратегиям управления скоростными режимами. Наряду с рыхлым снегом, снежным накатом и гололедом, были добавлены такие расчетные состояния покрытия как гололедица, черный лед и техногенный гололед (возникающий при несвоевременной очистке проезжей части от остатков противогололедных материалов (ПГМ)).

Предлагаемые методики находятся в соответствии с правообеспечивающими документами, демонстрирующими необходимость применения подобных систем, такими как государственная целевая программа "Повышение безопасности дорожного движения в 2013

- 2020 годах" [1] и «Развитие транспортной системы России (2010-2015гг.)» [2], регламентирующими необходимость качественного улучшения безопасности при минимизации затрат. В настоящее время ведутся переговоры о реализации пионерного проекта по управлению скоростными режимами на дорогах федерального значения Тюменской области.

Реализация системы оперативного управления зимним содержанием вообще и управления скоростными режимами в частности, позволит уменьшить себестоимость содержания за счет снижения количества распределяемых реагентов на 15-34%, время пребывания дорожного покрытия в состоянии отличном от нормативного сократится на 10%, снизить величину транспортной составляющей в себестоимости продукции и увеличить безопасность движения на 25%, а также выровнять режим движения и добиться при этом снижения эмиссии по некоторым выбросам от 2 до 4%,.

Библиографический список

1. Распоряжение Правительства РФ от 27 октября 2012 г. № 1995-р. О Концепции федеральной целевой программы "Повышение безопасности дорожного движения в 2013 - 2020 годах";

2. Федеральная целевая программа «Развитие транспортной системы России (2010-2015гг.)» от 20 мая 2008 года № 377, вступает в силу с 1 января 2010 года;

3. Экология зимнего содержания автомобильных дорог , Самодурова Т.В., Подольский, Подольский В.П., Выпуск 3-2003.

Яковлева С.П., Махарова С.Н.
Институт физико-технических проблем Севера им. В.П. Ларионова
СО РАН, г. Якутск

ЭКСПЛУАТАЦИОННЫЕ РАЗРУШЕНИЯ ЭЛЕМЕНТОВ СИСТЕМ ТЕПЛОСНАБЖЕНИЯ

Проблемы надежности эксплуатации и долговечности систем теплоснабжения в условиях Крайнего Севера приобретают особую актуальность. Исследование процессов деградации материала и природы эксплуатационных разрушений позволяет не только выявить дефекты материала, технологические или эксплуатационные факторы поломок, но также является научной основой для повышения проектных характеристик и совершенствования технологий изготовления изделий систем теплоснабжения. В связи с этим целью данной работы явилось исследование природы эксплуатационных повреждений и разрушения элементов теплоснабжения методом фрактографического анализа.

Исследование природы разрушения воздуховыпускной трубы системы теплоснабжения. Исследованы причины аварийного отрыва воздуховыпускной трубы в зоне резьбового муфтового соединения с радиатором внутридомовой сети системы отопления после 15 лет эксплуатации. Элементы систем отопления соединяют различными способами. Наибольшее распространение получил способ разъемных соединений труб на резьбе с помощью муфт, которые позволяют соединять трубы разных размеров и с разной толщиной стенок без сварки и фланцев; именно этот способ был применен в рассматриваемом случае: труба-заглушка присоединена к радиатору посредством муфты (рис. 1, *а*).

Излом трубы произошел в плоскости, перпендикулярной ее оси, и виден на снимках торцевых частей муфты как тонкое (толщина стенки трубы 2,5 мм минус глубина резьбы) центральное кольцо (рис. 1, *б*). Видно, что излом полностью покрыт продуктами коррозии. Внутренняя поверхность труб содержит слой коррозионных отложений и накипи, наибольшую толщину имеют донные отложения в области нижней образующей трубы (рис. 1, *в*).

На рис. 1, *в-г* видно, что в результате развития процессов коррозии металл **воздуховыпускной** трубы приобретает слоистую структуру и разрыхляется; пласты продуктов донных отложений в **воздуховыпускной** трубе с течением времени претерпевают эрозию, отслаиваются и уносятся технологической средой (очевидно, что далее происходит корродирование обнажающихся нижележащих объемов металла).

В резьбовых креплениях воздуховыпускной трубы создаются условия для образования застойных зон рабочей среды и развития

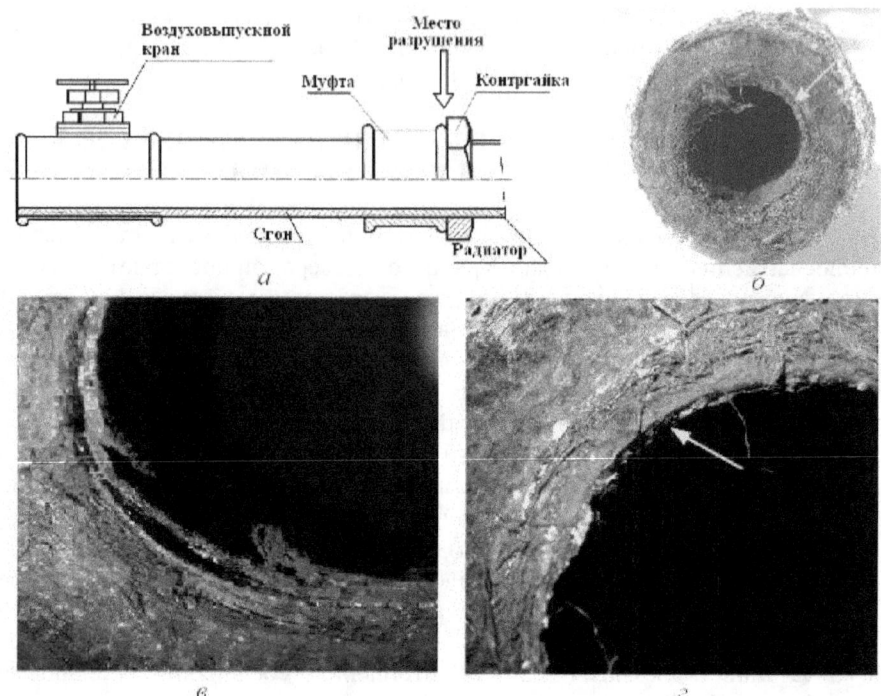

Рис. 1. Схема составных частей воздуховыпускной трубы с указанием места разрушения (*а*), поверхности места отрыва трубы (*б*), коррозионное разрушение нижней (*в*) и верхней (*г*) образующей воздуховыпускной трубы.
Стрелкой показан излом трубы.

локальной щелевой коррозии; продукты коррозии и накипь образуют отложения донных осадков, интенсифицирующих развитие коррозии в зоне нижней образующей трубы. Постепенно происходит утонение нижней стенки трубы, возрастают местные напряжения, что, в свою очередь, ускоряет корродирование металла и уменьшение всего рабочего сечения трубы за счет усиления коррозионных процессов в области боковых и верхней образующих. Окончательное разрушение произошло при достижении на верхней образующей стенки трубы критического уровня поврежденности металла в ее утолщенном участке (гладкая область, отмеченная стрелкой на рис. 1, *г*).

Таким образом, процессы щелевой коррозии в резьбовом креплении воздуховыпускной трубы к радиатору отопления обусловили постепенное уменьшение рабочего сечения трубы, что привело к ее аварийному отрыву от радиатора в зоне примыкания соединительной муфты к контргайке. Основной механизм разрушения – развивающаяся во времени электрохимическая коррозия.

Исследование разрушения радиатора системы теплоснабжения. Проведен экспертный фрактографический анализ аварийного радиатора, состоящий в визуальном обследовании зоны канала для теплоносителя со сквозным отверстием.

Как видно на изображениях исследуемого фрагмента (рис. 2, *а-б*), металл радиатора в зоне сквозного отверстия испытал практически сплошную наружную коррозию с наложением местной (точечной) коррозии. Поверхность имеет шероховатый вид, испещрена микроязвами и покрыта продуктами коррозионного распада (рис. 2, *в-г*). Заметное изменение профиля внутренней стенки трубы (рис. 2, *б*) также является следствием интенсивной коррозии, глубина проникновения которой со временем увеличивается. Следует отметить наличие мощного неравномерно-бугристого слоя отложений продуктов коррозии и накипи внутри канала для теплоносителя. Образование накипи и шлама происходит в результате сложных физико-химических процессов, в которых участвуют накипеобразователи, окислы металлов и легкорастворимые соединения.

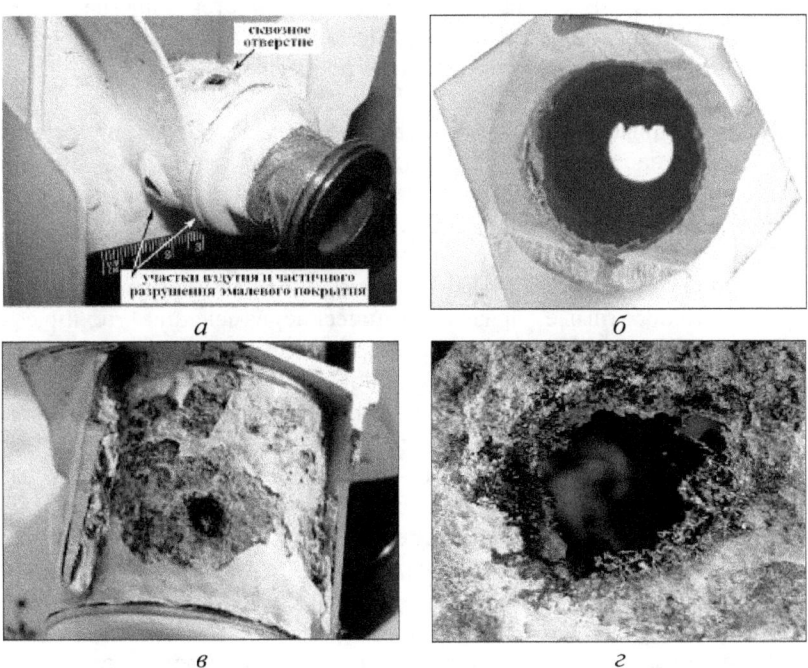

Рис. 2. Участки повреждений радиатора (а), поперечный срез трубы радиатора (б), поверхность трубы со свищом (в) и увеличенное изображение его берегов (г, х15)

Помимо свища выявлены два обширных участка предразрушения, представляющие собой вздутия эмалевого покрытия, образовавшихся вследствие газовыделения при коррозии и заполнения сыпучими продуктами коррозионного распада металла (рис. 2, *а*).

Разрушение радиатора произошло в результате развития наружной и внутренней коррозии, причем наружная коррозия сопровождалась вздутием эмалевого покрытия. На начальном этапе коррозии точечные микроповреждения деконцентрированы, то есть равномерно распределены в поверхностных слоях металла. Прогрессирование коррозионных процессов на верхней образующей трубы канала привело к опережающему развитию и объединению отдельных микроязв, превращению их в каверны, перемещающиеся вглубь металла. Одновременно во внутренней поверхности трубы происходила подшламовая электрохимическая коррозия, также способствующая утонению стенки трубы. Встречные процессы наружного и внутреннего коррозионного растворения металла завершились образованием свища диаметром ~ 5,5 мм.

Таким образом, анализ строения и особенностей зоны разрушения радиатора позволяет основным механизмом разрушения считать развивающиеся во времени коррозионные процессы.

Заключение

Рассмотренные примеры эксплуатационных повреждений элементов систем теплоснабжения подтверждают, что основной причиной повреждений тепловых сетей является коррозионное разрушение металла труб, зачастую это связано с внутренней язвенной коррозией.

Горячая вода в системе отопления содержит коррозионноактивные газы (кислород, углекислый газ) и соли, то есть представляет собой электролит. Необратимые физико-химические изменения технических металлов и сплавов при контакте с электролитами обусловлены тем, что разные структурные составляющие приобретают разные по величине и знаку электродные потенциалы: одни из них становятся анодами, а другие – катодами. Участки металла, являющиеся анодами, активно переходят в раствор, происходит так называемое анодное растворение. По мере развития этих процессов продукты разрушения отслаиваются, открывая тем самым доступ коррозионной среде к внутренним участкам металла. Фактором, способствующим ускорению коррозии металла, являются отложения, способствующие застою рабочей среды, которая с течением времени становится более агрессивной.

Полученные данные указывают на важность выполнения существующих правил и требований, связанных с защитой систем коммунального теплоснабжения от накипи и коррозии.

Криошина Н.А.

ГБОУ ВПО «Волгоградский государственный медицинский университет» Министерства здравоохранения и социального развития России, кафедра управления и экономики фармации, медицинского и фармацевтического товароведения, старший преподаватель
nakrioshina@rambler.ru

ОПРЕДЕЛЕНИЕ МАРКЕТИНГОВОГО ПОТЕНЦИАЛА ГОМЕОПАТИЧЕСКИХ ПРЕПАРАТОВ ВОЛГОГРАДСКОГО РЕГИОНА

Ведение. Для анализа товаров аптечного ассортимента помимо структурирования по влиянию на товарооборот, по скорости реализации и эластичности спроса необходим интегрированный показатель, учитывающий указанные показатели вместе, а также максимально возможную наценку, которую может сделать розничное аптечное звено, если в регионе существует ограничительная система ценообразования. Такой показатель назван «маркетинговым потенциалом товара». Маркетинговый потенциал товара свидетельствует о потенциальных возможностях получения прибыли при реализации конкретного наименования. Поэтому целью данной работы было проанализировать маркетинговый потенциал ассортимента гомеопатических препаратов для аптек Волгоградского региона.

Материалы и методы. Для определения маркетингового потенциала (МП) гомеопатических препаратов Волгоградского региона был использован рейтинговый подход по трем основным показателям:

1) максимально возможной наценке;
2) влиянию на товарооборот;
3) скорости реализации отдельных наименований товаров аптечного ассортимента [1, 52].

Исследование проводилось на базе 125 аптечных организаций Волгоградского региона.

Результаты и обсуждение. В настоящее время для успешного формирования и управления аптечным ассортиментом используют различные методы его структурирования и дифференциации. Был проведен анализ ассортимента гомеопатических препаратов, опираясь на матрицу ABC-XYZ. Эта матрица строится исходя из двух показателей: спроса и стабильности потребления. Если спрос рассматривать как объем продаж в физическом выражении, то его можно заменить более четко определяемым показателем - скоростью реализации. В ходе исследования гомеопатический ассортимент лекарственных препаратов Волгоградской области был структурирован товар по скорости реализации на три группы. Первая группа А характеризуется высокой скоростью реализации (высокий спрос), если аптека реализует в день больше 1 упаковки в день. Средняя скорость реализации (средний спрос) - 1-6 уп/нед. и низкая скорость реализации (низкий спрос) - реализация меньше 1 упаковки в неделю.

Второй показатель - стабильность потребления можно заменить показателем - доля в валовом доходе, разделив также на три группы: высокая доля (до 60 %), средняя (до 30 %), низкая (до 10 %) доля в валовом доходе. Этот показатель определяется количеством проданных единиц товара и наценкой, т. е. объединяет и торговые наложения, и скорость реализации. Подгруппа A_1, включающая приблизительно 2% наименований ассортимента, определяет 25 % маржинальной прибыли, группы A_2 и A_3 составляют, соответственно, 6-8% и 15-17% от общего числа наименований, также формируют по 25 % от общего дохода. А группа В, включающая 25 % наименований, - 15 % дохода, и группа С, составляющая приблизительно 50 % наименований ассортимента гомеопатических препаратов, дает 10 % валовой прибыли.

Товары, размешенные в секторах АХ, AY и ВХ, можно считать с высоким маркетинговым потенциалом; в секторах AZ, BY и CX со средним МП; BZ, CY и CZ с низким МП [1, 57].

Таким образом, для эффективного структурирования аптечного ассортимента гомеопатических препаратов по доле в валовом доходе его поделили на группы A_1, A_2, A_3, В и С, а скорость реализации - на пять групп: 1. очень высокая (X_1) - > 5 уп/д; 2. высокая (X_2) -1-4 уп/д; 3. средняя (Y_1) - 1-6 уп/нед; 4. низкая (Z_1) -1-3 уп/мес; 5. очень низкая (Z_2) - 1 уп/мес и менее. По полученным результатам весь ассортимент гомеопатических препаратов Волгоградской области по МП был разделен на пять групп:

I - очень высокий МП (A_1-I) – Траумель С 50г мазь, Оциллококцинум №6 гранулы, Оциллококцинум №12 гранулы, Мастодинон №60 таб;

II - высокий МП (A_2-I, A_3-I, A_1-II, A_2-II, A_1-III) - Афлубин 50мл капли, Вибуркол №12 суппозитории, Траумель С №50 таблетки, Мастодинон 100мл капли, Мастодинон 50мл капли, Эхинацея композитум 2,2мл №5 ампулы;

III - средний МП (В-I, A_3-II, A_2-III, A_1-IV, A_1-V) - Гентос 50мл капли, Тестис композитум 2,2мл №5 ампулы, Эуфорбиум композитум спрей, Дискус композитум 2,2мл №5 ампулы, Траумель С 2,2мл №5 ампулы, Цель Т 2,2мл №5 ампулы, Гомеовокс №60 драже, Коризалия №40 таблетки, Стодаль 200мл сироп, Эдас-306 (пассамбра) 100мл сироп, Эдас-801 (масло туи) 25мл, Инфлюцид №60, Энгистол №50, Цель Т мазь 50г, Валерианахель 30мл капли, Нервохель №50, Климакт-хель №50, Тонзипрет №50 таблетки, Агри 20г гранулы;

IV - низкий МП (С-I, В-II, A_3-III, A_2-IV, A_3-IV, A_2-V, A_3-V) - Гентос №40 таблетки, Ревма-гель 50г, Спаскупрель №50, Цель Т №50 таблетки, Мемория 50мл капли, Нотта 50мл капли, Плацента композитум 2,2мл №5 ампулы, Церебрум композитум Н 2,2мл №5 ампулы, Гентос 20мл капли, Агри таблетки №40;

V - очень низкий МП (C-II, B-III, C-III, B-IV, C-IV, B-V, C-V) - Климаксан №40 таблетки, Климаксан 10г гранулы, Популюс композитум 2,2мл №5 ампулы, Ангин-хель СД №50 таблетки, Нотта №12 таблетки.

Такое деление может свидетельствовать о том, что при формировании товарного ассортимента I группы можно получить самый высокий доход и самую высокую эффективность использования оборотных средств. Соответственно товары II-V групп будут обеспечивать меньший доход и/или более низкую эффективность использования оборотных средств. Так, при формировании ассортимента с высоким спросом (высокой скоростью реализации) имеются возможности значительно эффективнее использовать оборотные средства. Такое деление ассортимента гомеопатических препаратов позволяет концентрировать, внимание на продуктах, имеющих особое коммерческое и социальное (удовлетворение спроса) значение, строить более эффективную товарную стратегию, осуществлять дифференцированное управление аптечным ассортиментом.

Выводы. При формировании ассортимента гомеопатических препаратов разделение товара по МП позволяет фармацевтическому специалисту, занятому формированием ассортиментного портфеля гомеопатических препаратов:

1. сконцентрировать внимание на товарах, способных дать максимальный экономический эффект;
2. более эффективно управлять аптечным ассортиментом, в том числе и гомеопатических препаратов, минимизируя затраты на его поддержание и предупреждая дефектуру;
3. повысить оборачиваемость и рентабельность затраченных средств.

При определении маркетингового потенциала гомеопатических препаратов было выявлено, что наименование подгруппы A_1 обеспечивают такой же товарооборот, как наименований группы B и как наименований группы C. Безусловно у товаров группы А более высокий маркетинговый потенциал в сравнении с группой С. Но и в группе А есть наименования, имеющие различные скорости реализации. При закупке товара, пользующегося стабильным и повышенным спросом, легче обеспечить высокую оборачиваемость собственных и заемных активов. Поэтому такие наименования имеют высокий рейтинг и, как правило, более высокий маркетинговый потенциал.

Литература

1. Тюренков И. Н. Товарная политика и управление ассортиментом аптечной организации: учеб. пособие/ И. Н. Тюренков, Л. Н. Горшунова. – Волгоград, 2007. – 116 с.

Поспелова Е.И.
ГБОУ ВПО Иркутский государственный медицинский университет Минздрава России, специальность – фармация, 5 курс
e-mail: kesidi1610@yandex.ru
Сыроватский И.П.
ГБОУ ВПО Иркутский государственный медицинский университет Минздрава России, доцент кафедры фармацевтической и токсикологической химии, кандидат фармацевтических наук

СПЕКТРОФОТОМЕТРИЧЕСКОЕ ОПРЕДЕЛЕНИЕ АЦИКЛОВИРА ПО ОПТИЧЕСКОМУ ОБРАЗЦУ СРАВНЕНИЯ

Ацикловир представляет собой лекарственный препарат из группы противовирусных средств. Является высокоэффективным в отношении вирусов простого герпеса 1-го и 2-го типа и опоясывающего лишая, ветряной оспе. При герпесе ацикловир предупреждает появление новых элементов сыпи, уменьшает вероятность кожной диссеминации и висцеральных осложнений, ускоряет образование корок, ослабляет боли в острой фазе опоясывающего герпеса. Препарат оказывает также иммуностимулирующее действие. Назначают его также для профилактики инфекций, вызываемых вирусом простого герпеса у больных со сниженным иммунитетом. [1, 872].

Исходя из вышеизложенного стоит отметить, что данный лекарственный препарат имеет широкое применение в медицинской практике и его частое применение требует особое внимание к его качеству.

Анализ данных литературы и нормативной документации показал, что методы количественного определения ацикловира в субстанции несовершенны и не позволяют объективно оценить его качество. Количественное определение ацикловира согласно нормативной документации проводится титриметрическим методом (кислотно-основное титрование в среде ледяной уксусной кислоты). Данный метод является длительным, трудоемким, требует использования токсических растворителей [2, 515].

Анализ лекарственной формы, а именно таблеток ацикловира согласно нормативным документациям, проводится спектрофотометрическим методом, отличающимся доступностью, простотой методик анализа, экспрессностью, высокой чувствительностью, воспроизводимостью и низкой токсичностью [3, 9].

Более широкому использованию данного метода для анализа ацикловира препятствует отсутствие государственных образцов сравнения, которые требуются для анализа лекарственного препарата. В связи с этим оптимизация спектрофотометрического определения исследуемых лекарственных форм с использованием внешних (оптических) образцов сравнения является актуальной проблемой. Всё вышеописанное свидетельствует о том, что методики количественного определения данного препарата требуют совершенствования.

Целью настоящего исследования явилась разработка нового варианта метода спектрофотометрии для анализа ацикловира в субстанции и таблетках с использованием оптических образцов сравнения.

Для разработки методик анализа необходимо было провести оптимизацию условий спектрофотометрического определения ацикловира. Были изучены спектры его поглощения в интервале pH 1,1-12,5 в области от 220 до 400 нм. Изучение стабильности растворов ацикловира показало, что наиболее устойчив раствор ацикловира с pH 12,5. Поэтому в качестве оптимального растворителя для спектрофотометрического определения ацикловира нами был выбран 0,1М раствор натрия гидроксида (pH=13). Аналитическая длина волны ацикловира (261 нм) входит в интервал оптимальный для сульфосалициловой кислоты (258-263 нм), поэтому сульфосалициловая кислота может быть предложена в качестве внешнего образца сравнения для спектрофотометрического определения ацикловира.

Следует отметить, что у сульфосалициловой кислоты и ацикловира совпадают максимумы поглощения (260±3 нм), что видно на рис. 1. Следовательно, можно предположить, что погрешность анализа ацикловира при отмеченных выше оптимальных условиях не будет превышать допустимую.

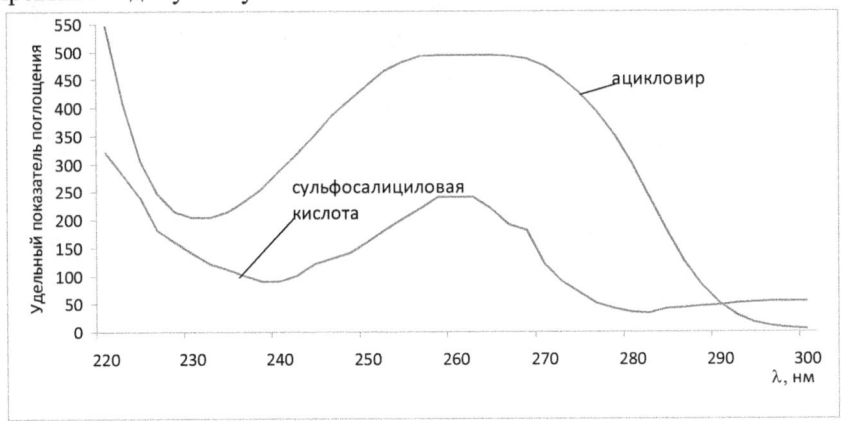

Рис. 1. Спектры ацикловира и сульфосалициловой кислоты в 0,1М растворе NaOH

В связи с тем, что удельные показатели поглощения ацикловира и сульфосалициловой кислоты не совпадают, рассчитали коэффициент пересчета, который равен 1,497 [4, 69].

Анализ полученных результатов количественного определения по разработанной методики показал, что ацикловир соответствует нормативным требованиям [2,9]. Относительная погрешность определения не превышает 0,6%. Разработанная методика характеризуется хорошей воспроизводимостью (S_r не превышает 0,008) проста в выполнении и не требует дорогостоящих стандартных образцов.

Так же нами разработаны методики количественного определения ацикловира в таблетках по 200 и 400 мг. Из полученных результатов следует, что спектрофотометрическое определение ацикловира в лекарственных формах по оптическому образцу сравнения сульфосалициловой кислоты соответствует нормативным требованиям. Относительная ошибка определения не превышает 0,75 %.

Таким образом, проведенные нами исследования позволили усовершенствовать фармацевтический анализ субстанции и таблеток ацикловира.

Список литературы

1. Машковский, М.Д. Лекарственные средства. / М.Д. Машковский - 16-е изд., пераб., испр. И доп. – М.: Новая волна, 2012. – С. 872-873.
2. Ацикловир ФС 42-0221-07. – 4 с.
3. Таблетки ацикловира 400мг НД 42-9160-08. – 15 с.
4. Илларионова Е.А., Сыроватский И.П., Плетенева Т.В. Модифицированный метод сравнения в спектрофотометрическом методе анализа лекарственных средств // Вестник РУДН. Серия медицина. – 2003. - №5 (24). – С. 66 - 70.

Геллер Л.Н., Тыжигирова В.В., Батоцыренова Д.Э.
Геллер Л.Н. – д.ф.н., профессор, зав. кафедрой управления и экономики фармации Иркутского государственного медицинского университета; Тыжигирова В.В. – к.ф.н., доцент кафедры фармацевтической и токсикологической химии Иркутского государственного медицинского университета; Батоцыренова Д.Э. – интерн кафедры управления и экономики фармации Иркутского государственного медицинского университета
E-mail: ips1961@rambler.ru.

МАРКЕТИНГОВЫЙ АНАЛИЗ АССОРТИМЕНТА ЛЕКАРСТВЕННЫХ ПРЕПАРАТОВ ГРУППЫ АДАМАНТАНА

Адамантан – это насыщенный мостиковый углеводород, состоящий из трех циклогексановых колец в конформации «кресло». Циклическая система адамантана обладает такими уникальными свойствами, как объемность, симметричность, высокая липофильность. Благодаря этим свойствам производные адамантана легко проникают через биологические мембраны, адсорбируются на клетках и оказывают биологическое действие, особенно аминопроизводные [1,5].

Противовирусным действием обладают римантадин и тромантадин; нейропротекторным – амантадин и мемантин; антиастеническим – ладастен. Лекарственные препараты (ЛП) мемантина и амантадина включены в список ЖНВЛС и рекомендованы для лечения болезни Альцгеймера и Паркинсона соответственно. Номенклатура ЛП группы адамантана постоянно расширяется и обновляется. Например, на стадии регистрации находятся ЛП гимантана, обладающие противопаркинсоническим действием. Важно отметить, что гимантан является отечественным ЛП, разработанным в НИИ фармакологии им. В.В. Закусова РАМН.

Вышеизложенное обусловило выбор производных адамантана в качестве объекта нашего исследования. Цель исследования заключалась в проведении маркетингового анализа ассортимента ЛП группы адамантана, изучении их позиционирования на российском фармацевтическом рынке.

Информационный массив ЛП группы адамантана был сформирован на основании проведенного контент-анализа Государственного реестра лекарственных средств по состоянию на 2013 г. При этом учитывались следующие позиции: код АТС-классификации, действующее вещество (МНН), состав, торговое наименование, лекарственная форма, производитель, дата регистрации [5, 23].

Изучаемая группа ЛП относится к шести группам АТС-классификации: A13A, D06BB, N04BB, N04DX, R05X, J05AC. По

фармакологическому действию производные адамантана можно разделить на четыре группы:
- противовирусные ЛП римантадина и тромантадина для профилактики и лечения гриппа А и герпетической инфекции соответственно;
- нейропротекторные ЛП амантадина и мемантина для лечения болезни Паркинсона и Альцгеймера соответственно;
- антиастенические ЛП адамантилбромфениламина (Ладастен);
- комбинированные ЛП для устранения симптомов ОРЗ и простуды, включающие римантадина гидрохлорид (АнвиМакс и АнГрикапс максима).

Общий ассортимент предложений ЛП группы адамантана составляет 50 ЛП, представленных 21 торговым наименованием. Они включают 5 действующих веществ, имеющих международные непатентованные названия (МНН).

Структуру ассортимента по фармакологическим группам формируют преимущественно нейропротекторные ЛП – 54,0 % и противовирусные ЛП – 32,0 %. Незначительную долю составляют антиастенические ЛП – 4% и ЛП для устранения симптомов ОРЗ и простуды – 10,0%.

В ходе маркетингового анализа установлено, что в ассортиментной номенклатуре доминируют ЛП мемантина и римантадина, их доли составляют 44% и 30% соответственно.

Анализ ассортимента ЛП производных адамантана по производственному признаку показал преобладание доли ЛП российского производства – 66,0%. Всего на территории России зарегистрированы предложения 5 зарубежных стран. Среди них первое место в рейтинге предложений занимает Германия – 20,0%, второе место – республика Беларусь, Латвия, Хорватия – по 4% и завершает перечень Аргентина – 2%.

В разрезе фармакологических групп доля отечественных составляет 87,5% по противовирусным ЛП; 48,2% по нейропротекторным ЛП; 100,0% по антиастеническим ЛП; 80,0% по комбинированным средствам против ОРЗ и простуды. Таким образом, только в группе нейропротекторов преобладает доля зарубежных ЛП (51,8%).

Дальнейшее сегментирование ассортимента по формам выпуска (ЛФ) выявило, что доля твердых форм в общей структуре ассортимента составляет 83,8%, жидких – 13,5%, мягких – 2,7%.

Среди твердых форм доминируют таблетки, покрытые оболочкой – 56,8%; затем следуют таблетки без оболочки и порошки для приготовления раствора – по 10,8%; меньше всего ЛФ представлено в виде капсул – 5,4%. Жидкие ЛФ включают капли для приема внутрь и растворы для инфузий – по 5,4%; в форме сиропа присутствует только один ЛП – 2,7%. Мягкие формы представлены в виде геля для наружного применения – 2,7%.

Особо следует отметить, что в ассортиментной номенклатуре противовирусных средств только один ЛП позиционируется на фармацевтическом рынке как детский. Это сироп Орвирем, содержащий в качестве действующего вещества римантадин, связанный с альгинатом натрия.

Анализ ассортиментной структуры ЛП группы адамантана по времени регистрации показал, что за последние 5 лет появились 3 новых торговых наименования, представленных 7 ЛП (14,0%). Обновление номенклатуры наблюдается главным образом в группе антиастенических и противопростудных ЛП. Индекс обновления по отечественным препаратам составляет 12% и по зарубежным – 2%.

Изыскание новых ЛП в ряду адамантана не прекращается. Как следует из научных данных [4,9], на стадии фармакологических исследований находятся соединения, обладающие противовирусным, противоопухолевым, антималярийным, ноотропным, психостимулирующим, анксиолитическим действием. Например, изучаются соединения, сочетающие в себе фрагменты римантадина и аминокислот [2,7]. Такие производные ингибируют вирусы гриппа А, резистентные к римантадину. В настоящее время на основе аминоадамантана и монотерпеноидов (миртеналя и цитраля) синтезированы соединения, обладающие выраженным анксиолитическим эффектом [3,5].

Таким образом, проведенные маркетинговые исследования показали, что ЛП группы адамантана составляют важный сегмент отечественного фармацевтического рынка и имеют большие перспективы развития.

Литература

1. Багрий, Е.И. Адамантаны: получение, свойства, применение / Е.И. Багрий. – М.: Наука, 1989. – 264 с.
2. Некоторые пути преодоления резистентности вирусов гриппа А к препаратам адамантанового ряда / В.А. Шибнев [и др.] / Химико-фармацевтический журнал. – 2012. – Т. 46, №1. – С. 3-7.
3. Синтез и анксиолитическая активность производных 2-аминоадамантана, содержащих монотерпеновые фрагменты / И.Г. Капица [и др.] / Химико-фармацевтический журнал. – 2012. – Т. 46, №5. – С. 3-5.
4. Синтез и противовирусная активность новых производных адамантанового ряда / И.К. Моисеев [и др.] / Химико-фармацевтический журнал. – 2011. – Т. 45, №10. – С. 9-13.
5. Фармацевтический маркетинг / А.Ю. Юданов [и др.] – М.: Ремедиум, 2008. – 601 с.

Сидоренко С.И.[1], Замулко С.А.[2]

[1]член-корреспондент НАН Украины, д.ф.-м.н., профессор, проректор, Национальный технический университет Украины "Киевский Политехнический Институт". sidorenko@kpi.ua

[2]к.т.н., докторант кафедры физики металлов, Национальный технический университет Украины "Киевский Политехнический Институт". zamulko@kpm.kpi.ua

МОДИФИЦИРОВАННОЕ ПРЕДСТАВЛЕНИЕ ЗАДАЧ ИНЖЕНЕРНОГО КОНСТРУИРОВАНИЯ МАТЕРИАЛОВ

Введение

Сегодня в теоретическом материаловедении все шире используются методы "инженерного конструирования материалов" – построения новейших знаний на основе уже накопленных путем оперирования материаловедческими базами данных [1-9] и решения задач "из первых принципов".

Одним из наиболее цитируемых ученых в отрасли инженерного "конструирования" материалов является профессор университета штата Айова (США) К.Раджан, который поддерживает портал CoSMIC [10], что накапливает и структурирует информацию в этой отрасли.

Методы "инженерного конструирования материалов" получили название "Data Base Science and Science on Materials Design" ("Наука оперирования базами данных и конструирования материалов"), которые активно развиваются благодаря мировым научно-образовательным программам и сетям. Эта тенденция является проявлением более общей тенденции – создания физико-материаловедческих основ "конструирования" - заранее заданного, целеустремленного формирования состава (химического и фазового) и структуры (кристаллографической, дефектной, электронной) с целью получения материалов с новыми необходимыми свойствами и новыми сочетаниями свойств [6, 11].

Актуальность направления "Data Base Science and Science on Materials Design" обусловлена изменением соотношения между непосредственно экспериментальной работой исследователя в лаборатории и в виртуальных объединениях ученых, в виртуальных интеллектуальных пространствах, что связано с новыми возможностями в получении, накоплении и распространении знаний – благодаря развитию мировых информационно-коммуникационных сетей [5].

Эти пропорции сегодня меняются [9, 12] в пользу теоретического материаловедения: накопление баз данных в мировых сетях, Internet-ресурсах и их анализа [13-15] как основы для поиска новых материалов и новых свойств, теоретического "конструирования" (предвидения)

материалов с "первых принципов" с использованием GRID-технологий в суперкомпьютерных кластерах [15-19].

Постановка задачи

Цель статьи – модифицированное представление "прямой задачи" и "обратной задачи" в инженерном конструировании материалов.

"Прямая задача" и "обратная задача" в методах инженерного "конструирования" материалов.

Все задачи по инженерному "конструированию" материалов сводятся к трем: прямой задачи, обратной задачи первого рода и обратной задачи второго рода. Охарактеризуем каждую из них.

Допустим, что есть большое количество баз данных, в которых каждому составу или интервалам составов материала поставлены в соответствие физические свойства (их может быть одно, два, ..., j и т.д.) Целью решения "прямой задачи" является построение интерполяционного полинома на основании имеющихся баз данных. В этом построении (в этих вычислительных процедурах) состав материала является аргументом, а свойства – функцией (в общем случае – частично-непрерывной).

Необходимо построить обобщенный алгоритм решения "прямой задачи". Она выглядит таким образом:

Допустим, существует K химических элементов, из которых может быть создан новый материал: $N_1, N_2, ... N_i, ..., N_k$.

Тогда j-е свойство материалов F_j - это:

$$F_j(N_1^{(C1)}, N_2^{(C2)}, ... N_i^{(Ci)}, ... N_k^{(Ck)}, T),$$

где C_i - концентрация химического элемента N_i, входящего в состав нового материала, $\sum C_i = 1$, T – температура.

Функция F_j – непрерывная в определенных интервалах концентраций и температур, что определяется диаграммой фазовых равновесий.

Ставится задача построить интерполяционный полином функций F_j по заложенным в базы данных дискретным значениям F_j:

$$F_j(N_1^{(C1)}, N_2^{(C2)}, ... N_i^{(Ci)}, ... N_k^{(Ck)}, T) = f_0 + \sum_{n=1}^{m}\sum_{i=1}^{k} f_n \left(N_i^{(Ci)}\right)^n + \sum_{n=1}^{m} f_n T^n,$$

где m – степень, при которой достигается желаемая (по критериям, установленным исследователем) точность интерполяции экспериментальных данных, f_n - искомые коэффициенты интерполяционного полинома C_i на отрезке $C_{i0} - C_{i1}$, ёT на отрезке $[T_0 - T_1]$.

Сложность построения алгоритма связана с тем, что существующие базы данных не только дискретные, а данные в них неэквидистантные, но и также с тем, что существующие базы данных разнородные и имеют разную размерность. Примеры, представленные на рис.1, подтверждают эту мысль.

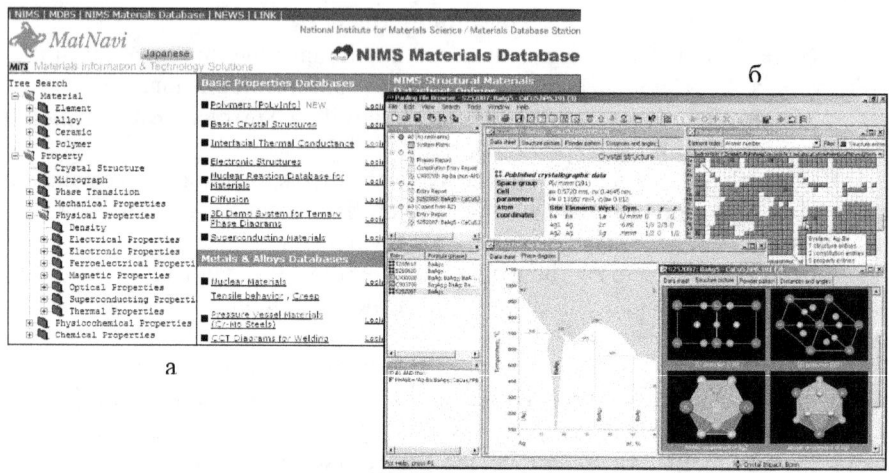

Рис.1. Примеры материаловедческих баз данных:
а) On-line база данных NIMS (Национального института матеріалловедения, Японія) "Materials: Elements and Compounds" относительно свойств разных групп материалов (размещена на сайте NIMS[20])
б).Off-line база данных LPF (Linus Pauling File) для двухкомпонентных систем, любезно предоставленная профессором Ш. Ивата, развернутая в локальной сети PhysMetNet кафедры физики металлов НТУУ "КПИ".

Кроме того, на сегодняшний день отсутствует мировое единое информационное поле баз данных, в котором алгоритмы обращения к базам данных и оперирования ими были б унифицированными (что облегчило бы работу исследователей). Существующие базы данных созданы разными коллективами исследователей, в разных странах, с использованием разных стандартов и содержат информацию разного типа, разного уровня агрегирования и т.д. Все перечисленное, естественно, усложняет задание построения общего алгоритма.

Таким образом, материаловедческое сообщество идет путем создания единой унифицированной распределенной интегрированной базы данных (РИБД), которая должна отвечать критериям достоверности данных, унификации единиц измерений и т.п.

Общий алгоритм можно применить к ряду конкретных случаев для определения многих практически важных заданий (контактные системы, барьерные шары, сочетание материалов и т.д.).

Когда "прямая задача" уже решена (интерполяционный полином построен), тогда с использованием этого полинома может решиться и "обратная задача": какие составы материала могут обеспечить получение заранее заданных свойств (это задание мы называем "обратной задачей первого рода")

Решение "обратной задачи" (какие составы могут обеспечить получение заранее заданных свойств) может быть выполнено и другим путем – с "первых принципов". При этом на уравнение Шредингера накладываются определенные ограничения, а в результате его решения исследователь получает составы [2, 8, 16, 18, 21], обеспечивающие заранее заданные свойства при условии наложенных ограничений (эту "обратную задачу" мы называем "обратной задачей второго рода")

В качестве свойства, ставящегося к соответствию состава, может быть выбрана структура. Структура может также выступить в качестве аргумента, а в качестве функции в таком случае будут выступать свойства.

Вообще, и состав, и структура являются аргументами, а свойства – функцией, так как состав определяет структуру, а структура - свойства. То обстоятельство, что структура – сложное комплексное понятие (различают три типа структуры: кристаллографическая, электронная и дефектная), а химический состав – понятие простое, приводит к выводу, что на начальном этапе исследователю проще иметь дело с вычислительными процедурами, где в качестве аргумента выступает химический состав.

Кроме того, в качестве аргумента (кроме состава) должна выступать также и температура.

Вопреки сомнениям скептиков относительно практических результатов инженерного "конструирования" материалов, приведем пример решения задачи инженерного конструирования новых пленочных материалов проф. H. Akai с университета Осака [22], который по алгоритмам с использованием задачи по типу "обратной задачи второго рода" - разработал новые комбинации тонкопленочных материалов для повышения плотности записи магнитных носителей информации. GMR ratio 6-слойной пленочной композиции Fe-Co-Cu-Ru-Mn, которая используется в наше время, составляет 19%, а GMR ratio 3-слойной тонкопленочной композиции Cr-Ca-Ni-As-Fe-Cr-S, предложенной проф. H. Akai, – 720%.

Выводы

Представлено модифицированные задачи, связанные с инженерным "конструированием" новых материалов, которые в последнее время применяются в материаловедении в связи с формированием идеологии "конструирования новых знаний на основе уже накопленных знаний", а также в связи с широким привлечением технологий оперирования материаловедческими базами данных.

Впервые показано, что общую задачу по инженерному "конструированию" материалов необходимо разделить на 3 задачи: прямую, обратную задачу первого рода, обратную задачу второго рода, которые сформулированные в общем виде.

Решение этих задач для конкретных систем дает возможность ускорить и более точно определить критерии для создания новых материалов с заранее заданными свойствами.

Литература

1. S. Iwata, Y. Ohsawa, S. Tsumoto, Ning Zhong, Yong Shi, L. Magnani, "Communications and Discoveries from Multidisciplinary Data", Springer, 2008.
2. K. Rajan, "Materials informatics", Materials Today, 2005, pp 38–45.
3. D. Raabe, "Computational Materials Science", Wiley-VCH, Weinheim, 1998.
4. Cahn, R.W. "The Coming of Materials Science", Oxford: Elsevier, 2001, pp. 491–502.
5. С.І. Сидоренко, С.М. Волошко, Ю.М. Макогон, Применение ИКТ в преподавании тонкопленочного металловедения. // Актуальні проблеми тонкоплівкового металознавства (друге видання). – Київ: "Наукова думка", 2009. – с. 238–290.
6. С.І. Сидоренко, А.Т. Пугачов. Сучасні проблеми тонкоплівкового металознавства// сб. наук. статей «Физико-технические проблемы современного материаловедения», присвячений 95-річчю від дня заснування Національної академії наук України (подано до друку).
7. Cahn, R.W. "The Coming of Materials Science", Oxford: Elsevier, 2001, pp. 503–538.
8. Changwon Suh, Arun Rajagopalan, Xiang Li, Krishna Rajan, "The application of Principal Component Analysis to materials science data", Data Science Journal, Vol. 1, pp. 19–26, 2002.
9. S. J. L. Billinge, K. Rajan, S. B. Sinnott, "From Cyber infrastructure to Cyber discovery in Materials Science: Enhancing outcomes in materials research, education and outreach" – Report from a workshop held in Arlington, Virginia, 2006.
10. http://cosmic.mse.iastate.edu/index.html
11. С.И. Сидоренко. Тонкие металлические пленки. Неорганическое материаловедение. В двух томах. Энциклопедическое издание / Под ред. Г.Г. Гнесина, В.В. Скорохода. Том 2, Книга 2. Материалы и технологии. Киев: Наукова думка, 2008. – С. 469–492.

12. Toyohiro Chikyow, "Trends in Materials Informatics in Research on Inorganic Materials", Quarterly Review, No 20, pp. 59–71, 2006.
13. Doreswamy, K.S. Hemanth, Channabasayya M. Vastrad, and S. Nagaraju, "Data Mining Technique for Knowledge Discovery", Engineering Materials Data Sets, pp. 512–522, 2011.
14. P.S. Pamalhete et al. "Digital tools for material selection in product design", Materials and Design, vol. 31, pp. 2275–2287, 2010.
15. Xuyun Hong, Liangwei Zhong, Jing Ni, "Study on the Material Requisition System Based on Data Mining", Modern Applied Science, Vol 3, No 8, pp. 9–14, 2009.
16. T. Yamamoto, S. Ohnishi, Ying Chen, S. Iwata, "Effective Interatomic Potentials Based on The First-Principles Material Database", Data Science Journal, Vol. 8, pp. 62–69, 2009.
17. S. R.Broderick, H. Daourag, K. Rajan, "Data mining of Ti–Al semi-empirical parameters for developing reduced order models", Physica B, Elsevier B. Vol 406, pp. 2055–2060, 2011.
18. D. Frenkel, B. Smit. "Understanding Molecular Simulations: From Algorithms to Applications", Academic Press, San Diego, 1996.
19. C.-H. Wu, "Data mining applied to material acquisition budget allocation for libraries: design and development", Expert Systems with Applications, Vol 25, Iss 3, pp. 401–411, 2003.
20. http://mits.nims.go.jp/db_top_eng.htm
21. Gang Yu, Jingzhong Chen, Li Zhu, "Data mining techniques for materials informatics: datasets preparing and applications", 2009 Second International Symposium on Knowledge Acquisition and Modeling, IEEE, Vol 2, pp. 189–192, 2009.
22. H. Akai, M. Ogura, N.H. Long. "Computational materials design and its application to spintronics", Japan-Germany Joint Workshop 2009, Kyoto, 21-23 Jan, http://www.jst.go.jp/sicp/ws2009_ge3rd/ presentation/29.pdf.

УДК 681.3

Лавриненко А.Н., Червяков Н.И.
ФГАОУ ВПО «Северо-Кавказский федеральный университет»

МАТЕМАТИЧЕСКАЯ МОДЕЛЬ ЭЛЛИПТИЧЕСКОЙ КРИПТОСИСТЕМЫ НА ОСНОВЕ СИСТЕМЫ ОСТАТОЧНЫХ КЛАССОВ

В статье кратко описывается перспективность криптографических преобразований в группе точек эллиптической кривой над большим конечным полем, а также исследуются некоторые вопросы построения общей математической модели модулярной эллиптической криптосистемы.

Ключевые слова: эллиптические кривые, модулярная арифметика, криптография, системы криптографической защиты информации.

Lavrinenko A.N., Chervyakov N.I.
FSAEI HPE «North-Caucasian Federal University»

MATHEMATICAL MODEL OF THE ELLIPTIC CRYPTOSYSTEM BASED ON THE SYSTEM OF RESIDUAL CLASSES

The article outlines the prospects of cryptographic transformations with the point group of an elliptic curve over a large finite field and explores some of the issues of construction the general mathematical model of the modular elliptic cryptosystem.

Key words: elliptic curves, modular arithmetic, cryptography, systems of cryptographic protection information.

В современном мире немаловажную роль играет уровень защиты передаваемых данных. Более сложные криптографические алгоритмы требуют использования более мощных средств вычислительной техники. При этом рост мощности ЭВМ и развитие современных научных теорий постепенно разрушают представления о надежности используемых систем криптографической защиты информации (СКЗИ). Возникает потребность в разработке новых алгоритмов и методов, направленных на оперативное решение проблемы защиты конфиденциальных данных и информации в целом.

1. Эллиптическая криптография

Новейшие достижения в области защиты информации в значительной мере основываются на исследованиях конечных алгебраических структур: полей, колец, Абелевых групп. Больших успехов в создании высоконадежных СКЗИ удалось достичь в конце XX века, когда было предложено использовать для построения криптосистем не числовые мультипликативные Абелевы группы, а аддитивные Абелевы группы точек эллиптических кривых (ЭК). Аналогом операции умножения чисел служит сложение точек ЭК, а аналогом возведения в степень — умножение точки на число. Системы, построенные на точках ЭК, являются одним из самых перспективных направлений в современной криптографии. Это обусловлено тем, что ЭК обеспечивает максимально возможную надежность СКЗИ на один бит размера задачи. Сравнительная оценка надежности криптосистем при различной длине ключей представлена в табл.1 [1, 5].

Таблица 1. Сопоставление длины ключа асимметричного алгоритма с длиной ключа алгоритма на эллиптической кривой с аналогичной криптостойкостью.

Длина ключа асимметричной криптосистемы, бит	Длина ключа для криптосистемы на эллиптической кривой $E(F_q)$, бит	
	q – простое число	$q = 2^m, m > 0 \in N$
512	112	113
704	128	131
1024	160	163
1536	192	193
7680	384	409
15360	521	571

Использование СКЗИ, построенных на точках ЭК, долгое время считалось проблематичным. Трудоемкие математические преобразования в основном криптографическом алгоритме могут приводить к понижению скорости работы. Эта проблема решается путем использования альтернативных вычислительных алгоритмов. Так, например, для того чтобы избежать инверсии в конечном поле, можно выполнять арифметические операции с точками ЭК в проективных координатах. В качестве альтернативы длинной арифметики при выполнении промежуточных преобразований предлагается использовать математический аппарат системы остаточных классов (СОК), что позволит существенно сократить размерность операндов и, следовательно, повысить скорость вычислений над большими числами.

При использовании уравнения эллиптической кривой
$$E: y^2 = x^3 + ax + b (\bmod p), \ a,b \in F_p, \quad (1)$$
в канонической форме Вейерштрасса над большим конечным полем F_p, с дискриминантом $(4a^3 + 27b^2) \neq 0$, для реализации любого известного алгоритма криптографических преобразований (например, по схеме Эль-Гамаля) требуется проводить бинарные операции сложения точек P и Q ЭК, вида $R(x_3, y_3) = P(x_1, y_1) + Q(x_2, y_2)$, по общим формулам:

— при $P \neq \pm Q$ — при $P = Q$

$$x_3 = \left(\frac{y_2 - y_1}{x_2 - x_1}\right)^2 - x_1 - x_2, \qquad x_3 = \left(\frac{3x_1^2 + a}{2y_1}\right)^2 - x_1 - x_2,$$
$$y_3 = -y_1 + \frac{y_2 - y_1}{x_2 - x_1}(x_1 - x_3). \qquad y_3 = -y_1 + \frac{3x_1^2 + a}{2y_1}(x_1 - x_3). \qquad (2)$$

В чистом виде данный алгоритм малоэффективен. Поскольку при выполнении арифметических операций с точками ЭК (1) по формулам (2) над большим конечным полем F_p для получения результирующей точки R потребуется выполнение трудоемкой операции инверсии, то данный метод предлагается заменить альтернативными преобразованиями в проективной системе координат (X,Y,Z) по формулам:

— при $P \neq \pm Q$

$$\begin{cases} x_3 = v_7 v_{12} \\ y_3 = v_6(v_{10}v_3 - v_{12}) - v_{11}v_1 \\ z_3 = v_{11}v_5 \end{cases}, \text{где} \begin{cases} v_1 = y_1 z_2, \quad v_2 = y_2 z_1, \quad v_3 = x_1 z_2, \\ v_4 = x_2 z_1, \quad v_5 = z_1 z_2, \\ v_6 = v_2 - v_1, \quad v_7 = v_4 - v_3, \quad v_8 = v_4 + v_3, \\ v_9 = v_6^2, \quad v_{10} = v_7^2, \quad v_{11} = v_7^3 = v_7 \cdot v_{10}, \\ v_{12} = v_9 \cdot v_5 - v_{10} \cdot v_8. \end{cases}$$

— при $P = Q$
(3)

$$\begin{cases} x_3 = 2v_{11}v_4 \\ y_3 = v_6(4v_7 - v_{11}) - 8v_2v_8 \\ z_3 = 8v_9 \end{cases}, \text{где} \begin{cases} v_1 = x_1^2, \quad v_2 = y_1^2, \quad v_3 = z_1^2, \\ v_4 = y_1 z_1, \quad v_5 = x_1 y_1, \\ v_6 = av_3 + 3v_1, \quad v_7 = v_4 v_5, \quad v_8 = v_4^2, \\ v_9 = v_4 v_8, \quad v_{10} = v_6^2, \quad v_{11} = v_{10} - 8v_7. \end{cases}$$

где a – коэффициент из E в (1), $P(x_1,y_1,z_1)$, $Q(x_2,y_2,z_2)$, $R(x_3,y_3,z_3)$ – точки ЭК в проективной системе координат. [4, 54-55]

2. Модулярная арифметика в эллиптической криптографии

Для ускорения выполнения арифметических операций по формулам (3) вычисления целесообразно организовать по формулам модулярной арифметики в СОК. Для любых двух чисел a и b в СОК справедливо

$$a \circ b \equiv ((\alpha_1 \circ \beta_1) \bmod p_1, (\alpha_2 \circ \beta_2) \bmod p_2, \ldots, (\alpha_n \circ \beta_n) \bmod p_n), \quad (4)$$

где ($\circ$) – любая модульная операция ("+", "-", "*" – базовые арифметические операции, все кроме деления [3, 26-31; 5, 9-12]), через α_i и β_i обозначены цифры СОК-представления чисел a и b по соответствующим модулям p_i системы, n – размерность СОК, $q = \prod_{i=1}^{n} p_i$ — основной диапазон вычислений выбранной СОК. Эффективность применения СОК для вычислений была исследована экспериментально с помощью разработки программной модели модулярного вычислителя в работе [6]. Относительные результаты эксперимента представлены в табл.2 [6, 262].

Таблица 2. Сравнительный анализ относительного времени выполнения модульных и немодульных операций над числами, представленными в СОК, в различных условиях, при программном распараллеливании вычислений, с относительным временем выполнения аналогичных операций в ПСС.

Арифметическая операция	Относительное время выполнения в СОК, условия проведения эксперимента		Относительное время выполнения в ПСС
Сложение	С масштабированием	4	1
	Без масштабирования	0,36	
Вычитание	С масштабированием	7	1
	Без масштабирования	0,31	
Умножение		0,73	1
Деление	Стандартный алгоритм	80	1
	Итеративный алгоритм	400	

Важно отметить, что для выполнения операций сложения и удвоения точек ЭК по формулам (3) достаточно использовать только модульные операции СОК. При этом нет необходимости проводить масштабирование, так как в основном алгоритме выполнения криптографических преобразований заведомо будут использоваться только целые числа. Поэтому на основании табл.2 можно сделать вывод о возможности повышения скорости работы криптосистемы минимум в 1,5-2 раза за счет использования модулярной арифметики при выполнении арифметических преобразований над точками ЭК.

Краеугольным камнем в использовании СОК при выполнении криптографических операций с точками ЭК остается эффективное выполнение другой сложной операции — редукции по большому модулю p. Используя ГОСТ Р 34.10-2012 и проводя операции над координатами точек ЭК (1) по формулам (3), мы должны выполнить редукцию по модулю p.

При этом, выполняя указанные операции в длинной арифметике позиционной системы счисления (ПСС), мы можем выполнять редукцию как в конце основной операции преобразования точек для каждой координаты точки $R(x_3, y_3, z_3)$, так и дополнительно выполнять редукцию промежуточных результатов вычислений, что сократит их размерность, однако при чрезмерном использовании данная операция может замедлить основной процесс выполнения криптографических преобразований. В случае ПСС успех выбора метода зависит от умения организовать наиболее эффективный алгоритм редукции в длинной арифметике. Иными словами, в стандартной ситуации, соответствующей ГОСТ Р 34.10-2012 допустимы оба варианта выполнения редукции.

В случае же расчетов по формулам (3) в модулярной арифметике редукцию надо осуществлять на каждом этапе промежуточных вычислений, так как в противном случае будет происходить переполнение динамического диапазона СОК q и искажение конечного результата. Выполнение редукции в модулярной арифметике — задача намного более трудоемкая, чем вычисление модулярного вычета в ПСС. Формально для этой цели можно использовать два метода:

1) Редукция с восстановлением ПСС-представления числа и обратным переводом в СОК.
2) Редукция методами СОК.

В первом случае мы имеем дело с явным усложнением алгоритма и разрушением идеи о распараллеливании криптографических вычислений с точками ЭК. Поэтому данный способ малоперспективен.

Редукция методами СОК представляет большее разнообразие вычислительных методов. Стандартная процедура деления с остатком в случае СОК нам не подходит, так как в СОК допускается только целочисленное деление и остаток должен быть заранее вычтен из делимого перед началом процедуры получения частного. Поэтому в случае редукции в СОК нас интересуют только методы вычисления остатка от деления двух чисел в СОК, не связанные с реальной необходимостью выполнения процедуры деления.

Забегая вперед, заметим, что в вычислениях по формулам (3) переполнение основного СОК-диапазона может произойти на любом этапе промежуточных вычислений. Поэтому очевидно, что для предотвращения этого следует проводить вычисления в расширенной СОК, а все операнды и результаты промежуточных вычислений вводить в диапазон основной СОК операцией модулярной редукции. Таким образом, диапазон расширенной СОК должен составить не менее чем $q' = q*(q-1)$, где q — диапазон основной СОК.

Для выполнения операции модулярной редукции в СОК помимо использования в вычислениях расширенного диапазона q' предлагается использовать операцию расширения остаточного диапазона СОК по модулю p поля ЭК. Для этой цели воспользуемся модернизированным методом на основе ядра числа R_A, предложенным в работе [7]. Ядро числа $a = (\alpha_1, \alpha_2, ..., \alpha_n)$ вычисляется по формуле

$$R_A = \left(\sum_{i=1}^{n} R_{B_i} \alpha_i \right) \bmod R_D, \qquad (5)$$

где $R_{B_i} = B_i/p_n$, $i = \overline{1, n-1}$, $R_{B_n} = (B_n - 1)/p_n$, $R_D = q/p_n$. На основании формулы (5) предлагается усовершенствованная формула для расширения остаточного представления СОК [7, 114]:

$$\alpha_{n+1} \equiv \alpha_n + p_n R_A (\bmod p_{n+1}), \quad (6)$$

где α_{n+1} по сути требуемый остаток от деления промежуточного результата криптографических вычислений a на модуль p поля ЭК (при условии $p = p_{n+1}$).

Поскольку, имея промежуточный результат вычислений a, представленный в СОК, нам хотелось бы получить результат модулярной редукции, тоже представленный в СОК, то вычисления по формуле (6) целесообразно также вести в СОК. Учитывая, что константы R_{B_i} в формуле (5) заранее известны, то получить СОК-представление всех операндов, участвующих в данной формуле будет не слишком сложно.

Остается только одна нерешенная задача. Модуль p поля ЭК является числом большой размерности и задача вычисления редукции по формуле (6) в явном виде представляется достаточно трудоемкой.

Для проведения вычислений в СОК по формуле (6) целесообразно рассмотреть вопрос об использовании вспомогательного диапазона вычислений в СОК. Так, если основной диапазон СОК q (либо некий частичный диапазон используемой расширенной СОК) по размерности числа будет близок к p, то выполнение редукции промежуточных результатов можно будет свести к искусственному ограничению числа в этом диапазоне и проведению модулярных расчетов по формуле (6).

Отдельно остановимся на вариациях с самим модулем p. Строго говоря, модуль p поля ЭК может быть как простым, так и составным числом. При этом, проектируя криптосистему, мы должны заранее учесть это обстоятельство, так как оно существенно повлияет на дальнейшие процессы работы и алгоритмы. Так, например, одной из наиболее часто возникающих задач при работе криптосистемы является необходимость решения квадратичного сравнения,

$$y^2 \equiv u (\bmod p), \quad (7)$$

вытекающего естественным образом на основании формулы (1) при кодировании чисел точками ЭК.

Для определения того факта, имеет ли решения квадратичное сравнение (7) можно использовать символ Лежандра. По определению символ Лежандра

$$\left(\frac{u}{p}\right) = \begin{cases} 0, & \text{если } p \mid u, \\ 1, & \text{если } u - \text{квадратичный вычет по модулю } p, \\ -1, & \text{если } u - \text{квадратичный невычет по модулю } p. \end{cases}$$

Для простого p имеет место сравнение $\left(\dfrac{u}{p}\right) \equiv u^{(p-1)/2} (\bmod p)$. В случае если p составное, то необходимо рассматривать символ Якоби, как мультипликативную комбинацию символов Лежандра для каждого простого множителя p с учетом его кратности.

Вычисление символа Лежандра позволяет отбросить элементы, которые не являются квадратичными вычетами, но не дает решения сравнения (7).

В случае если p – составное число, то решение сравнения (7) сводится к решению системы сравнений для каждого множителя p и нахождения искомого квадратичного вычета с использованием китайской теоремы об остатках (КТО) для всех решений полученных на предыдущем этапе [2, 47-58].

В случае если p – простое число (и $p > 2$), то его можно представить в виде $p \equiv 1(\bmod 4)$ либо $p \equiv 3(\bmod 4)$.

Решение сравнения (7) в первом случае при $p \equiv 1(\bmod 4)$ представляет достаточно трудную задачу. Общий алгоритм таков:

1. Вычислить символ Лежандра $\left(\dfrac{u}{p}\right)$, проверить существование решения.
2. Найти случайный квадратичный невычет b по модулю p.
3. Представить $p - 1 = 2^s t$, где t – нечетное.
4. Вычислить $u^{-1}(\bmod p)$.
5. Полагаем $c \equiv b^t (\bmod p)$ и $r \equiv (u^{(t+1)/2})(\bmod p)$.
6. Полученное r в определенной степени близко к квадратному корню из u. А именно — отношение r^2 к u есть корень 2^{s-1}-й степени из единицы по модулю p, так как $(u^{-1} r^2)^{t 2^{s-1}} = u^{(p-1)/2} = \left(\dfrac{u}{p}\right) = 1$. Теперь надо умножением r на некоторый корень 2^{s-1}-й степени из 1 получить такой y, чтобы выполнялось сравнение (7). Для этого в цикле с i от 1 до $s - 1$ вычисляем $d \equiv (r^2 * u^{-1})^{2^{s-i-1}} (\bmod p)$. Если $d = -1(\bmod p)$, то $r = (r * c) \bmod p$ и $c = c^2 (\bmod p)$. Если $d = 1(\bmod p)$, то нашли решение r и $-r$.

Во втором случае при $p \equiv 3(\bmod 4)$ сравнение (7) имеет более простое решение, которое выражается формулой $y = \pm u^{(p+1)/4} (\bmod p)$.

В обоих случаях можно в качестве решения выбрать любой из корней сравнения (7), например, положительный.

Таким образом, вариации с модулем p поля ЭК, проводимые в угоду удобства использования СОК при вычислениях по формулам (3), могут существенно повлиять на сложность и скорость работы алгоритма криптографических преобразований, и к данному вопросу надо подходить с осторожностью.

Выводы

Эллиптическая криптография является одним из самых перспективных направлений защиты персональных данных и информации в целом.

Имеющиеся криптографические методы в классической постановке вопроса при обеспечении требуемой ГОСТ Р 34.10-2012 размерности ключевой информации основаны на использовании длинной арифметики и применении редукции по модулю p поля ЭК в ПСС.

Сложные и длинные вычисления в процессе криптографических преобразований по формулам (3) могут быть заменены альтернативными вычислениями в СОК. С помощью СОК можно достичь существенного выигрыша в скорости выполнения модульных операций, используемых повсеместно в современных криптографических алгоритмах на основе ЭК. Однако, замена вычислений в ПСС на вычисления в СОК влечет необходимость разработки эффективного механизма редукции результатов промежуточных вычислений при выполнении криптографических преобразований. Один из возможных способов решения данной проблемы — редукция средствами СОК на основе формулы (6), когда исходные данные, промежуточные вычисления и результат редукции представлены в модулярной форме.

Литература

1. STANDARDS FOR EFFICIENT CRYPTOGRAPHY, SEC 2: Recommended Elliptic Curve Domain Parameters [Электронная версия], Certicom Research, September 20, 2000, - 51 p.
2. Н. Коблиц, Курс теории чисел и криптографии [Электронная версия], М.: Научное издательство ТВП, 2001г. - 254с.
3. Нейрокомпьютеры в остаточных классах. Кн.11. [Текст]// Червяков Н.И., Сахнюк П.А., Шапошников А.В., Макоха А.Н. Под ред. А.И.Галушкина, Н.И. Червякова, Учеб. пособие для вузов.–М.: Радиотехника, 2003. – 272 с.
4. Mugino Saeki, Elliptic Curve Cryptosystems, School of Computer Science [Электронная версия], McGill University, Montreal, February 1997 – 82 p.
5. Червяков Н.И., Лавриненко И.Н., Лобес М.В., Модулярные методы и алгоритмы деления на основе спуска Ферма и итераций Ньютона. [Электронная версия] // Инфокоммуникационные технологии. - Самара: ПГУТиИ, 2009, Т.7, №4. – с.9-12.
6. Лавриненко А.Н., Червяков Н.И., Разработка программной модели

модулярного вычислителя и оценка времени выполнения модульных и немодульных операций. [Текст]// Проблемы математики и радиофизики в области информационной безопасности: I Всероссийская конференция, г.Ставрополь, 17-19 октября 2012г. Северо-Кавказский федеральный университет. – Ставрополь: Издательско-информационный центр «Фабула», 2012. – 340 с., с.253-263.
7. Лавриненко А.Н., Червяков Н.И., Исследование немодульных операций в системе остаточных классов. [Текст]// Научные ведомости БелГУ. Серия: История. Политология. Экономика. Информатика. – Белгород: БелГУ, 2012, №1 (120), выпуск 21/1. – с.110-121.

Anisimova M.A.[1], Knyazeva A.G.[2]

[1]National Research Tomsk Polytechnic University, Institute of High Technology Physics

[2] Professor, doctor of physical and mathematical sciences, National Research Tomsk Polytechnic University, Institute of High Technology Physics

anisimova_mawa@mail.ru

THE INFLUENCE OF MODEL PARAMETERS ON THE OXYGEN CUTTING MODES

Introduction

Oxygen cutting is a process of intensive local oxidation of metal with oxygen jet, heated along the line up to the ignition temperature of the metal [1,6]. This process is based on the ability of some metals to ignite and burn in jet of technically pure oxygen at a temperature below the melting temperature of the metal [2,12;124].

Distinguish surface (the surface layer of metal is cut), separation (metal cut into pieces) and lances (the metal is burned deep hole) oxygen cutting [2,13].

In the process of cutting oxygen take place complex physic-chemical, metallurgical and thermal processes that cause changes in the structure and chemical composition of the metal in a narrow area adjacent to cutting edge [1,6]. Thermal processes have a direct impact on the physic-chemical and metallurgical phenomena occurring in cutting zone, as well as structural and phase transformations in the metal surface of the cut. For oxygen cutting following singularities are characteristic. First, the heating of the metal is performed by two heat sources: external - heated flame, and Internal - arising on the oxidation reaction. Secondly, in the reaction zone there occurs a continuous removal of carriers (of molten metal, slag and waste gas) [1,17].

Model in Dimensionless Variables

Model oxygen cutting of a thin plate [3] taking into account the heating of plates due to an external heat source, the heat of the oxidation reaction and changing thickness of the plate in the cutting process. In dimensionless variables

$$\theta = \frac{T - T_*}{T_* - T_0}, \; \xi = \frac{x}{x_*}, \; \zeta = \frac{y}{y_*}, \; \tau = \frac{t}{t_*}, \; H = \frac{h}{h_0}$$

model includes heat conduction equation

$$H\frac{\partial \theta}{\partial \tau} = \delta^{-1} H \left[\frac{\partial^2 \theta}{\partial \xi^2} + \frac{\partial^2 \theta}{\partial \zeta^2} \right] - Nu(\theta + \theta_e) -$$

$$- B\left[\left(\theta + \sigma^{-1}\right)^4 - \left(\sigma^{-1} - \theta_W\right)^4 \right] + \varphi_1(\xi, \zeta, \tau) + A\frac{dH}{d\tau}$$

with initial and boundary conditions

$$\xi = 0, H_X : \frac{\partial \theta}{\partial \xi} = 0; \quad \zeta = 0, H_Y : \frac{\partial \theta}{\partial \zeta} = 0;$$

$$\tau = 0 : \theta = -1.$$

The plate thickness is changed according to the formula

$$\frac{dH}{d\tau} = \begin{cases} -\Phi_1(\theta), H \neq 0; \\ 0, H = 0, \end{cases}$$

were $\varphi_1(\xi, \zeta, \tau) = exp\left[-\left(\zeta^2 + (\xi - \omega\tau)^2\right)\right]$ – a movable external heat source; $\Phi_1(\theta) = \frac{\varphi_2(\theta)\varphi_1}{1 + \gamma \cdot \varphi_2(\theta)\varphi_1}$, $\varphi_2(\theta) = exp\left[\frac{\sigma \cdot \theta}{\beta \cdot (1 + \sigma \cdot \theta)}\right]$ – functions which characterizing the speed of the oxidation reaction.

Results

By varying the parameter values different modes of cutting can be represented. For example, a certain set of parameters of model allows to study the surface and separating oxygen cutting (Fig. 1).

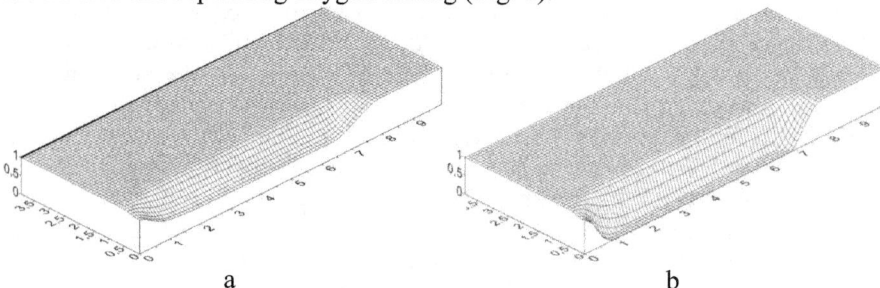

a   b

Fig.1 Shape the cutting edge of the surface (a) and the separation (b) mode. In the calculations taken ω=0,5; β=0,05; σ=0,7; δ=15; A=0,4;γ=a)4, b)1,2

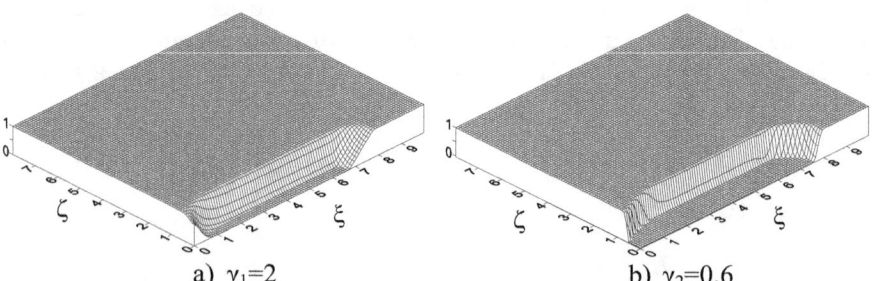

a) γ₁=2   b) γ₂=0,6

Fig.2 Shape the cutting edge in the kinetic (a) and diffusion (b) mode.

The process can proceed in kinetic and diffusion mode. Parameter $\gamma = \beta_0^{-1} \cdot k_0 \cdot exp\left[-\dfrac{E}{RT_*}\right]$ is the ratio of the rate of reaction in the kinetic mode to the reaction rate in the diffusion mode. It significantly affects the shape and size of the cut edges (Fig. 2). Due to rapid feed of oxygen in the diffusion mode, rapid oxidation occurs, leading to a sharp cutting edge (Fig.2,b). This mode is characterized by a large metal burnout.

Figure 3 illustrates the effect of the parameter γ on the maximum temperature (Fig. 3a) and the resulting depth of cut (Fig. 3b) for different values of A. $A = \dfrac{Q_h}{c\rho(T_* - T_0)} \equiv \dfrac{Q_h}{q_0 t_* / h_0}$ - is the ratio of heat released due to the chemical reaction, to the heat stored in the plate with thickness h0 at uniform heating during t *.

We see that in the kinetic mode (γ≥1) temperature of the process is significantly lower than in the diffusion. And also, the mode of surface oxygen cutting is possible only in the kinetic regime.

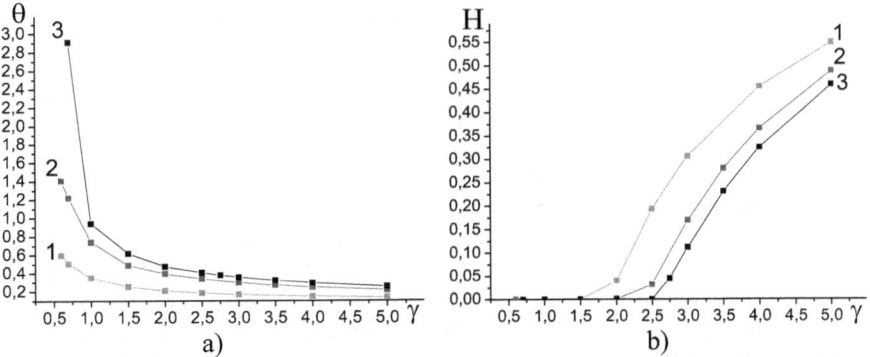

Fig.3 dependence of temperature (a) and thickness of plate (b) after reaching the steady-state mode from the parameter γ, when A=1) 0,4; 2) 1,2; 3) 1,6.

References

[1] I.A. Antonov, Gas and flame treatment of metals, Mashinostroenie, Moscow (in Russian), 1976.

[2] Gas welding and cutting of metals: the textbook / I.I. Sokolov. - Moscow: Higher School, 1978.

[3] M.A. Anisimova, Effect of chemical heat source on the temperature distribution in the process of cutting oxygen. / / Advanced materials in engineering and construction: Proceedings of the First All-Russian scientific conference of young scientists with international participation, 21-25 October 2013 - Tomsk, Russia. - 2013 , p. 166-168

Касумова А.Ш.
аспирант кафедры русского языка
ФГБОУ ВПО «Дагестанский государственный технический университет»
E-mail - Rutul2010@yandex.ru

РУССКОЕ РЕЧЕВОЕ ТВОРЧЕСТВО В ИНТЕРНЕТЕ

Сегодня уже неоспоримым фактом является то, что Интернет – самый колоссальный источник информации, который знало человечество. Информируя человека и заполняя его досуг, Интернет оказывает влияние на «весь строй его мышления, на стиль мировосприятия, на тип культуры сегодняшнего дня» [1, 20].

Интернет является мощным орудием воздействия на общественное сознание. Такие возможности Интернета, как оперативность, доступность, быстрота связи между пользователями на дальних и близких расстояниях, позволяют использовать Интернет не только как инструмент для познания, но и как инструмент для общения. Например:

«-Я же не отослала этот e-mail,- пробормотала она.

Было уже почти 2 часа ночи, когда почтовая программа подтвердила отсылку ее послания.

И ей подумалось – в последнее время ей эта мысль несколько раз приходила в голову, - что Интернету надо бы поклоняться точно также, как вину и огню. Потому что это гениальное изобретение. Какая еще почта бывает открыта в два часа ночи?». [7, 33].

Эффект воздействия многократно усиливается экспрессивностью кибертекста, который во многом создается различными приемами и формами речевого творчества автора. Демократизация российского общества, свобода выражения мыслей в Интернет-пространстве, снятие многих запретов обусловили и коммуникативную свободу пользователей Интернета, которая проявляется, в частности, в обилии инноваций, предпочтении нестандартных норм выражения мысли, расширении нормативных границ языка, а иногда и в сознательном нарушении языковых норм, то есть во всем, что принято называть речевым творчеством [3, 134].

Речетворчество в большинстве своем является заслугой молодежи. Причиной создания молодежью собственного языка считается извечное стремление молодых к отчуждению, их пренебрежение общепринятым. По мнению некоторых философов (Ж.Ж. Руссо, Г.Маркузе, М.Хайдеггер), любому молодежному сленгу свойственна дeприциативность – критическое, ироническое отношения ко всякому официозу, противопоставленность старшему поколению [5, 87]. Однако мы склонны полагать, что сленг выполняет скорее людическую (от ludens – игра) функцию, чем деприциативную. Виртуальность российской действительности, когда и дети, и родители достаточно смутно представляют себе, что надо делать в этой жизни, «сублимируется в сленге в виде карнавального словотворчества…, гипертрофированной englизированности, гротескно-русифицированной форме англоязычных заимствований», то есть в игре [5, 88]. (Мыло – e-mail – почтовый ящик).

Частью речетворчества, или скорее языкотворчества, является словообразование (*искалка – поисковик; зафрендить - подружиться*), которое особенно ярко показывает, как тот или иной народ видит мир, и как он существует в нем. По сути, деривация – это те же игры с языком, только с более прагматичными, как правило, целями и более значимыми для языка последствиями.

Многие говорят сегодня о номинативном взрыве в русском языке, когда активизируются различные словообразовательные модели *(-к(а), -шк(а), -ух(а), -ушк(а), -ак, -ах(а), -яшк(а), -ёх(а): развлекуха, демонстрашка, оперативка, кликуха, инсталяшка* и др.) Одни из них расширяют номинацию в традиционных рамках, другие вызывают нарекания своей нелитературностью и стремлением к нарочитому огрублению языка. Все эти процессы демонстрируют общественный вкус эпохи, ищущей свободы и оригинальности.

Исследователями языка публицистики, в том числе и Интернета, достаточно полно изучены разнообразные лексические инновации (Костомаров, 1994; Ермакова, 1996; Крысин, 1996), приводящие к лексическим изменениям: *оперативка* (оперативная память), *метр* (мегабайт), *гектар* (гигабайт), *мыло* (электронный адрес), *аська* (ICQ), *юзер* (компьютерный пользователь), *хакер* (человек, отлично знающий компьютер, взломщик). Меньше изучены различные грамматические инновации, в которых говорящим автором преодолевается грамматический стандарт, что обогащает высказывания стилистическими и семантическими эффектами родного языка: *каты (*тип учетной записи Катаклизм*), тэги (*программные метки, используемые браузером для интерпретации и представления HTML страниц в определённом графическом виде*), профайл (*профиль, сводная информация о человеке*), домен* (уникальный текстовый идентификатор компьютера (хоста), подключенного к Интернет*), виртуальный хостинг и реселлинг* (размещение виртуального веб-сервера на машине-сервере, чьи ресурсы разделяются им с другими виртуальными серверами).

Результатом этих операций становится языковая игра, языковая рефлексия, языковой эксперимент и языковая метафора.

Метафоризация – одно из ярких проявлений речевого творчества в Интернете. Метафорическое значение слова в киберпространстве приобретают благодаря расширению границ лексико-семантической сочетаемости не только отдельных словосочетаний, но и целых предложений и фрагментов текста. Причем метафора в Интернете отличается от метафоры в художественной речи усилением в ней элемента оценочности. *(Tanatos* – интернет-червь. В названии намёк на греческого бога смерти *Thanatos*; основа метафорического переименования – разрушение, уничтожение).

Речетворчество ярко проявляется и в обилии прецедентных феноменов, в основном прецедентных текстов и высказываний, которые активно включаются пользователями: прецедентные выражения (*на семь бед – один reset* < *на семь бед – один ответ*), словосочетания (*аноним* < *анонимный пользователь*), маскулинные имена лиц нарицательных (*хакерша* < *хакер*) и др.

Примером прецедентного текста может служить анекдот:

«Приходит программист к окулисту. Тот его усаживает напротив таблицы, берет указку: «Читайте!» - «БНОПНЯ... Доктор, у вас что-то не то с кодировкой!». Восприятие программистом таблицы в кабинете окулиста в качестве электронного письма (прохождение электронного письма через серверы может быть перекодировано) составляет основу для комического эффекта).

Существующее в науке мнение о том, что по мере углубления в интернет-пространство в отношениях между людьми будет происходить замена личностей их образами, причем «не компьютеризация виртуализирует, а виртуализация компьютеризирует общество» [2, 20], вряд ли справедливо, так как язык всегда следует за развитием общества, а не наоборот. Интернет-пространство или киберпространство является моделью социума, где присутствие человека определяется лингвистически, и в этом заключается специфика данной реальности.

С появлением Интернета существенно меняется судьба текста в обществе, так как в Интернет-сообществе человек-образ равен тексту, что особенно ярко проявляется в чатах, где реализуется базовое стремление человека к творческому самовыражению.

Интернет принес с собой новые способы общения, стереотипы речевого поведения, новые формы существования языка. Все это существенно влияет на языковую ситуацию и требует серьезных лингвистических исследований, поскольку речь идет о формировании нового стиля в русском языке – о стиле Интернет-общения, отличительными признаками которого являются письменное произношение и запечатленная разговорность. При этом особенностью этого нового стиля является его спонтанность, несмотря на письменное воспроизведение.

Список использованной литературы

1. Володина М.Н. Язык СМИ – основное средство воздействия на массовое сознание. – М., 2002. С.20;
2. Иванов Д.В. Виртуализация общества. – СПб, 2000, С.20;
3. Кормилицына М.А. Речетворчество как сущностное свойство современного публицистического текста//Русское слово в мировой культуре. –

СПб, 2003;
4. Шкапенко Т.П., Хюбнер Ф. Русский тусовочный как иностранный. – Калининград, 2003. С.87-88;
5. Вишневский Я.Л. Одиночество в сети. http://www.loveread.ec/read_book.php?id=3649&p=33

Алиева Г.Н.
доктор филологических наук, профессор,
зав.кафедрой русского языка ФГБОУ ВПО
«Дагестанский государственный технический университет»
E-mail – Dagalieva@mail.ru
Раджабова Г.С.
кандидат филологических наук, старший преподаватель кафедры русского языка ФГБОУ ВПО «Дагестанский государственный технический университет»

ЭКСПРЕССИВНО-СТИЛИСТИЧЕСКАЯ ДИФФЕРЕНЦИАЦИЯ ЛЕКСИКИ ДАГЕСТАНСКОГО МОЛОДЕЖНОГО ПРОСТОРЕЧИЯ

Как известно, просторечие, занимая промежуточное положение в системе языковых и культурных стратов, несет в себе признаки всех сопредельных подсистем языка: деревенских говоров, региолектов, многочисленных профессиональных подъязыков и социальных арго и жаргонов. В русском языковом пространстве городское просторечие занимает промежуточное положение между литературным языком, примыкая непосредственно к литературно-разговорной речи, и многочисленными социально-профессиональными и местными диалектами. К числу последних относят так называемые региолекты - территориальные разновидности общеупотребительной живой городской речи – и имеющие богатую традицию научного описания деревенские говоры [3, 10].

К просторечиям лингвисты относят языковые средства (слова, грамматические формы, обороты, особенности произношения), употребляемые в устной речи для грубоватого, сниженного изображения предмета мысли. Просторечие состоит из эмоционально-экспрессивных, бранных и грубых слов. Между тем, просторечие не является однородной языковой формацией, его речевые проявления можно разделить на экспрессивные, экспрессивно окрашенные, неэкспрессивные с набором собственных языковых средств.

Анализ собранного материала показал, что можно говорить об обиходно-разговорном стиле общения и сниженном стиле общения (с точки зрения просторечно говорящих) с набором собственных языковых средств. Стиль общения зависит от закономерностей выбора языковых средств, который определяется задачами коммуникативного акта, личностными характеристиками участников коммуникации. В первом случае речь идет о стилистически нейтральном, пригодном для любых нужд общения результате отбора средств, во втором – о стилистически не нейтральном результате отбора. При этом не следует забывать о спонтанном характере просторечной речи, ее неподготовленности, с одной стороны, автоматизме, об использовании типизированных конструкций, с другой.

К нейтральному пласту просторечной лексики относятся единицы типа *здрасти, отсюдова, ихний, короче, ваще* (вообще), *по ходу* (похоже), *ужасть* и т.п. Подобные единицы являются «сильными сигналами просторечности» на стадии сбора материала, так как их определенная совокупность в речи позволяет судить о принадлежности говорящего к той или иной группе носителей русского языка.

Разговорная лексика употребляется для создания повышенной тональности речи, придает ей выразительность, усиливает воздействующую силу сказанного. Ее отличает а) преимущественное употребление в обиходно-разговорном стиле общения, б) соотносительность с нейтральным словом или сочетанием слов (*морожко* – мороженое, *на резкач* – быстро, *по ходу* – похоже, *толкать* – «давать взятку» и т.п.), в) использование регулярных словообразовательных моделей и словообразовательных аффиксов (*невезуха, братуха, кентуха, борцуха*), г) включение в речевые произведения без нарушения их стилистической тональности и т.п.

Можно выделить следующие разряды просторечной лексики разговорного употребления:

а) ласкательная (сестренка, братишка, мамина курзешка, ляля, ухтишка);

б) одобрительная (башковитый, мускулистый, четкий, суперский, борцуха и т.п.);

в) неодобрительная (*бахч, захч* – «неприятный запах», *торчать* – «быть в долгу», пялиться – «пристально смотреть на кого-л, что-либо» и т.п.),

г) пренебрежительная (балабол – «лжец», *драндулет, колымага, ведро с гайками* – «любой вид транспорта в плохом состоянии» и т.п.);

д) намеренно усилительная (мощный, капитальный, от души и т.п.).

Таким образом, нейтральная просторечная, разговорная просторечная лексика наряду с нейтральными общерусскими словами используется при создании неэкспрессивных просторечных речевых произведений, являющихся основой обиходно-разговорного стиля общения.

Русский язык в полиэтническом регионе, в частности, в Республике Дагестан, с одной стороны, развивается по общим законам, с другой, имеет свои специфические особенности.

Русский язык в начале XXI века становится доминирующим средством не только межэтнического, но и внутриэтнического общения в Дагестане. Накопленная им коммуникативная мощь продолжает играть ключевую роль в постсоветском российском обществе, поэтому исследование специфики функционирования русской речи в полиэтническом регионе представляет несомненную научную ценность.

В просторечии дагестанского этнолекта русского языка существует общерусское ядро просторечия, которое обнаруживается в различных, в том числе территориально удаленных городах и селах Дагестана (слова типа: ложить, ихний, ляжу, пекет, длиньше, красивше, бежи). Сказанное касается и словообразовательных формантов. Так, к формантам, привносящим эмоционально-экспрессивные оттенки отрицательного характера именам существительным, можно отнести суффиксы: -ун, -ок, -ач -ан, -ик, -ра -иха (*шаботун, утырок, очкошник, жмотяра* и т.п.).

Глаголам, по мнению исследователей, не свойственны аффиксы, вносящие эмоциональную оценку, носителем значения качества и меры экспрессии является обычно основа. Помимо формально выраженных признаков можно выделить показатели экспрессивности. Семантика экспрессивного слова может быть обусловлена:

1) семантикой производящей основы (*хавать* «жадно есть» – *хавчик* «рот», *хохма* «что-либо веселое» – *хохмач* «весельчак и т.п.);

2) семантикой производящей основы и экспрессивного суффикса (вор – ворюга, солдат – салага и т.п.).

Получается, что формальные признаки, показатели экспрессивности, употребление в определенных жанрах речи (порицание, хула, неодобрение и т.п.), автоматизм употребления определяют основную «социальную функцию» сниженной лексики – быть средством отрицательной оценки.

Одной из функций сниженной лексики является ее употребление в качестве бранных слов при характеристике человека. Это слова, обозначающие

а) наименования растений, деревьев (т.н. «ботанизмы»: *дуб, пень, пенек* «глупый человек», *лопух* «недалекий человек», *одуванчик* «хрупкая девушка», *божий одуванчик* «благодушная пожилая женщина» и т.п.;

б) животных (т.н. «зооморфизмы»: *жук* «нечестный, хитрый человек», *олень, гьайван, баран* «глупый человек», *барашка* «глупая, примитивная девушка», *кобыла* «рослая женщина», *осел* «упрямый человек», *ишак* «трудяга», *комар* «назойливый человек», *крыса* «жадный человек», *свинья* «неопрятный или прожорливый человек», *бобер* «богатый человек», *жаба* «завистливый человек» и т.п.;

в) неодушевленные (*чайник* «тупой человек», *шкаф* «человек крепкого телосложения»; *тормоз* «медленно соображающий человек» и т.п.;

г) нечистую силу: *шайтан, бес* «хитрый, умелый человек», *черт* «неуважаемый человек» и т.п.;

д) болезни или их проявление (*зараза* «непоседливый, вредный человек», *чума* «неприятный человек», *язва* «язвительный, насмешливый человек» и т.п.);

Анализ собранного материала показал, что дагестанское просторечие не является монотонным явлением в стилистическом отношении, хотя и не наблюдается четкого деления на стили, размыта граница между жаргоном и просторечием. В результате комплексного анализа новой русской лексики дагестанского полиэтнического города мы убедились в том, что она представляет собой социолект, который характеризуется цельностью и способностью к саморазвитию.

Список использованной литературы

1. Вольф Е.М. Функциональная семантика оценки. – М., 1985.
2. Городское просторечие: проблемы изучения. – М.: Наука, 1984.
3. Химик В.В. Поэтика низкого, или просторечие как культурный феномен. - СПб, 2000.

Алиева Г.Н.
доктор филологических наук, профессор,
зав.кафедрой русского языка ФГБОУ ВПО
«Дагестанский государственный технический университет»
E-mail – Dagalieva@mail.ru
Алистанова Ф.Ф.
кандидат филологических наук, старший преподаватель кафедры русского языка ФГБОУ ВПО «Дагестанский государственный технический университет»

ОБНОВЛЕННАЯ ЛЕКСИКОЛОГИЧЕСКАЯ КЛАССИФИКАЦИЯ ЭРГОНИМОВ-НЕОЛОГИЗМОВ

Языковой облик каждого города, его своеобразие формирует вся совокупность письменных городских текстов, которые образуют ту речевую среду, в которой и происходит языковое существование горожанина.

Статья посвящена исследованию одного из активно пополняемых в конце XX – начале – XXI вв. пластов лексики русского языка – эргонимов (как полнозначных, так и аббревиатурных), представляющих собой собственные наименования предприятий различного функционального профиля: магазинов, ресторанов, казино, аптек современного российского города.

А.М. Емельянова (2007) и Н.В. Носенко (2007) в своих кандидатских диссертациях уже представили лексикологические классификации эргонимов [1; 2]. Но указанные классификации проводились на материале региональных эргонимов, в связи с чем туда не вошли некоторые разновидности изучаемой лексики. Приведенная ниже классификация охватывает все или почти все российские эргонимы и может быть названа «обновленной» классификацией.

К числу тенденций, характерных как для языковой ситуации начала XXI века в целом, так и для эргонимической номинации, в частности, относятся: 1) активное использование устаревшего написания лексики, представляющего собой использование ретро-номинаций (стилизация под старину): посредством архаического элемента кириллического алфавита – Ъ, а также К^о[1], стилизация под иностранные фамилии и некоторые другие: *Ломбардъ Раскольниковъ*, сеть магазинов по продаже обоев, дверей, плитки *Айвазовъ, Трактиръ*, гостиница *Графъ*, кофейня *Чеховъ*, агентства: *Адресъ, Башвестъ*, фирмы: *Инженеръ, Печатный Домъ, Советникъ*,

---
[1] Видимо, началось все с газеты «КоммерсантЪ». Использование буквы «ер» («Ъ») и устаревшей грамматической формы именительного падежа символизировали стабильность и наличие традиций, актуализировали воспоминание о великой Российской империи.

Экспертъ Консалтинг, Телеграфъ-ССС, игровой клуб **Миллионъ**, ресторан **Порт-Петровскъ**, магазины: **Сказъ, Смакъ; Петровскъ**. В целом эргонимы, образованные указанным способом, можно распределить по моделям: «имя/фамилия + К°(компания)», «имя/фамилия + партнеры», «имя / фамилия + семья», «имя/фамилия + ъ (на конце), «имя/фамилия + сыновья», «имя/фамилия + фф/ff (на конце): *Руслан и К°, Афанасьев и К°, Муратов и партнеры, Обухович и К°, Амирханов и партнеры, Эльмира и семья*[2], *Лукьянов и сыновья, Гасанов и сыновья*. Указанные модели получили широкое распространение в России в начале XX века (до революции 1917 года). 2) использование устаревших слов:

а) историзмов: рестораны: *Купец, Сударушка;* магазины: *Мясное подворье, Сударыня, Витязь, Старый двор, Русский двор;*

б) архаизмов: магазины *Злато, Град, Московия, Диво, Башмачок, Яхонт, Сударушка;*

в) советизмов: магазины: *Молоко, Рыба, Овощи-фрукты, Хозтовары, Пирожковая, Пельменная, Ткани;* кинотеатры: *Смена, Родина, Октябрь;* кафе: *СССР, Гастроном;*

3) использование сниженных (нелитературных) пластов языка:

а) разговорной лексики: магазины *Любаша, Катюша, Ибрагимыч, Рябинушка, Пятёрочка, Тройка, Патюля, Магашка*, гастрономы: *Тимка, Ленок, Маруся, Чудушки, Блинок*; магазин сотовых телефонов и компьютерных технологий *Флешка*;

б) жаргона: кафе *Клёвое место, Кураж,* магазин *Тип-топ,* салон сотовой связи *Мобила, Ask!, Супер,* блинная *Клеевая блиновая,* кафе *Супер-пупер,* салоны *DRIVE, Мобил, Респект,* фирма *Десятка* (от сленгового обозначения автомобиля Жигули 10-й модели), автосалон *Япона мать*;

4) использование языковой игры как при создании полнозначных, так и аббревиатурных эргонимов: салон мебели *Грамада*, обувной салон *Параход*, магазин детских товаров *Мамазин*.

Языковая игра охватывает все уровни языка, и поэтому к ней относятся все приемы и средства, которые создают комический эффект, оказывают эстетическое воздействие, а в случае с эргонимами – прагматический эффект (эффект привлечения внимания). Творческое отношение к языку продиктовано экстралингвистическими факторами. Номинатор играет с формой слова – эргонима для усиления её выразительности, для достижения запрограммированного прагматического эффекта, связанного и с созданием комического, и с демонстрацией остроумия и мастерства, а самое важное – для привлечения внимания к объекту.

В эргонимике языковая игра осуществляется при помощи лексиче-

---

[2] Данный эргоним имеет также аббревиатурную аналогию – Эллис (Эльмира + семья)

ских инноваций, графических окказионализмов, фразеологических трансформаций, синтаксических средств, тропов и.т.д. Главное при этом: языковые знаки выводятся за рамки обычного употребления и создают эффект необычности, усиливая воздействие. Языковая игра разрушает ассоциативные стереотипы.

Большинство случаев языковой игры в эргонимике основаны на нарушениях правил графики, орфографии, на использовании цитации, каламбуров.

Намеренное нарушение графики, а точнее графическое изменение слова-эргонима на основе омонимии, омофонии, контаминации придает ему новый оттенок смысла, даже эпатирует адресата. Чаще всего в эргонимике встречается языковая игра на основе омофонии: магазины: *Семь Я, АристократиЯ, ВыбиРАЙ!, Топ-Ка*, стоматология *ЭКО-НОМ, Прези-dent* и *Прези-дент*, бар *Занзи БАР*, кофейня *КофейниК*, магазин товаров для ремонта дома *МолоТок*, кафе *Migom*, кондитерская *Шокобарокко*, магазины детских игрушек и одежды *Чудо- Чадо, Бегемотик и К°*; развлекательный центр *Хас- Вегас*, автомагазин *I.CAR*; магазины *Beerloga, АриСТОкрат, Зим-Зим* (затемненное толкование), *PerSona* – дамский салон, *GARVGE-* бутик, *МагнуМ* – автомойка. Музыкальный салон *Ля-ля-фа-* цитата из популярной в России песни, исполняемой А. Варум.

Приведенные выше онимы призваны привлечь внимание или эпатировать клиента необычностью ассоциаций или внешней формой эргонима.

5) использование заимствованных наименований (в написании латиницей: на английском языке: агентство *Look*, бутик женской одежды *Fashion*; на немецком языке: магазин *Zenden*, автомойка *Genser*; на итальянском языке: магазины женской одежды *Bellissimo, Incanto*; на арабском языке: кафе *Hyatt*, рестораны *Habibi* и др.).

Коммерция – одна из сфер человеческой деятельности, посредством которой протекает межкультурный обмен людей. Бизнес, компьютеры, Интернет, фирмы, телевизионные сериалы, песни, видеопродукция прочно вошли в жизнь россиян, повлияв и на эргонимику городов и сел России.

Иностранное слово стало не только необходимым, нужным, но и привлекательным, престижным. В таком случае мера и избирательность в применении иноязычной лексики начинает утрачиваться. Побеждает общий настрой, мода.

Номинатор, давая тому или иному предприятию заимствованный эргоним, ставит перед собой разные экстралингвистические задачи, в частности, подчеркнуть престижность именуемого объекта, высокое качество товара, поставить его в один ряд с иностранными аналогами.

Анализ языкового материала показал, что наиболее распространенными типами эргонимов являются эргонимы, относящиеся к сниженным пластам языка и эргонимы, образованные при помощи языковой игры.

Список использованной литературы

1.　Емельянова А.М. Эргонимы в лингвистическом ландшафте полиэтнического города (на примере названий деловых, коммерческих, культурных, спортивных объектов г. Уфы): Дис. …канд.филол.наук: 10.02.19. – Уфа, 2007.
2.　Носенко Н.В. Названия городских объектов Новосибирска: структурно-семантический и коммуникативно-прагматический аспекты: Дис. …канд.филол.н.: 10.02.01. – Новосибирск, 2007.

Курбангалеева Г.М.
доцент, к.филол.н., кафедра общего языкознания
БГПУ им. М. Акмуллы

РУССКИЕ ГОВОРЫ БАШКОРТОСТАНА: СОЦИОЛИНГВИСТИЧЕСКИЙ АСПЕКТ

Современная диалектология стремится изучать говоры не только с собственно лингвистической точки зрения, но и в социолингвистическом аспекте.

Как известно, общенациональный язык существует в определенных экзистенциональных формах (литературный язык, территориальные диалекты, жаргоны и просторечие), которые находятся в определенных функциональных и внутриструктурных отношениях и связях между собой, зависят друг от друга. В последнее время значительно перестраивается система диалектов, сужается их социальная база, ограничиваются функции, утрачиваются первичные яркие особенности, диалект иногда преобразуется в *полудиалект* (*региолект*) или же полностью нивелируется.

Диалекты русского языка всегда были социальными, поскольку на них говорили и говорят только жители сельской местности – крестьяне. Современные русские говоры расслаиваются на три структурно-функциональных типа: архаический, промежуточный и передовой – тип говора, близкий к литературному языку. Каждый из них имеет свой социальный субстрат – своих носителей и свою сферу преимущественного использования (например, в бытовой сфере – архаический или промежуточный тип, в официальной – промежуточный или передовой).

Современный диалектоноситель, стремясь говорить «культурно», правильно, часто вводит в речь слова литературного языка, но при этом получает не всегда литературное слово: *Ну вот сени и йес' кълидор* (Бир: Пит) [3, 156]; *Ф кроволит'йе* (лит. *кровопролитие*) *мы жыли, голодно было* (Бир: Петр) [3, 168]; *Дом бол'шой, и йеранда* (лит. *веранда*) *во фсю стену* (Бир: Сим) [3, 104]; *Он ф костюми хорошъм был и при галтуси* (лит. *галстуке*) (Бир: Пит). Байм: Б; Бир: Сим; Гаф: Т; Стерлит: Пр. [3, 70]; *Нервы. Йевры* (лит. *нервы*) *у меня не слабы* (Иш:П) [3, 103]; *Тебе на поч'те кака-та мъдорол'* (лит. *бандероль*) *пришла, вон извиш'шен'йъ принесли* (Бак: Н) [3, 196].

Как видим, лексический материал русских говоров Башкирии может стать ценным источником для выявления тех тенденций и закономерностей, которые определяют и обусловливают социальные особенности формирования и функционирования современных диалектных систем.

Республика Башкортостан – полиэтнический регион, населенный различными народами с глубоко специфичными национальными культурами, языками, одновременно связанными некой общностью пройденного исторического пути и сближающим их общим слоем культуры.

Русские говоры Башкирии, как известно, переселенческие. По данным З.П. Здобновой, на территории Башкирии бытуют те же основные структуры говоров, которые характерны для исконно славянской территории [1;2].

Лексическая система русских говоров Башкортостана, как и диасистема русских говоров в целом, характеризуется таким свойством, как проницаемость. Проникновение в систему новых элементов из литературного языка или других диалектных систем и языков должно было бы вести к изменению адаптирующей системы, утраты ее устойчивости, однако этого не происходит, так как новые для системы элементы в течение длительного времени сосуществуют со старыми, исконными для данной системы, порождая ее повышенную вариативность.

Словарный состав современных русских говоров Башкортостана сохраняет сходство с лексикой родственных говоров. Здесь продолжают жить слова, которые были характерны для материнских говоров: северных – *ковш/ковшок, ухват, сковородник, квашня, озимь/озимя, боронить, брезговать, петь песни* и южных – *корец, рагач, емки, чапельник, дежа, зелень/зеленя, скородить, гребовать, играть песни*. Однако «тесные и постоянные языковые контакты представителей разных наречий в полидиалектных структурах приводят к тому, что намечается ослабление противопоставленности соответственных явлений, поскольку происходит проникновение некоторых северных диалектных черт в говоры южного типа и, наоборот, южных – в северные» [2, 61]. В одной ЧДС сосуществуют противоположные члены соответственного явления, в принципе взаимоисключающие друг друга; более того, зачастую в южнорусские говоры Башкортостана проникают северные лексемы, вытесняя собой южные соответствия, например, северные *зыбка* как в прямом значении 'детская колыбель, подвешиваемая к потолку на шесте (реже на пружине)', так и в производном 'коляска мотоцикла' [3, 134] и *баять* 'рассказывать': *А по вечерам скаски байали* [3, 32] распространены повсеместно.

Обратный процесс – вытеснение северных лексем южными – также наблюдается, но гораздо реже. Так, З.П. Здобнова среди южных слов, прочно утвердившихся в севернорусских говорах Башкирии, называет следующие: *зипун, люлька, пахать, погода* в значении 'хорошая погода' [2, 61]. В этом ряду можно также назвать, например, *гребовать* 'брезговать': *Ты не гребуй, фсё тут свойо чистойо* [3, 81], *брехать* 'лаять (о собаке)': *Выт'-ка што-тъ собака брешът* [3, 45], *гутарить* 'разговаривать, беседовать, говорить, рассказывать': *Старухи собралис' гутарит'. Шабриха гутарила, што децки костюмчики привезли* [3, 87], но в основном подобные явления встречаются спорадически.

Неравномерность изменений, происходящих в диалектной лексике, стремление к сохранению старых форм, проявляется и в том, что в современных русских говорах РБ имеется значительное количество слов, восходящих к более ранним лексическим пластам русского языка, в том числе к древнерусским: *балакирь* 'горшок', *братыня* 'ёмкость для разноса пива', *выя* 'шея', *днесь* 'сегодня', *бердыш* 'большой широкий топор', *брезг* 'рассвет': *На брезгу умер* (ср. лит. *брезжить), оболокать* 'надевать верхнюю одежду': *Ты чё ни обълокаш шубу-ту?* (Бир: Г). Бир: Калин; Стерлит: Пр., *письмена* 'буквы': *Пис'мена йа знайу* (Бир:Кам), *пёрст* 'любой палец руки': *У иво на пёрст нет стыда!* (Гаф: А). Калт:Л. || Большой палец руки (Бир:Ем); Дюр:К. , *руда* 'кровь': *Диржу рукой рану, а руда так и свиш'шит!* (Ал: А), *сретенье* 'встреча': *Ф сретен'йе йему выходила кажный рас* (Бир: Петр). Бир: Коян; Куш: А., *тать* 'вор': *Тат' один занемок, тък и прътянул ноги прямъ у дороги* (Ал: Мак). Бир: Бик., *шуйца.* 'левая рука': *Левуйу руку шуйца нъзывам* (Бир: Пит). Бир: Баз, Петр; Куш: А; Стерлит: Пр. и др.

С другой стороны, в русской диалектной лексике Башкирии, наряду с архаичными элементами, встречаются и новообразования, проникшие в результате заимствования из литературного языка.

Заимствования из ЛЯ участвуют в образовании подсистемы передового слоя говора, близкого к нему, например: **новность** (новость): *Новнъсти какийъ, новъвъ што?* (Бир: Калин). *Сосетка, послушъй – новнъс'-ть кака: Дар'йа замуш выходит* (Бир: Баз). *Йа ходила за водой, новнъс' слыхала. Ты не знаш?* (Куш: А). Бир: Петр, Сим.; **соше** и **сошейка** (шоссе): *Афтобузы йедут пъ сашэ* (Стерлит: Пр); **тажерка** (этажерка): *Муш-та мой хорошый был плотник: тажэрки, стул'йа, столы делъл* (Уф: Яр). *Тажэрки были в ызбах* (Уф: П) и др.

Таким образом, в результате проницаемости диалектных систем происходит проникновение новых элементов, но это не ведет к интенсивному изменению системы, так как не происходит прямого вытеснения старого элемента, а наблюдается длительный период сосуществования старого и нового, диалектные системы не дают примеров быстрого перехода от старого к новому. Возможность длительного сосуществования старых и новых вариантов – одна из важных особенностей диалектных лексических систем.

Литература

1. Здобнова З.П. Диалектологический атлас русских говоров на территории Башкирии // Лингвоэтногеография. Сборник научных трудов. Л., 1983, с. 155-156.

2. Здобнова З.П. Судьба русских переселенческих говоров в Башкирии. – Уфа, 2001.

3. СРГБ – Словарь русских говоров Башкирии: А – Я / Под ред. З.П. Здобновой. – Уфа: Гилем, 2008.

Пан Л.С., Рожина Д.А, Макавеев А.С.
доцент, канд. Хим. Наук, кафедра химии и биотехнологии ПНИПУ,
студенты БТ-13-1м и БТ-11 ПНИПУ

ОЧИСТКА ВОДНЫХ РАСТВОРОВ ОТ ИОНОВ ЦЕЗИЯ С ПОМОЩЬЮ КОМПОЗИЦИОННЫХ СОРБЕНТОВ НА ОСНОВЕ ГЕКСАЦИАНОФЕРРАТОВ ПЕРЕХОДНЫХ МЕТАЛЛОВ И МОРСКИХ ВОДОРОСЛЕЙ

Гексацианоферраты переходных металлов (ГЦФ ПМ) обладают способностью избирательно связывать ионы цезия в сложных по составу растворах и являются устойчивыми в широком интервале pH при высоких концентрациях солей, а также к ионизирующим излучениям [1,58]. Это позволяет использовать их как сорбенты для селективного поглощения ионов цезия из водных растворов, содержащих ионы других щелочных металлов.

Более устойчивы в эксплуатации сорбента в гранулированной форме, полученные иммобилизацией ГЦФ ПМ в пористых материалах. В качестве носителя могут быть использованы синтетические или природные полимерные материалы [2,576]; [3,860].

В данной работе в качестве носителя были выбраны бурые водоросли класса Cystoseira barbata, содержащие в поверхностном слое альгинаты, из остатков β-D-маннуроновой и α-D-гулуроновой кислоты, которые проявляют высокое сродство к ионам двухвалентных металлов, что использовано при синтезе композиционных сорбентов.

Имеет значение и пористость в клеточной стенке водорослей Cystoseira barbata (диаметр пор 40-60 нм), это может способствовать прохождению ионов металлов внутрь клеток [4,4325]. Кроме того, они обладают требованиям, предъявляемым к сорбентам для очистки воды и продуктов питания, а именно: отсутствие токсичных компонентов в материале, хорошие сорбционные свойства, высокая скорость поглощения. При синтезе композиционных сорбентов образцы водорослей насыщали ионами переходных металлов ($Ni^{+2}, Cu^{+2}, Fe^{+3}, Zn^{+2}$) с последующим обратным переводом ионов металлов в водную фазу с помощью 0,1 М раствора гексацианоферрата калия. Предполагалось, что ионы переходных металлов, освободившись от связей с функциональными группами водорослей, будут вовлечены в формирование микрозерен кристаллических фаз ГЦФ ПМ, которые окажутся иммобилизованными в матрице водорослей. Ранее нами [5,23], методом оптической микроскопии с компьютерной фиксацией изображения, ИК-Фурье спектроскопии и рентгенофазного анализа исследованы макро- и микроструктуры синтезированных композиционных сорбентов и показано, что ГЦФ ПМ формируют в составе композиционных сорбентов индивидуальные кристаллические фазы, что позволяет рассматривать композиционные материалы как селективные сорбенты по отношению к цезию.

Для анализа полученных сорбентов их разлагали в азотной и серной кислотах и определяли в водных растворах содержание ионов калия, железа, меди, цинка и никеля с помощью атомно-абсорбционного анализа на спектрофотометре iCE-300 (Thermo Scientific, США). Сорбционные свойства композиционных материалов изучали в динамическом режиме. Составы полученных сорбентов и результаты изученных сорбционных свойств: полная динамическая сорбционная емкость (ПДСЕ) в расчете на 1 г композиционного материала и на 1 ммоль гексацианоферратной составляющей ($[Fe(CN)_6]^{4-}$) приведены в Табл.1

Таблица 1.
Состав и сорбционные характеристики полученных композиционных сорбентов.

Состав ГЦФ ПМ в сорбенте	ω (масс %)	ПДСЕ мг Cs^+/г сорбента	ПДСЕ ммоль Cs^+/ммоль $[Fe(CN)_6]^{4-}$
$K_{1,0}Zn_{1,5}[Fe(CN)_6]$	19,9	63,1	0,83
$K_{0,36}Cu_{1,82}[Fe(CN)_6]$	18	83,1	1,18
$K_{0,4}Ni_{1,8}[Fe(CN)_6]$	18,3	65,6	0,93
$K_{0,8}Fe_{1,07}[Fe(CN)_6]$	19	40,3	0,57
Cystoseira barbata	-	18,9	-

Где ω – содержание гексацианоферратных комплексов в составе композиционных сорбентов в массовых процентах. Для сравнения приведены данные по сорбции цезия на чистых водорослях.

Известно, что поглощение цезия ГЦФ ПМ осуществляется по механизму ионного обмена. Установлена эквивалентность ионного обмена $K^+ \leftrightarrow Cs^+$ на образцах композиционных сорбентов, содержание ГЦФ-Zn и ГЦФ-Fe. Для образцов, содержащих ГЦФ-Cu и ГЦФ-Ni на ряду с ионным обменом $K^+ \leftrightarrow Cs^+$ протекает альтернативный процесс $Cu^{+2} \leftrightarrow 2Cs^+$ или $Ni^{+2} \leftrightarrow 2Cs^+$, соответственно, что подтверждается выделением ионов Cu^{+2} и Ni^{+2} в раствор после сорбции, наряду с ионом K^+. Поэтому композиционный сорбенты, содержащие ГЦФ-Cu и ГЦФ-Ni не могут быть рекомендованы для очистки питьевой воды от ионов цезия.

Селективность по отношению к ионам цезия оценивалось на композиционных сорбентах, содержащих ГЦФ-Zn. В качестве конкурирующих ионов выбраны ионы Na^+ или K^+, широко распространенные в водных растворах. Исходная концентрация цезия в растворе составляла 0,5 мМ, а исходную концентрацию конкурирующего иона (Na^+ или K^+) изменяли в пределах 0÷30 мМ, соотношение массы сорбента к объему раствора составляло 0,7 г/л. На основании экспериментальных данных были вычислены коэффициенты распределения (Kd) ионов цезия от концентрации калия (Kd(K^+) или натрия (Kd(Na^+)) по формуле:

$$Kd = \frac{[\overline{Cs+}]}{[Cs+]};$$

Где $[\overline{Cs^+}]$ – равновесная концентрация цезия в твердой фазе; $[Cs^+]$ – равновесная концентрация цезия в растворе.

Полученные результаты приведены в Табл. 2.

Таблица 2.
Значения Kd ионов цезия на чистых водорослях и композиционных сорбентов на основе ГЦФ-Zn-K (вод.-ГЦФ-Zn).

C_{Na}^+ или C_K^+ (ммоль/л)	вод-ГЦФ-Zn		водоросли	
	Kd(K^+) (мл/г сорб)	Kd(Na^+) (мл/г сорб)	Kd(K^+) (мл/г сорб)	Kd(Na^+) (мл/г сорб)
0	1253	1253	380	380
0,5	1253	1253	350	375
1	1253	1253	225	325
2	1253	1253	190	300
4	1253	1253	175	225
8	1050	1253	50	100
16	775	1253	25	50
20	725	1200	5	25
25	650	1075	1,2	5
30	590	925	0,4	0,5

Видно, что калий в большей степени оказывает мешающее влияние сорбции цезия, чем натрий. Величина Kd при сорбции цезия на композиционном сорбенте на основе ГЦФ-Zn при концентрации калия 30 мМ сохраняется на уровне 590 мг/г сорбента, в то время как Kd при сорбции цезия на чистых водорослях при той же концентрации калия снижается практически до нуля. Ионы натрия не оказывают конкурирующего влияния даже при 40-кратном превышении концентрации в растворе.

Биологическая безопасность полученных сорбентов проверена биотестированием, путем определения максимальной удельной скорости роста культуры E. Coli (E-Escherichia). Установлено, что полученные сорбенты не оказывают ингибирующего действия на рост культуры E. Coli.

Композиционные сорбенты на основе ГЦФ-Zn-К и ГЦФ-Fe-К были опробованы для очистки молока, зараженного цезием в динамических условиях. Значения ПДСЕ в мг Cs^+/г сорбента составили 22,0 и 28,0 для вод-ГЦФ-Fe, и для вод-ГЦФ-Zn соответственно. Для сравнения ПДСЕ по цезию на чистых водорослях составила 5,2 мг Cs^+/г сорбента. Падение емкости объясняется наличием в молоке в большом количестве конкурирующих ионов (мг/л): K^+-1070, Na^+-367, Ca^{+2}-1410, Mg^{+2}-100 при исходной концентрации цезия 1 мМ.

Таким образом, синтезированы композиционные сорбенты на основе гексацианоферратов переходных металлов и морских водорослей, изучены селективность и их сорбционные свойства по отношению к цезию. Показано, что данные сорбенты могут быть рекомендованы для очистки водных растворов от ионов цезия в динамических условиях, в том числе и для очистки питьевой воды.

Список литературы:

1) Мясоедова Г.В., Никашина В.А. Сорбционные материалы для извлечения радионуклидов из водных сред // Ж. Рос. хим.об-ва им. Д.И. Менделеева.- 2006.- Т. L, № 5.- С. 55-63.
2) Nilchi A. Adsorption of cesium on copper hexacyanoferrate-PAN ion exchanger from aqueous solution. // Chemical engineering journal.- 2011.- V. 172.- P. 572-580.
3) Vrtoch L. Sorption of cesium from water solutions on potassium nickel hexacyanoferrate-modified *Agaricus bisporus* mushroom biomass // Journal of radioanalytical and nuclear chemistry.- 2011.- V. 287, № 3.- P. 853-862.
4) Davis A., Volecky B., Mucci A.A review of the biochemistry of heavy metal biosorption by brown algae // Water research.- 2003.- V. 37.- P. 4311-4330.
5) Вольхин В.В, Пан Л.С, Балабенко Е.А, Бахирева О. И., Леонтьева Г. В., Ходяшев Н. Б. Синтез и свойства композиционных сорбентов на основе смешанных гексацианоферратов (II) меди, цинка-калия и биополимерной матрицы // Научно-технический вестник Поволжья - 2012, -№4.-с.20-26

Петенева Е.Н.
к.э.н., доцент кафедры мировой экономики
РЭУ им. Г.В. Плеханова, Москва

ОСОБЕННОСТИ РАЗВИТИЯ ОСОБЫХ ЭКОНОМИЧЕСКИХ ЗОН НА ТЕРРИТОРИИ РОССИИ

SPECIFIC FEATURES OF DEVELOPMENT OF SPECIAL ECONOMIC ZONES IN RUSSIA

Аннотация

В статье рассмотрены текущее состояние и перспективы развития особых экономических зон в России. Автором проанализированы особенности функционирования российских особых экономических зон, специальные льготные режимы налогообложения и другие выгоды функционирования компаний в таких специальных анклавах.

Ключевые слова: особые экономические зоны, льготный режим налогообложения, иностранные инвестиции, резиденты, инфраструктура.

Abstract

The current and future situation of Special Economic Zones in Russia is analyzed in this article. The specific features of Russian special economic zones, preferential tax treatment and other benefits of operating in such special areas are reviewed by the author.

Key words: special economic zones, preferential tax treatment, foreign investments, infrastructure.

В настоящее время устойчивое развитие российской экономики находится в непосредственной зависимости от использования передовых, эффективных форм хозяйствования, какими являются особые экономические зоны (ОЭЗ).

Свободные экономические зоны утвердились в мировой практике в качестве наиболее эффективной формы активизации интеграционных процессов, создания благоприятных условий для функционирования иностранного и отечественного капитала, наращивания современного производственного и инновационного потенциала, интеграции национальной экономики в мировую.

Развитие ОЭЗ на территории России началось с 2005 года с момента принятия закона «Об особых экономических зонах в Российской Федерации» (№ 116-ФЗ). На сегодняшний момент срок действия ОЭЗ в РФ – 49 лет [1;2].

ОЭЗ в России создаются в соответствии с приоритетами комплексного территориального развития, предусмотренными, в том числе, концепцией долгосрочного социально-экономического развития РФ на период до 2020 года.

Основными целями создания ОЭЗ на территории России являются:
1. Модернизация национальной экономики путем расширения сфер деятельности, повышение ее веса на мировом рынке, развития внутреннего рынка, диверсификации отраслей народного хозяйства.
2. Привлечение иностранных капиталовложений, наращивание технологического присутствия в России крупных международных компаний.
3. Усиление межотраслевой технологической кооперации, локализация в России производственных цепочек крупных международных корпораций.
4. Использование новейших технологий (иностранных и отечественных), опыта и достижения венчурных компаний, техноцентров и более эффективное использование существующего производства, быстрое внедрение всех научных, конструкторских и технических разработок.
5. Способствование появлению новых рабочих мест, снижению безработицы, увеличению числа ученых, инженеров, рабочих, а также управленческих и административных кадров, обладающих высокой квалификацией, соответствующей международным стандартам [4].

На апрель 2013 года в Российской Федерации создано 27 ОЭЗ, из них под управлением Группы компаний ОАО «ОЭЗ» (Управляющая компания) находятся 13 ОЭЗ:
- 4 технико-внедренческие зоны (ТВЗ);
- 4 промышленно-производственные зоны (ППЗ);
- 4 туристско-рекреационные зоны (ТРЗ);
- 1 портовая зона (ПЗ) [4].

В настоящее время на территории особых экономических зон действует льготный режим предпринимательства, который заключается в предоставлении ряда льгот и преференций, компаниям (резидентам), осуществляющим свою деятельность в таких анклавах (см. рис.1,2):

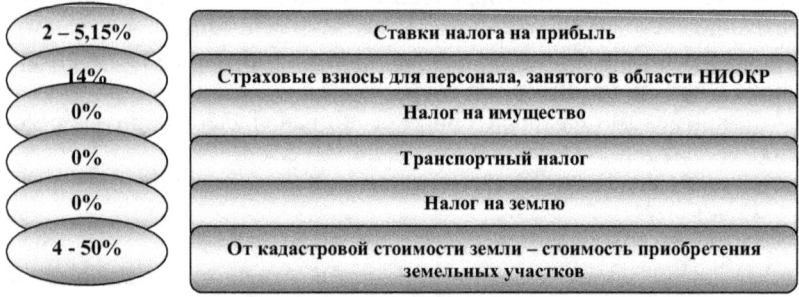

Рис.1. Налоговые преференции на территории ОЭЗ

- инвесторы получают созданную за счет средств государственного бюджета инфраструктуру для развития бизнеса, что позволяет снизить издержки на создание нового производства;
- благодаря режиму свободной таможенной зоны резиденты получают значительные таможенные льготы;
- предоставляется ряд налоговых преференций;
- система администрирования «одно окно» позволяет упростить взаимодействие с государственными регулирующими органами.

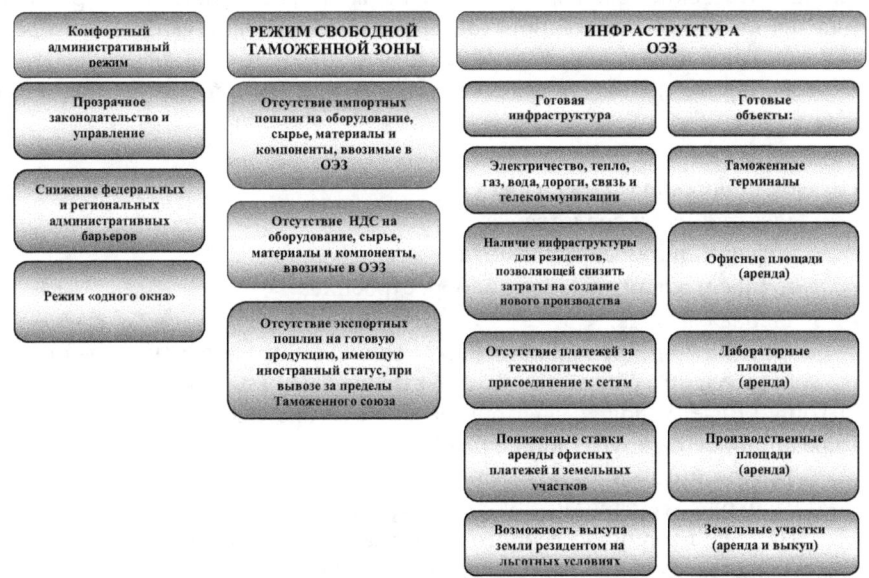

Рис.2. Административные привилегии на территории ОЭЗ

Источник: составлено на основе данных об ОЭЗ с сайта http://www.russez.ru/

Промышленные зоны представляют собой обширные территории, расположенные в крупных промышленных регионах страны. Близость к ресурсной базе для производства, доступ к готовой инфраструктуре и основным транспортным артериям – это лишь основные характеристики промышленных (промышленно - производственных) зон, определяющие их преимущества. Размещение производства на территории промышленных зон позволяет повысить конкурентоспособность продукции на российском рынке за счет снижения издержек.

Промышленные зоны располагаются на территории Елабужского района Республики Татарстан, Грязинского района Липецкой области, в Калужской, Псковской областях, Свердловской областях.

В числе приоритетных направлений деятельности промышленных зон производство:
- автомобилей и автокомпонентов;
- строительных материалов;
- химической и нефтехимической продукции;
- бытовой техники и торгового оборудования.

Расположение *технико-внедренческих ОЭЗ* в крупнейших научно-образовательных центрах, на территориях Томской, Ленинградской, Московской областей, имеющих богатые научные традиции и признанные исследовательские школы, открывает большие возможности для развития инновационного бизнеса, производства наукоемкой продукции и вывода ее на российские и международные рынки.

Приоритетными направлениями развития инновационных зон являются:
- нано - и биотехнологии;
- медицинские технологии;
- электроника и средства связи;
- информационные технологии;
- точное и аналитическое приборостроение;
- ядерная физика.

Туристско-рекреационные ОЭЗ располагаются в самых живописных и востребованных туристами регионах России и предлагают благоприятные условия для организации туристического, спортивного, рекреационного и других видов бизнеса.

ТРЗ располагаются на территориях Иркутской области, Алтайского края, Республики Алтай, Республики Бурятия.

На территории Северного Кавказа на основании постановления Правительства Российской Федерации от 18 октября 2010 года создан туристический кластер из 7 ОЭЗ.

Оператором развития туристического кластера на Северном Кавказе является ОАО «Курорты Северного Кавказа», акционером которого является государство в лице Сбербанка России, Внешэкономбанка и ОАО «ОЭЗ».

Портовые ОЭЗ находятся в непосредственной близости от основных глобальных транзитных коридоров. Их положение позволяет получить доступ к быстрорастущему рынку крайне востребованных портово-логистических услуг как на Дальнем Востоке, так и в центральной части России.

Основными органами управления ОЭЗ на территории России являются Министерство экономического развития Российской Федерации, в структуре которого создан Департамент особых экономических зон и проектов регионального развития, и управляющая компания ОАО «Особые экономические зоны», полномочия и функции которых представлены на рисунке 3 [3].

- *реализация общей политики в сфере ОЭЗ*
- *привлечение потенциальных инвесторов и управляющих компаний*
- *предоставление инвесторам статуса резидента*
- *подписание соглашений о ведении деятельности с резидентами и управляющими компаниями*
- *контроль за исполнением резидентами соглашений о ведении деятельности*

- *мастер-планирование, развитие и управление ОЭЗ*
- *создание объектов инфраструктуры (проектирование и строительство)*
- *обеспечение функционирования объектов инфраструктуры (эксплуатация)*
- *привлечение резидентов и потенциальных инвесторов*
- *управление и распоряжение земельными участками*
- *подключение к инженерным сетям*

Рис.3. Полномочия и функции органов управления ОЭЗ

Источник: составлено на основе данных об ОЭЗ с сайта Министерства экономического развития РФ
http://www.economy.gov.ru/wps/wcm/connect/economylib4/mer/activity/sections/sez/runauthorities/

Развитие ОЭЗ на территории России в 2012 году характеризовалось следующими тенденциями:

1. На основании Постановлений Правительства РФ созданы 3 новые зоны: ППТ Моглино на территории псковской области; ТВТ Иннополис в республике Татарстан; ППТ Людиново в Калужской области.

2. В состав ОЭЗ России приняты 32 новых резидента с общим суммарным объемом заявленных инвестиций в 24 млрд. рублей, из них 15 компаний с иностранным капиталом из 7 стран мира – США, Германия, Япония, Турция, Польша, Канада и Болгария (рис. 4,5).

3. На территориях ОЭЗ запущены порядка 3 новых заводов, построенных резидентами ведущих европейских, американских и японских компаний, 21 резидент запустили свои производственные мощности в эксплуатацию.

4. Наиболее крупные инвестиции приходились на следующие страны:

- США – 9 резидентов с общим объемом инвестиций в 31 719.6 млн. рублей;
- Япония – 3 резидента и 2 инвестора (на стадии подписания соглашений) с общим объемом заявленных инвестиций 29 603 млн. рублей;
- Германия – 14 резидентов с общим объемом инвестиций 20 827 млн. рублей;

- Турция – 5 резидентов и 1 инвестор (на стадии подписания соглашений) с общим объемом инвестиций – 13 231 млн. рублей;
- Италия – 5 резидентов с общим объемом инвестиций 2 658 млн. рублей.
- Среди международных компаний наиболее крупные представлены следующими: Yokohama, Isuzu, Air Liquide, Bekaert, Rockwool, Sisecam, Saint Gobain, Hayat Holding и другие.

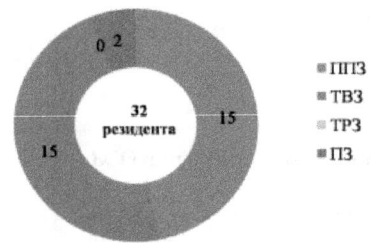
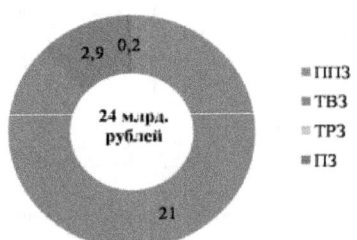

Рис. 4. Количество резидентов и объем привлеченных инвестиций в ОЭЗ РФ в 2012 году.

Источник: годовой отчет ОАО «ОЭЗ» за 2012 год.

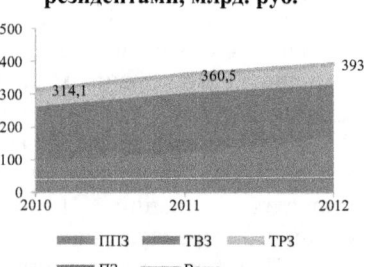

Рис. 5. Количество резидентов и объем заявленных инвестиций в ОЭЗ РФ накопленным итогом на 31.12.2012 г.

Источник: годовой отчет ОАО «ОЭЗ» за 2012 год.

5. На 46% вырос объем произведенной в ОЭЗ продукции в денежном выражении: с 50,3 млрд. рублей в 2011 году до 73,6 млрд. рублей в 2012 году.

6. Консолидированные налоговые отчисления в 2012 году выросли на 74%: с 3,9 млрд. рублей (в 2011 году) до 6,9 млрд. рублей (в 2012 году) (рис. 6).

7. Количество созданных в ОЭЗ рабочих мест по состоянию на конец 2012 года превысило 8000. При этом за последний год их количество увеличилось на 20% [5].

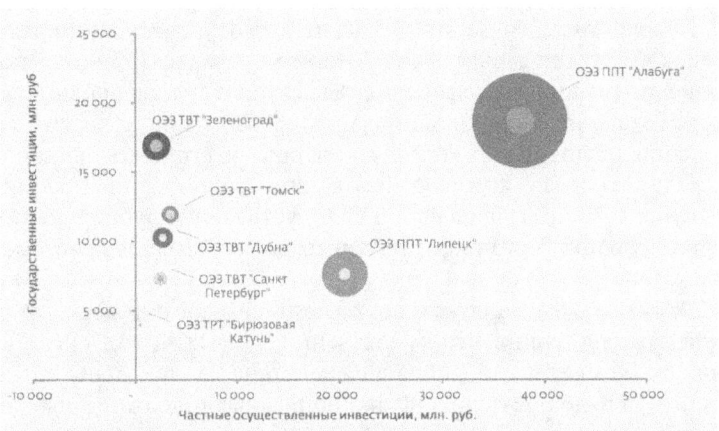

Рис. 6. Государственные инвестиции, частные осуществленные инвестиции, объем произведенной продукции, объем налоговых отчислений в ОЭЗ на 31.12.2012 г. (накопленным итогом в млн. руб.)

Пояснения: объем кружка – объем произведенной продукции; объем внутреннего кружка – объем налоговых отчислений; указаны зоны, на которых уже запущены производства.
Источник: годовой отчет ОАО «ОЭЗ» за 2012 год.

Несмотря на достаточно успешные показатели развития ОЭЗ России, на современном этапе существует значительное количество проблем, которые имеют законодательный, административный и инфраструктурный характер.

Недостаточные льготы – весомая отрицательная черта современных российских особых экономических зон. Следствием недостаточных льгот, предоставляемых в ОЭЗ, являются недостаточное количество иностранных инвестиций, поступающих в зоны, и крайне низкий показатель объема экспорта произведенной в зонах продукции.

Серьезной проблемой, требующей скорейшего вмешательства, является далеко *не самый привлекательный инвестиционный климат*, сформировавшийся на текущий момент в российских особых экономических зонах. Малый объем предоставляемых резидентам льгот, особенно в сравнении с новыми индустриальными странами, – очевидный недостаток российских ОЭЗ, который приводит к нежеланию бизнеса вкладывать денежные средства и развиваться в зонах.

При этом необходимо отметить, что степень государственного стимулирования и поддержки резидентов ОЭЗ должна быть не одинаковой для всех, а, наоборот, дифференцированной в зависимости от срока и объемов инвестиций, доли затрат, произведенных на территории ОЭЗ, важности и приоритетности осуществляемого резидентом зоны проекта для экономики региона и страны в целом.

Перспективы создания и дальнейшего усовершенствования ОЭЗ в российской экономике во многом зависят от постоянного совершенствования и повышения эффективности законодательства РФ в области создания и функционирования особых экономических зон, а также от создания оптимальных методов контроля за его исполнением.

Одна из задач, которую необходимо решить в кратчайшие сроки, – упрощение администрирования в ОЭЗ, устранение дублирующих функций контролирующих органов, практическая реализация системы «одного окна».

Важно также заняться вопросами разработки четкого регламента работы администраций непосредственно в зонах, в том числе определить рамки их компетенций, порядок действий в тех или иных случаях, утвердить порядок обучения, функциональные и должностные инструкции их сотрудников.

Таким образом, для развития ОЭЗ в России необходимо увеличить объем льгот, активизировать инфраструктурное обустройство, усовершенствовать механизмы администрирования в зонах, повысить оперативность государственных решений и передать больше функций на места. Это позволило бы в 2–3 раза увеличить ежегодный объем частных инвестиций в российские ОЭЗ и, как следствие, создать новые рабочие места и повысить поступления в бюджет нашей страны.

На наш взгляд, перспективы повышения эффективности особых экономических зон связаны не только с реформированием уже существующих типов ОЭЗ, но и созданием абсолютно новых для нашей страны типов этих хозяйственно-территориальных образований: кластерных и международных ОЭЗ.

Опыт развития кластерных систем показывает, что они дают значительный импульс региональному развитию, в том числе повышению экономической активности депрессивных территорий, а также развитию малого и среднего бизнеса. Также кластерный подход в открытой экономике является важным условием для привлечения зарубежных инвестиций. Таким образом, наряду со специальными экономическими зонами современная экономическая наука выделяет такой специфический инструмент территориального развития как кластеры.

На основании вышесказанного, крайне актуальным и эффективным типом ОЭЗ для России будут кластерные зоны. При эффективной реализации на практике идеи создания кластерных зон и достаточном финансировании этого проекта, они должны стать очагом развития наукоемких производств, что позволит наладить выпуск конкурентоспособной на мировых рынках продукции, в первую очередь, в стратегически важных для России отраслях (авиация, ракетно-космическая промышленность, судостроение, радиоэлектронная промышленность, атомный энергостроительный комплекс и др.).

Таким образом, в России при корректном законодательстве и устранении существующих на текущий момент времени недостатков и недоработок в области ОЭЗ, возможно эффективное и результативное функционирование большинства существующих в мире разновидностей специальных экономических зон. Организация ОЭЗ в России должна стать одним из путей интеграции экономики в мировое хозяйство как средство интенсификации ее международных экономических связей.

СПИСОК ИСПОЛЬЗОВАННЫХ ИСТОЧНИКОВ

1. Федеральный закон №116-ФЗ «Об особых экономических зонах в Российской Федерации» от 22.07.2005 г.
2. Федеральный закон №365-ФЗ «О внесении изменений в Федеральный закон «Об особых экономических зонах в Российской Федерации» и отдельные законодательные акты Российской Федерации» от 30.11.2011 г.
3. Официальный сайт Министерства экономического развития РФ – http://www.economy.gov.ru/minec/activity/sections/sez/main/
4. Официальный сайт Управляющей Компании ОАО «Особые экономические зоны» - http://www.russez.ru/oez/
5. Годовой отчет ОАО «Особые экономические зоны» за 2012 год - http://www.russez.ru/disclosure_information/oao_oez/

Лаптева Е.А.

аспирант кафедры «Прикладная экономика и управление инновациями» факультета экономики и менеджмента Саратовского Государственного Технического Университета им. Гагарина Ю.А.

Электронная почта: malish-katya2008@yandex.ru

ПРИНЦИПЫ ОЦЕНКИ ИННОВАЦИОННОГО ПОТЕНЦИАЛА ПРОМЫШЛЕННОГО ПРЕДПРИЯТИЯ

Сравнительный анализ методик оценки инновационного потенциала промышленных предприятий указывает на их разнообразие, как с точки зрения методов проводимой оценки, так и с позиции методологического подхода. Все методики предполагают рассмотрение группы разнообразных факторов, оказывающих влияние на инновационный потенциал предприятия. Количество факторов, их состав, способы оценки (количественные, качественные), методы измерения (экспертные, статистические) существенно различаются и отражают позицию определенной методики, ее авторов и специфику применения.

По результатам проведенного анализа можно выделить ряд общих недостатков, присущих рассмотренным методикам:

— приводятся различные подходы к трактовке понятия «инновационный потенциал», к определению его составляющих;

— различия в определении структуры инновационного потенциала приводят к тому, что анализ его компонент охватывает не все аспекты инновационного потенциала;

— предпочтительное использование балльных, преимущественно экспертных оценок учитываемых факторов, приводит к высокому уровню субъективизма итоговой оценки;

— недостаточно обоснованы принципы оценки инновационного потенциала предприятия.

Сформулированные выше недостатки позволяют предложить ряд направлений совершенствования методических подходов к оценке инновационного потенциала предприятия:

— для оценки инновационного потенциала необходимо использовать достоверную информацию - статистические данные, данные отчетов предприятия, дающую объективное представление о действительности;

— набор показателей необходимо ограничить небольшим числом, но при этом он должен обеспечивать достаточно полный охват составных элементов инновационного потенциала предприятия;

— необходимо свести к минимуму используемые экспертные оценки, весовые коэффициенты значимости, что позволит снизить уровень субъективизма;

— полученные результаты оценки должны служить основанием для принятия управленческих решений, быть практически применимыми для управления состоянием инновационного потенциала предприятия.

Учитывая вышеизложенное, методические положения оценки инновационного потенциала предприятия, на наш взгляд, следует разрабатывать, опираясь на ряд принципов:

1) принцип научности означает, что методика оценки инновационного потенциала опирается на достижения экономической науки и учитывает действие экономических законов;

2) принцип комплексности заключается в многостороннем исследовании совокупности показателей, отражающих большинство аспектов инновационного потенциала. Принцип комплексности также требует учета взаимосвязи отдельных факторов при изучении, измерении и обобщении их влияния на формирование и развитие инновационного потенциала предприятия. Комплексная оценка содержит обобщающие выводы о состоянии инновационного потенциала предприятия с качественными и количественными значениями показателей;

3) принцип системности рассматривает инновационный потенциал как открытую систему, то есть, с одной стороны инновационный потенциал рассматривается как сложная динамическая система, состоящая из целого ряда элементов, определенным образом связанных между собой, а с другой стороны, как единое целое по отношению к ее внешней среде. Оценка инновационного потенциала предприятия должна осуществляться с учетом всех внутренних и внешних связей, взаимозависимости и взаимоподчиненности его отдельных элементов.

4) принцип объективности, достоверности, точности заключается в том, что оценка инновационного потенциала должна основываться на достоверной, проверенной информации, реально отражающей объективную действительность, а полученные результаты должны обосновываться точными аналитическими расчетами.

5) принцип оптимальности говорит о том, что количество показателей оценки необходимо ограничить небольшим числом, но, вместе с тем, они должны охватывать все составляющие инновационного потенциала, обеспечивать анализ наиболее значимых факторов развития инновационного потенциала.

6) принцип целенаправленности означает, что любое преобразование должно иметь вполне определенную цель, которая определяет выбор решений и последовательность их разработки, интегрирует деятельность в самых сложных ее вариантах. Из этого принципа вытекает необходимость практического использования результатов оценки для управления инновационной деятельностью предприятия, для разработки конкретных мероприятий по сохранению или

увеличению уровня инновационного потенциала. В противном случае цель оценки не достигается.

7) принцип систематичности, состоящий в том, что оценка инновационного потенциала должна осуществляться по плану, систематически, а не от случая к случаю. Из этого требования вытекает необходимость планирования аналитической работы на предприятиях, распределения обязанностей по ее выполнению между исполнителями и контроля за ее проведением.

8) принцип демократичности предполагает участие в проведении процедуры оценки инновационного потенциала широкого круга работников предприятия, а также широкую доступность, прозрачность, убедительность выводов и предложений. Этот подход позволяет наиболее полно выявить имеющиеся резервы и недостатки, определить «проблемные места», более взвешенно принимать решение.

9) принцип эффективности подразумевает, что затраты на проведение оценки инновационного потенциала предприятия должны давать многократный эффект.

Основываясь на вышеуказанных принципах, представляется возможным сформулировать основополагающие требования к выбору показателей, отражающих уровень инновационного потенциала предприятия, что создает предпосылки к разработке эффективной и практически применимой методики оценки инновационного потенциала промышленного предприятия.

Библиографический список

1. Абрамов В.И. Методология оценки инновационного потенциала предприятия // Известия высших учебных заведений. Поволжский регион. Общественные науки. 2012. №4. С.130-137
2. Мингалева Ж.А., Платынюк И.И. Оценка уровня инновационного развития предприятия // Креативная экономика. 2011. №4(52). С. 52-58 UPL: http://www.creativeconomy.ru/articles/3382/
3. Трифилова А.А. Оценка эффективности инновационного развития предприятия. М.: Финансы и статистика, 2005. 304 с.
4. Фатхутдинов Р.А. Инновационный менеджмент: Учебник для вузов. 6-е изд. СПб.: Питер, 2008. 448 с.
5. Шляхто И.В. Оценка инновационного потенциала промышленного предприятия // Вестник Брянского государственного технического университета. 2006. №1 (9). С.109-115

Вишняков А.Г.
к.э.н., заместитель генерального директора ЗАО «Курорт Усть-Качка», доцент кафедры менеджмента и маркетинга ПНИПУ

ПРОБЛЕМЫ И НАПРАВЛЕНИЯ РАЗВИТИЯ САНАТОРНО-КУРОРТНОГО КОМПЛЕКСА РОССИИ

В соответствие с концепцией развития системы здравоохранения в РФ до 2020 года приоритетом государственной политики является сохранение и укрепление здоровья населения, возрождение медицинской профилактики и совершенствование санаторно-курортной помощи.

Распад СССР, смена экономической парадигмы и кризисные явления, возникшие в российском обществе на рубеже XX-XXI веков, привели к обострению социально-демографических проблем, что значительно отразилось на состоянии здоровья населения. По данным медицинской статистики, выросла преждевременная смертность, особенно в мужской экономически активной группе в возрасте 35-45 лет.

В данном контексте основной задачей санаторно-курортного комплекса России является совершенствование системы санаторно-курортного и реабилитационного лечения, а также снижение темпов профессиональной заболеваемости и инвалидизации, увеличение сроков полноценной производственной деятельности.

По данным министерства здравоохранения РФ, оздоровление работников в санаторно-курортных учреждениях позволяет в 2-6 раз уменьшить число обострений хронических заболеваний, в т.ч. профессиональных, в 2-3 раза сократить затраты на выплаты по временной и стойкой нетрудоспособности, в 2,4 раза снизить потребности в госпитализации [2].

Санаторно-курортный комплекс России с начала 1990-х годов переживал не лучшие времена. Если в 1990 году на территории РФ действовали 3,6 тыс. санаториев и курортов, то на сегодняшний день, по данным Ростата, функционирует 1944 санаторно-курортных учреждения различных форм собственности, т. образом их количество сократилось в 1,8 раза. Число граждан, получивших санаторно-курортное лечение, в советское время составляло 11-12 млн. в год, в кризисные 2000-2003 годы этот показатель снизился до 4,7 млн. человек в год. С 2008 года снова наметился медленный рост числа оздоровившихся граждан – если в 2008 году лечение и реабилитацию прошли 5,6 млн. человек, то в 2010 году этот показатель вырос на 10 % и достиг 6,3 млн. Общее количество коек здравниц России в 2008 году составляла 343,8 тыс. мест, в 2011 году – 355,5 тыс. мест [1]. Таким образом, в последние годы наметилась тенденция сокращения общего числа здравниц на фоне увеличения количества мест в них, т.е. укрупнения санаторно-курортных предприятий.

С точки зрения системы организации лечения и оздоровления курорты России и сегодня являются одними из лучших в мире, т.к. имеют отработанные и клинически подтвержденные методики лечения и реабилитации. В тоже время при отсутствии должного внимания к дальнейшему развитию санаторно-курортной отрасли в целом могут возникнуть ряд проблем, которые окажут негативное влияние на социальную и медицинскую эффективность санаториев, а также значительно снизят конкурентоспособность российских курортов на мировом рынке.

На сегодняшний день, в отрасли назрел комплекс проблем, который начинает оказывать влияние на функционирование отрасли и ведет к снижению эффективности деятельности курортов:

1. Дефицит кадров, а также «старение» персонала, особенно медицинского. Большая часть санаториев расположена вдали от больших городов, средние зарплаты персонала здравниц значительно ниже. Все это ведет к отсутствию притока молодых специалистов, а также квалифицированного персонала. У молодых людей, особенно врачей и медсестер, нет мотивации жить и работать в курортной зоне.

2. Устаревание медицинских программ и оборудования. Многие курорты и здравницы, особенно находящиеся в собственности государства и профсоюзов, испытывают финансовые трудности. Это ведет к отсутствию инноваций в процессе лечения и реабилитации, многие медицинские программы устарели и требуют коррекции с учетом появления новых медицинских методик и оборудования, а также изменения покупательских предпочтений в части сроков лечения. Если в советское время стандартный срок санаторно-курортного лечения составлял 21 день, то на сегодняшний день, до 80 % пребывающих на санаторно-курортное лечение, по экономическим соображениям, оздоравливаются 12-14 дней. Таким образом, необходим пересмотр лечебных и оздоровительных программ с учетом временного фактора и с целью получения эффекта от лечения за более короткие сроки.

3. Низкие темпы разведки природных лечебных факторов. В последние годы практически не ведутся работы в области разведки и выявления перспективных участков по добыче минеральных, сероводородных и бромйодных вод, а также различных видов грязи. Все это может привести к уменьшению их использования в лечебной практике, возрастанию стоимости услуг с применением природных лечебных факторов, а также сокращению доступности полноценного комплексного санаторно-курортного лечения.

4. Несоответствие инфраструктуры санаториев потребностям отдыхающих. В последние годы наметилась тенденция роста количества гостей в возрасте 30-45 лет, пребывающих на лечение в санаторно-курортные учреждения. Данная категория отдыхающих выдвигает более высокие требования к содержанию номерного фонда и уровню сервиса. Все это

требует дополнительных инвестиций на проведение капитального и текущего ремонта номеров санаториев, увеличение количества номеров класса комфорт и люкс, обновление оснащения номеров. Также молодые гости курортов выдвигают более высокие требования к развлекательной программе во время нахождения на санаторно-курортном лечении. Уже сегодня многие курорты столкнулись с необходимостью создания анимационных команд, развития экскурсионных маршрутов и разработки плана развлекательных мероприятий. Все это ведет к росту стоимости пребывания на курорте, но является неотъемлемой частью санаторно-курортного продукта и для некоторых санаториев может стать конкурентным преимуществом в борьбе за потребителя.

Решение практически всех описанных проблем находится в компетенции собственников и менеджмента санаториев, однако в ряде вопросов без государственной поддержки не обойтись. Проблемы финансирования разведки и разработки природных лечебных факторов (минеральные воды, грязи), определения стоимости недропользования, находятся в компетенции федеральных органов власти, поэтому необходима разработка комплексной программы государственной поддержки санаторно-курортной отрасли в части разведки и развития природных лечебных факторов.

Рассмотрение актуальных проблем санаторно-курортного комплекса России и необходимости их скорейшего решения хочется закончить словами академика РАМН, профессора А.Н. Романова: «Благодаря признанному лидерству отечественной курортологической науки и уникальным природным лечебным ресурсам России, санаторно-курортная помощь населению является наиболее эффективной составляющей медицинской профилактики, а развитие санаторно-курортного комплекса – оправданным с экономической и социальной точки зрения, инвестированием в здоровье нации» [3].

Литература:

1. Корчажкина Н.Б. Перспективы развития санаторно-курортного лечения и профилактики в России // Федеральный справочник «Медицина труда, восстановительная и профилактическая медицина» - 2012.- с.271-274.
2. Санаторно-курортное обслуживание работающих и оздоровление их детей – неотъемная составляющая социального страхования в России // Вестник ФСС РФ. – 1998.-№2, декабрь.
3. Разумов А.Н. Роль и место восстановительной медицины и курортного дела в концепции развития здравоохранения до 2020 года // Материалы международного конгресса «Актуальные проблемы курортологии», Здравница – 2008.

УДК 658.8:615012(045)

Винникова И.И.
доцент кафедры менеджмента организаций, кандидат экономических наук
Государственное высшее учебное заведение «Киевский университет управления и предпринимательства»

Гребнев Г.Н.
ассистент кафедры промышленного маркетинга
Национальный технический университет Украины «Киевский политехнический институт»

РОЛЬ МАРКЕТИНГА В РАЗВИТИИ ФАРМАЦЕВТИЧЕСКОГО РЫНКА

В статье рассмотрены вопросы, которые связаны с ролью маркетинга в развитии фармацевтических компаний. Особое внимание уделено такому направлению маркетинговых коммуникаций как реклама. Проанализирована нынешняя ситуация в рекламной отрасли и акцентируется внимание на развитие рекламы в Интернете. С помощью рекламы в социальных сетях можно выйти на новый уровень в развитии фармацевтических предприятиях.

Ключевые слова: маркетинг, реклама, социальные сети, Интернет, фармацевтические компании.

Vinnikova I.I.
Associate Professor, Department of Management of Organizations, PhD
Public higher education institution "Kiev University of Management and Entrepreneurship"

Grebnov G.M.
Assistant of the Department of Industrial Marketing
National Technical University of Ukraine "Kyiv Polytechnic Institute"

ROLE OF MARKETING IN THE PHARMACEUTICAL MARKET

The article discussed issues related to the role of marketing in the development of pharmaceutical companies. In particular, special attention was paid to such direction of marketing communications as advertising. Analyzed the current situation in the advertising industry and focuses on the development of online advertising. With the help of advertising on social networks, you can go to the next level in the development of the pharmaceutical companies.

Keywords: marketing, advertising, social networking, Internet, pharmaceutical companies.

Маркетинг — это творческая управленческая деятельность, задача которой заключается в развитии рынка товаров, услуг и рабочей силы путем оценки человеческих потребностей, а также в проведении практических мероприятий для удовлетворения этих потребностей. С помощью этой деятельности координируются возможности производства, распределение товаров и услуг, определяется, что необходимо предпринять, чтобы продать товар или услугу конечному потребителю и получить прибыль.

Маркетинговое управление задает направление бизнесу, а маркетинг как методология является инструментом, позволяющим воплотить эту философию в жизнь. Маркетинговый подход в управлении бизнесом позволяет избежать формализации в планировании и постановке целей компании. Стратегия, которую организация применяет в отношении своих товаров и услуг, является наиболее важным фактором, определяющим ее долгосрочный успех на рынке. Нужно помнить о том, что рыночная среда постоянно меняется и в соответствии с этими изменениями должна корректироваться и политика компании, ее товарно-рыночная стратегия.

Особенностью маркетинга в фармацевтической промышленности является то, что производство ориентировано не только на конечного потребителя средств, но и на врачей (или провизоров, которые рекомендуют лекарственные средства). Хотя, в конечном счете, пациенты являются покупателями и потребителями препаратов (выписанных), но в ряде случаев именно специалист определяет, какое лекарство, в какой лекарственной форме, в каком количестве и как долго применять. Эта особенность также связана с частой неосведомленностью конечного потребителя (больного) о том, какое ему лекарство необходимо и какое из имеющихся на рынке его заменителей надо выбрать. Таким образом, основными объектами маркетинговых усилий в этой области являются врачи, выписывающие рецепты, и пациенты. При этом врач в равной, а иногда и в большей степени, является генератором спроса.

Не менее важна и роль провизора, поскольку как бы ни была хорошо разработана тактика лечения, если нет нужного и качественного лекарственного препарата, медицинского изделия или другого необходимого фармацевтического продукта, то цель не будет достигнута. С введением системы общего медицинского страхования существенную роль будут играть и работники страхового органа, поскольку именно они определяют, какие медицинские и фармацевтические услуги бесплатно или за определенную плату предоставляются потребителю.

Деятельность отдела маркетинга направлена на достижение общих целей предприятия, включая экономические вопросы и перспективы развития предприятия. Исходя из этого, целью отдела маркетинга является разработка рекомендаций по следующим направлениям:

- определение сбытовой политики предприятия с учетом имеющихся ресурсов и существующей динамики рынка;
- координация работы всех подразделений предприятия, имеющих отношение к продажам.

Также в маркетинге важной частью являются коммуникации, которые представляют собой процесс передачи целевой аудитории информации о продукте. Одним из направлений маркетинговых коммуникаций является реклама. Фармацевтический рынок меняется, и реклама должна меняться вместе с ним. Старая стратегия, когда реклама лекарственного средства строилась на том, что новый препарат является прорывом в лечении заболевания, постепенно уходит в небытие. Все чаще при продвижении препарата необходимо искать другие подходы для создания его ценности в глазах потребителя. Раньше ценность лекарственного средства создавалась в лаборатории и все, что нужно было сделать медицинскому представителю, это прийти к врачу и рассказать о преимуществах и профиле безопасности препарата. Теперь же новые лекарственные средства дают небольшое количество преимуществ по сравнению со своими «старшими товарищами» и это значительно усложняет задачу по созданию ценности препарата в глазах потребителя.

Сейчас рынок рекламы лекарственных средств опять пришел в движение. Одной из причин этого стало повышение популярности среди потребителей онлайн-ресурсов и, в частности, социальных сетей.

Мир неуклонно движется вперед. Все большую роль в жизни приобретают онлайн-ресурсы, социальные сети, и фармацевтическая промышленность не может стоять в стороне от этого процесса. Однако единства в этом вопросе среди представителей фармацевтического рынка нет. Некоторые компании, опасаясь санкций за ненадлежащую рекламную практику в сети Интернет, предпочитают воздержаться от выхода на этот рынок. Другие же видят в онлайн-ресурсах и социальных сетях не только новые возможности для продвижения лекарственных средств, но и способ экономии бюджета на рекламу.

На сегодня львиную долю в структуре расходов на рекламу препарата напрямую потребителю аккумулируют традиционные средства массовой информации, такие как телевидение и печатные СМИ (рис. 1). Доля инвестиций в продвижение препаратов с помощью сети Интернет невелика (почти 5% по итогам 2010 г.), однако отмечается тенденция к увеличению расходов на этот рекламный инструмент.

Рис. 1 Структура расходов на рекламу рецептурных лекарственных средств в различных медиа в 2010 г.
Источник: данные компании «Kantar Media»

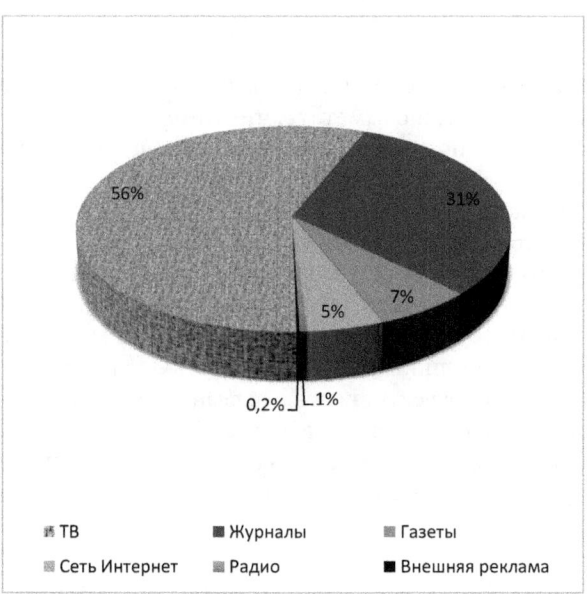

Рис. 2 Структура расходов на рекламу рецептурных лекарственных средств в различных медиа в 2011 г.
Источник: исследование авторов

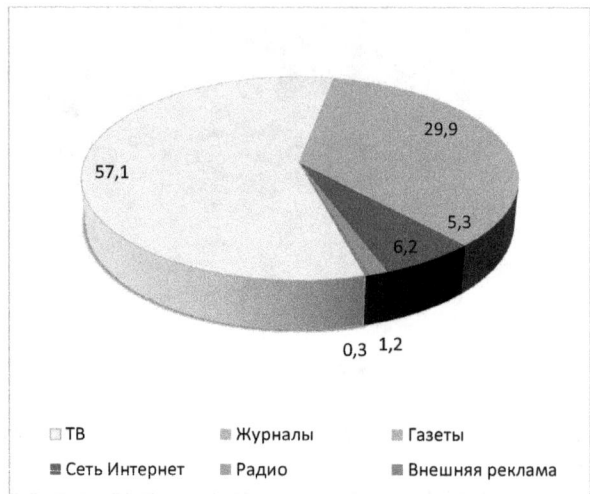

Рис. 3 Структура расходов на рекламу рецептурных лекарственных средств в различных медиа в 2012 г.
Источник: исследование авторов

Анализируя преимущества и недостатки традиционных рекламных носителей (Таблица 1), можно заметить, что Интернет в этом качестве имеет ряд преимуществ по сравнению с традиционными средствами рекламы и избавлен от многих присущих им недостатков. Интернет как рекламная площадка имеет некоторые принципиальные особенности, которые присущи только ему. Например, ни для какого другого средства рекламы не существует понятия «таргетинг». Таргетинг — это возможность избирательно показывать посетителям сайта рекламные объявления в зависимости от региона, времени и даже места работы посетителя. Другая принципиальная особенность— возможность точно и оперативно определять эффективность рекламной кампании, так как владельцам сайта всегда доступны статистика показов рекламных объявлений и откликов, у них также есть возможность проанализировать поведение посетителя на сайте в случае отклика.

Таблица 1
Особенности средств рекламы

Средство рекламы	Преимущества	Недостатки
Газеты	Гибкость; своевременность; высокий уровень охвата местного рынка; широкая аудитория; высокий уровень доверия	Недолговечность; невысокое качество воспроизведения; небольшая "вторичная" аудитория
Телевидение	Сочетание изображения, звука и динамики; обращение непосредственно к чувствам; высокий уровень внимания; высокая степень охвата	Высокая стоимость; насыщенность; мимолётность контакта; меньшая степень избирательности аудитории
Прямая почтовая реклама	Избирательность аудитории; гибкость; отсутствие рекламной конкуренции применительно к данному средству; адресность	Относительно высокая стоимость; устоявшееся мнение о такой форме рекламы, как о "макулатуре"
Радио	Массовость; высокая степень избирательности по географическим и демографическим признакам; низкая стоимость	Только восприятие на слух; уровень внимания ниже по сравнению с ТВ-обращениями; непродолжительность воздействия
Журналы	Высокий уровень географической и демографической избирательности; доверие и престиж; высококачественное воспроизводство; длинная жизнь; "вторичный" круг читателей	Большие перерывы во времени между объявлениями; высокая вероятность досадных опечаток; отсутствие гарантии своевременного появления
Наружная реклама	Гибкость; высокий показатель повторных контактов; низкая цена; отсутствие конкуренции	Отсутствие избирательности аудитории; творческие ограничения

Интернет в последнее время стал одним из популярнейших источников информации, в том числе и медицинской. Согласно исследованиям люди в поиске информации, касающейся их здоровья, первым делом обращаются к сети Интернет. Так, по данным исследования «MARS Online Behavior Study 2011», проведенного «Kantar Media», 57% пользователей сети Интернет при поиске информации, касающейся здоровья, сначала обращаются к онлайн-ресурсам, а уже затем — к врачу, супругу, родственникам и друзьям. Еще 82% респондентов считают наличие доступа к информации о здоровье через сеть Интернет критически важным.

Медицинские учреждения также используют интернет для предоставления информации о своих услугах, создания групп пациентов и организации сообществ, ведущих здоровый образ жизни. Например, в Медицинском центре Бостонского университета (Boston University Medical Center) работает программа онлайн-сопровождения, которая направлена на сокращение количества повторных госпитализаций.

Диалоги в социальных сетях, связанные с темой здоровья, в основном не затрагивают определенных брэндов лекарств. Так, по данным «Kantar Media», среди комментариев на тему сахарного диабета, оставленных на форумах в США в 2011 и 2012 г., в 92% случаев не упоминались какие либо брэнды. А этот показатель для нескольких терапевтических направлений не превышал 99%. При этом количество комментариев с упоминанием брэндов препаратов увеличивалось при активизации кампаний по их продвижению, в частности, при создании определенных тем на социальных ресурсах и сообщениях о сотрудничестве с публичными людьми. Эта тенденция особенно заметна на «Facebook» и «Twitter». Однако при увеличении числа отзывов одновременно растет и доля негативных комментариев, в которых часто обращают внимание на список побочных эффектов при применении препарата.

Тем не менее, социальные сети могут помочь фармацевтическим компаниям узнать реакцию потребителей на позиционирование препарата и их предпочтения.

Приведенные соображения не стоит рассматривать как устоявшиеся правила. Учитывая, что Интернет быстро развивается, можно предположить, что так же стремительно будут изменяться маркетинговые принципы построения виртуальных страниц. Использование портала — это экономия времени, средств и оперативность, особенно при централизованном экстерриториальном информационном оповещении, а также возможность обеспечения обратной связи между организаторами и участниками экспозиции при регистрации, оплате, оформлении стендов, документации и пр. Кроме того, портал может быть удобным PR-инструментом в работе с прессой в дополнение к традиционным способам информационного обмена. Корпоративный ресурс располагает уникальными возможностями и значительным потенциалом как для совершенствования собственного имиджа путем проведения PR-акций (в том числе для популяризации корпоративной идеологии), так и для целенаправленной пропаганды и внедрения в общественное сознание собственного толкования отраслевых проблем. Чрезвычайно важно при этом не допускать этических конфликтов с коллегами по бизнесу. Принадлежность портала к той или иной фармацевтической структуре не должна афишироваться. Чтобы избежать обвинений в предвзятости и тем самым не лишать себя части рынка, поддержка обще рыночного сайта и его информационное наполнение могут быть возложены на формально независимое консалтинговое агентство. Фармацевтическая компания при этом контролирует его деятельность и финансирует реализацию проекта. Наоборот, если владельцем портала выступает консалтинговая либо иная, например инвестиционная, фирма, то ей следует оповестить об этом как можно больше заинтересованных лиц, поскольку поддержка авторитетного ресурса благоприятно отразится на ее имиджевой репутации.

БИБЛИОГРАФИЧЕСКИЙ СПИСОК

1. Алтухов Д. Свой сервер в Internet // Планета Internet. — 2010.
2. Бабушкин М., Коростелев В. Веб-мастер — новая профессия // Мир Internet. — 2008.
3. Бокарев Т. Количественный и качественный состав аудитории Интернета, тенденции развития и их значение для рекламодателя. Материалы конференции «Internet-маркетинг-98» //http://www.aup.ru.
4. Пашутин С.Б. Оптимизация бизнес-процессов на лекарственном рынке с помощью Internet-технологий// http://www.aup.ru.
5. Полякова А.В. Интернет как инструмент маркетинга// http://www.aup.ru.
6. Ченцов В.И., Успенский И.В. Интернет как эффективное средство маркетинговых коммуникаций//http://www.marketing.spb.ru/read/article/catalog/5read.htm.
7. Лукьянчук Е. Реклама лекарственных средств, или Путешествие в страну чудес// http://www.apteka.ua/article/123424
8. McLuhan M. Understanding Media: The Extensions of Man. — MIT Press, 2004.

Ковалёв В.В.
кандидат исторических наук, ФГАОУ ВПО «Северо-Кавказский федеральный университет», г. Ставрополь
E-mail: kraiobetovanny777@mail.ru

О НЕКОТОРЫХ АСПЕКТАХ РАЗВИТИЯ ЮРИДИЧЕСКОЙ НАУКИ В СССР В 70-80-е гг. XX в.

Развитие юридической науки в СССР в 70-80-е гг. XX в. происходил при значительном влиянии принятой 7 октября 1977 г. новой (последней) Конституции СССР. Как известно, данная Конституция, во-первых закрепила тезис о построении общества «развитого социализма» и тезис об общенародном государстве (в соответствии с этим Советы депутатов трудящихся были переименованы в Советы народных депутатов), во-вторых, заявила об укреплении «социалистической демократии», в третьих, впервые учредила в качестве высшей формы народовластия всенародный референдум. Появление в новой Конституции СССР новых положений поставило перед советскими юристами необходимость их теоретической конкретизации и дальнейшей подробной детализации и разработки, перед законодательными органами – принятия соответствующих законов.

И, действительно, работа юристов после принятия Конституции сконцентрировалась на следующих направлениях: исследования проблем теории конституции, соотношения конституционного и текущего законодательства, продолжалась разработка проблем, связанных с подготовкой Свода законов СССР и Сводов законов союзных республик. Однако, при этом, юристы продолжали трудиться и в традиционных направлениях, присущих советской юридической науке. Это - современные экономические и социально-классовые процессы и их влияние на развитие социалистического права, государственности, демократии и законности. Исследовались природа Советского государства, основные институты политической системы, особенно в условиях развитого социализма; углубились исследования фундаментальных проблем советского социалистического права и его принципов, правового регулирования социалистических общественных отношений, юридического опосредования хозяйственной деятельности, труда, охраны и рационального использования природных ресурсов, форм и методов систематизации законодательства, совершенствования процесса применения норм советского права органами управления, суда и арбитража. Первоочередное значение имели разработка проблем взаимодействия права и нравственности. Повышения престижа закона; определение путей укрепления законности в условиях зрелого социалистического общества, исследование вопросов ответственности, форм и методов борьбы с правонарушениями, особенно преступностью. Советские ученые внесли определенный вклад в разработку правовых проблем экономического, культурного и научно-технического сотрудничества стран социализма, укрепления мира и безопасности между народами.

На рубеже 70-80-х гг. XX в. В СССР также развернулись исследования проблем теории конституции, соотношения конституционного и текущего законодательства, продолжалась разработка проблем, связанных с подготовкой Свода законов СССР и Сводов законов союзных республик. Ученые-юристы постоянно привлекались к разработке проектов законодательных актов по различным отраслям права. Советские юристы приняли широкое участие в обсуждении проектов новых конституций; сейчас правоведы заняты подготовкой комплекса законов и иных актов в соответствии с новой Конституцией СССР, конституциями союзных и автономных республик. [1,764; 2,66]

Если говорить о научном потенциале СССР в рассматриваемый период, то он был следующим: всего - свыше 7 тыс. научных и педагогических работников, в том числе 576 докторов и 3400 кандидатов наук. В юридических институтах и на юридических факультетах было занято более 2/3 общего числа ученых-правоведов страны, разрабатывалось 55% всех научных тем. [3,8]

В 1964 г. вышло Постановление ЦК КПСС «О мерах по дальнейшему развитию юридической науки и улучшению юридического образования в стране». В соответствии с Постановлением, были предприняты следующие меры: пересмотрены планы подготовки молодых специалистов, в вузах было введено преподавание ряда новых дисциплин, была реорганизована система переподготовки практических работников, укреплена связь юридических вузов с научными и практическими учреждениями, готовились новые учебники. [3,8]

В начале октября 1978 г. в Москве состоялась Всесоюзная научно-координационная конференция «Задачи дальнейшего развития юридической науки в свете новой Конституции СССР, конституций союзных и автономных республик». На пленарном заседании конференции (3 октября) заслушаны доклады председателя советской Ассоциации государствоведческих (политических) наук, доктора юридических наук Г. Х. Шахназарова («Конституция СССР и закономерности развития советского общенародного государства»); первого заместителя Генерального прокурора СССР, государственного советника юстиции I класса А. М. Рекункова («Конституция СССР и вопросы укрепления социалистической законности»); министра внутренних дел СССР, генерала армии, доктора экономических наук Н. А. Щелокова («Конституция СССР и охрана общественного порядка»); первого заместителя министра юстиции СССР, кандидата юридических наук А. Я. Сухарева («Конституция СССР: некоторые проблемы совершенствования законодательства и правового воспитания граждан»); заместителя министра высшего и среднего специального образования СССР, профессора Н. С. Егорова («Развитие юридического образования и научной деятельности юридических вузов в свете новых советских конституций»); директора Института государства и права АН СССР, члена-корреспондента АН СССР В. Н. Кудрявцева («Конституция СССР и развитие советской юридической науки»); заведующего кафедрой теории государства и права Свердловского юридического института, профессора, лауреата Государственной премии СССР С. С. Алексеева («Право развитого социалистического общества и его система»). [3,9]

4—5 октября проходила работа в десяти секциях, в которых обсуждались: 1) закономерности развития советского общенародного государства и социалистической демократии, 2) правовые основы государственной и общественной жизни и закономерности их развития, 3) конституционные основы правового статуса личности, 4) конституционные основы государственного управления, 5) правовое регулирование в области народного хозяйства, 6) правовые проблемы труда, социального развития и культуры, 7) конституционные основы судопроизводства и прокурорского надзора, 8) проблемы укрепления правопорядка и борьбы с преступностью, 9) Конституция СССР и проблемы международного права, 10) Конституция СССР и задачи научных исследований и преподавания юридических дисциплин. [3,9]

Однако, даже в сам указанный период отмечались недостатки в развитии правовой науки. Прежде всего это касалось тематики исследований, их координации, организации связей науки и практики, уровня подготовки научных и преподавательских кадров. Недостаточное внимание уделялось разработке фундаментальных политических и правовых проблем зрелого социализма. Требовались дополнительные научные решения в области изучения взаимодействия хозяйства и права, права и культуры, механизма правового регулирования и системы советского права. Необходимо было глубже и полнее реализовывать идеи и положения новых советских конституций во всех отраслях юридической науки.

В указанный период стране еще отсутствовали прочные контакты в координации деятельности между вузами и научно-исследовательскими учреждениями, в том числе институтами Академии наук СССР. В юридических высших учебных заведениях, как и в юридических научных учреждениях, все еще имелось немало проблем, требующих общих усилий для их решения. Учебные программы и учебная литература не всегда своевременно отражали новейшие достижения юридической науки. [3,9] Таким образом, в научной юридической среде оставалось немало направлений, требовавших дальнейшего совершенствования.

Источники и литература:

1. План организации работы по приведению законодательства Союза ССР в соответствие с Конституцией СССР. — Ведомости Верховного Совета СССР, 1977, № 51, ст. 764.

2. См.: СП СССР, 1978, № 10, ст. 66.

3. Задачи дальнейшего развития советской юридической науки.//Правоведение. -1978. - № 6. - С. 7 – 15

www.ingramcontent.com/pod-product-compliance
Lightning Source LLC
Chambersburg PA
CBHW051637170526
45167CB00001B/221